KB110416

카이스트 학생들이 꼽은 최고의 SF

카이스트 학생들이 꼽은 최고의 SF

고기영, 고은경, 장규선, 전선영, 표재찬, 한지혜 외 카이스트 학생들 지음

살림Friends

02 SF는 과학과 나의 연결고리
– SF가 선사하는 과학 상식과 호기심

03　강렬한 사회적 메시지를 품은 문제적 SF
– 모두가 함께 고민해야 할 화두를 던지다

SF를 통한 과학기술과
인류의 미래에 대한 성찰

과학과 공학을 공부하는 카이스트 학생들이 꼽은 최고의 SF 작품은 어떤 것일까? 이런 흥미로운 질문을, 올해로 벌써 6권째를 맞는 카이스트 '내사카나사카' 시리즈의 주제로 정하면서 기대와 함께 사소한 우려가 없지는 않았습니다. 다양한 작품을 소개하는 단행본이 되어야 할 텐데, 학생들이 최고의 SF라고 꼽은 작품들이 최근에 개봉한 몇몇 할리우드 블록버스터로 집중되면 어떡하느냐는 우려였습니다.

하지만 지난 봄, 작품을 모집해 본 결과 우려는 말 그대로 기우였음이 드러났습니다. 353편의 응모작들은 100여 편에 달하는 다양한 작품을 최고의 SF로 꼽고 있었습니다. 학생들이 최고의 SF로 꼽은 작품들은 필립 K. 딕의 고전적 SF소설에서부터 배명훈의 최신작까지, 스탠리 큐브릭 감독의 〈2001 스페이스 오디세이〉(1968)에서 봉준호 감독의 〈설국열차〉(2013)

까지, 지난 반세기 동안의 국내외 기념비적 SF 걸작들을 두루 포괄하고 있었습니다. 최근에 개봉한 할리우드 블록버스터 작품을 다룬 감상문이라 할지라도 그 주제는 개인의 실존적 고민에서, 인류의 미래에 대한 성찰, 사회적 이슈에 대한 의견 개진, 과학적 지식에 대한 '팩트 체크'에 이르기까지 무척 다채로웠습니다. 글쓰기 대회와 단행본 출간을 주관한 인문사회과학부 교수들만 몰랐을 뿐 카이스트 학생들은 동서고금의 SF 명작들을 폭넓게 감상하고 있었고, SF를 통해 단지 재미를 얻는 것이 아니라 다양한 미적 경험과 과학적 통찰력을 얻고 있었던 겁니다.

한국에서 SF는 주류 문화라고 보기는 어렵습니다. 문학과 영화에서 '과학'이나 '과학적 이슈'가 서사의 중심이 된 작품이 활발하게 창작되고 있지 않은 실정이며, SF가 다른 장르에 비해 독자나 관객에게 인기 있는 장르라 보기도 어렵습니다. SF라고 하면 아동이나 청소년을 위한 장르라는 인식도 여전합니다.

한때 SF는 '공상과학'이라는 용어로 번역되기도 했습니다. '공상'의 사전적 의미는 '현실적이지 못하거나 실현될 가망이 없는 것을 막연히 그리어 봄. 또는 그런 생각'입니다. 사전적 의미에 따르자면 '공상과학'은 '현실적이지 못하거나 실현될 가망이 없는 것을 막연히 그리어 본 과학' 정도가 될 것입니다. 어찌 보면 크게 틀린 번역은 아닌지도 모르겠습니다. 문어처럼 생긴 화성인이 지구를 침공하거나, 인간의 지능을 넘어선 로봇이 인간과 동등한 권리를 요구하거나, 더 나아가 인간을 지배하는 이야기가 그다지 '현실적'이거나 가까운 미래에 '실현될 가망'이 커 보이지는 않습니다.

하지만 생각해 보면 지금 우리가 누리는 일상과 일상적으로 사용하는 문명의 이기들이 불과 수십 년 전만 하더라도 그다지 '현실적'이거나 가까운 미래에 '실현될 가망'이 커 보이지 않았던 것들이었습니다. 그런 의미에서 지금 우리는 수십 년 전 '공상과학'이 그린 세상에서 살고 있는 셈입니다. 어쩌면 우리는 '과학'과 '과학적 이슈'에 대한 성찰 없이 진정한 리얼리티를 추구할 수 없는 시대를 살아가고 있는지도 모르겠습니다.

지난 1년 동안 카이스트 학생들이 정성을 들여 준비한 이 책이 독자 여러분들께 과학에 대한 꿈을 불러일으키고, 과학기술이 만들어 갈 미래 사회에 대한 성찰의 계기가 될 수 있기를 기대합니다. 또한 SF 명작을 소개받을 수 있는 좋은 입문서로 자리매김하기를 바랍니다.

– 전봉관(카이스트 인문사회과학부 교수)

SF를 통해 들여다보는
카이스트 학생들의 일상

다양한 루트를 통해 이 글을 읽고 있을 수많은 독자 여러분, 반갑습니다. 저는 카이스트 13학번 표재찬이라고 합니다. 이렇게 학생편집장의 역할을 마무리 지으며 곰곰이 돌이켜보니, 길다면 길고 짧다면 짧은 5개월간의 편집자로서의 경험과 그 과정에서 만났던 수많은 인연들은 제 삶의 한 장면을 빛낼 추억으로 남을 것 같습니다.

이 책은 카이스트 학생들이 직접 쓴 수백 편의 글 중에서 엄격한 기준을 통과한 스물아홉 편의 작품을 묶어 만들었습니다. 이 원고들은 다시 한 번 원작자의 수정을 거치고 저와 학생편집자들이 다듬어 최종적으로 여러분들의 손에 들려졌습니다. 이 책을 보다 즐겁고 유익하게 즐길 수 있는 팁을 드리자면, 독자 스스로 가장 재밌게 본 SF 영화, 소설, 만화 등에 관한 글을 인터넷에서 먼저 찾아본 후 이 책에 수록된 카이스트 학생들의 이야기를 읽으면 더 좋을 것 같습니다. 저도 이런 방법을 거듭하여 SF '인생작'을 찾았답니다.

여러분 중에는 이 책을 직접 구입한 분도 있고, 선물로 받은 분도 있고, 억지로 펼친 분도 있고, 혹은 '카이스트'라는 단어에 혹해 뒤적이는 분도 있을 것입니다. 그런데 이 모든 분들이 이 책을 두고 가장 궁금하게 여길 부분은 아마 '카이스트 학생들은 대체 무슨 생각을 하며 살까? 카이스트 학생들은 SF를 어떻게 볼까?'이지 않을까 싶습니다. 그리고 이 책에 실린 카이스트 학생들의 글을 읽다 보면 '카이스트 학생들은 이런 생각들을 하면서 사는구나. 그리고 이 작품은 이렇게도 볼 수 있구나' 하고 깨닫게 될 것입니다. 물론 이 책의 내용이 모든 카이스트 학생들의 견해를 대표하는 것은 아니므로 과도한 일반화의 오류에 빠지지 않는 선에서 살펴봐 주셨으면 좋겠습니다.

당연히 카이스트 학생들의 피는 기름으로 이루어진 것이 아니고, 머릿속에는 컴퓨터가 들어차 있지 않습니다. 하지만 제가 아는 카이스트인들은 자신의 전공 분야에 대해서만큼은 열정적으로 설명하고 싶어 안달이 나 있고, 영어로 진행되는 전공 수업에 학을 떼기도 하며, 과제에 치여 하루에 4시간씩만 자면서 시체처럼 걸어다니곤 합니다. 12시간씩 시험을 치르고 나서 동전 노래방에 들어가 누구보다 열정적으로 노래를 부르기도 하지요. 또한 '공밀레('공돌이'와 '에밀레'를 합친 인터넷 용어. 흔히 개발자와 엔지니어의 노력과 희생을 자조하는 말로 쓰임)' 소리를 내면서도 다시 연구실로 돌아가 소소한 행복 앞에 희비를 느끼며 살아갑니다. 이렇게 카이스트 학생들도 여느 청춘들과 다르지 않는 일상과 고민 속에서 살고 있고, 또한 과학 하는 틈틈이 SF를 즐기고 있습니다.

이 책은 카이스트 학생들이 꼽은 최고의 SF를 소개하고 있습니다. 그리고 SF를 즐기는 저마다의 노하우나 이 작품들을 바라보는 새로운 시각도 소개하고 있습니다. 부디 독자들이 이를 통해 숨어 있는 명작들과 만나고 그 매력에 흠뻑 빠질 수 있기를 기원합니다. 이 책이 세상에 나올 수 있도록 도움을 주신 모든 분들께 다시 한 번 감사드립니다.

- 표재찬 (내사카나사카 학생편집장)

01

나를 성장시키고
영감을 준 인생작

– 카이스트 학생들이 꼽은
최고의 SF

블랙홀, 코스모스 속의
검은 점으로 여행을 떠나다

항공우주공학과 13 **표재찬**

블랙홀, 우리말로 바꿔 표현하자면 '검은 구멍'. 정말 간단하지만 핵심을 꿰뚫는 표현인 이 단어는 과학이라면 질색을 하는 사람도 텔레비전 채널을 돌리다가 한 번쯤 들어 봤을 단어이다. '빛조차도 빨아들인다'라는 특성 때문에 진공청소기에 비견되는 이 존재는 아이러니하게도 빛을 만들어 내는 천체인 별에 그 근원을 두고 있다. 잠시 과학적 설명으로 넘어가면 태양 질량의 수십 배에 달하는 거대한 별이 연료를 다 소모하면 자신의 부피를 유지해 주던 힘(핵융합에 의한 팽창력)을 잃어버리게 되고, 그 반대급부로 별 자체의 거대한 질량이 뭉치려고 하는 중력에 노출된다. 이에 따라 태양이 순식간에 야구공 정도의 크기가 되는 급격한 수축이 진행된다. 그 작은 점에서 생기는 중력이 주변의 모든 것을 삼키게 되는데 이것이 바로 블랙홀이다. 이렇게 초거대별의 종착역인 블랙홀은 이전까지만 해도 용이나 봉황처럼 상상 속의 존재였지만 관측 장비의 발전과 스티븐 호킹이라는 걸출한 과학자의 연구로 그 존재를 인간에게 보여주기 시작했다. 빛조차 빠져나갈 수 없기 때문에 그 존재를 직접 사진으로 찍을 수는 없지만(사진을 찍으려면 그 상을 담은 빛이 카메라로 입사되어야 한다) 간접적인 증거, 이후에 밝힐 다양한 SF영화에서 묘사되고 있는 주변의 디스크나 쌍성의 특이 운동 등이 관측되면서 자신의 존재감을 드러내게 된 것이다.

이런 극적인 등장 때문일까. 인간은 새롭게 등장한 'Star'를 가만히 두지 않았다. 최고로 무겁고 밝은 별만이 될 수 있다는 희귀성, 거기에 한번 빠지면 누구도 탈출할 수 없다는 절대성 그리고 그 너머에 무엇이 있는지 알 수 없다는 사실에서 생겨나는 본능적인 공포는 SF영화에 딱 어울리는 특성이었다. 이에 따라 블랙홀은 다양한 SF물에서 최종 보스처럼 등장하며 흥미를 더하는 소재로 활용되어 왔다. 이 글에서는 내가 자라면서 봤던 블랙홀과 관련된 SF영화 세 편을 소개하며 각 영화에 등장한 블랙홀의 역할과 당시의 내가 느꼈던 감정들을 그리겠다. 그럼 이제 '블랙홀 여행기'를 시작해 보겠다.

9살, 우주 속의 암초 블랙홀과 만나다

처음 내가 만난 블랙홀은 한국 번역판으로 〈보물성〉이라 불리는, 디즈니의 애니메이션 영화였다. 〈라이온 킹〉〈디즈니 명작만화〉 등 디즈니 만화 시리즈라면 사족을 못 쓰고 봤던 시기인 만큼 삼촌이 선물해 줬던

DVD 또한 굉장히 기대를 많이 하며 컴퓨터에 넣었던 기억이 새록새록하다. 당시 2D 영상물에서 3D로 넘어가는 과도기였던 디즈니였기에 이 영화는 선이 굵고 평소에 보던 애니메이션들과는 다른 특이한 그림체를 풍겼고 분위기 자체가 몽환적이었다. 거기에 우주여행이라는 색다른 소재 때문에 어린 나는 금세 영화에 빠져들었다.

〈보물성〉은 원작인 로버트 루이스 스티븐슨의 『보물섬』의 기제를 대부분 그대로 가져와 제작되었다. 주인공 짐 호킨스는 홀로 여관 일을 하시는 어머니를 돕다가 전설적인 해적의 보물이 남겨진 곳에 대한 단서가 담긴 지도를 얻게 된다. 그러나 그것을 탈취하려는 해적들로부터 목숨의 위협을 받게 되고 설상가상 여관까지 불타게 된다. 여관을 재건하기 위해서 보물지도의 보물을 담보로 탐험대를 꾸리는 우리의 주인공, 이렇게 여행의 시작을 알리게 된다. 하지만 대항해시대를 기점으로 삼은 원작과는 다르게 이 영화는 사람과 수인이 함께 살아가는 세계관을 가지고 있다. 거기에 새로운 행성으로 여행을 떠나기 위해 필요한 우주선으로 우리가 생각하는 로켓을 단 방식이 아니라 빛의 힘으로 움직이는 돛('Solar Sail'이라 불리는 우주 항해 방식. 실제 과학적으로 타당성 조사가 이뤄지는 방식으로 저항이 없는 우주 공간에서 태양풍에 의한 하전입자들을 돛이 포집해서 그에 의해 생기는 반발력으로 가속하는 우주여행 방식이다)을 단 진짜배기 범선을 활용하여 신기한 우주를 항해하게 된다.

긴 항해와 몽환적인 우주 앞에서 방심했을까, 아니면 보물을 가지러 오는 자들을 없애려는 플린트 선장(전설 속의 대해적. 수많은 바다를 항해하며 약탈을 일삼았고 죽기 전에 '보물성'을 만든 장본인이다)의 계략이었을까. 갑작스

태양풍을 이용해 별들의 바다를 항해하는 우주 범선의 모습.
© 2002 Walt Disney Studios.

러운 별의 폭발 때문에 크게 진로를 변경하게 되었고 그러던 와중에 일
행은 블랙홀의 중력권에 묶여 버리게 된다. 어마어마한 인력으로 주변
의 별과 가스들을 검은 구멍 속으로 빨아들이는 블랙홀 앞에서 나도, 배
에 탄 사람들도 마음을 졸였다. 하지만 주인공과 함께 떠난 박사가 블랙
홀의 힘을 역이용해서 탈출할 방법을 찾아내었다. 블랙홀에 누구도 희
생되지 않고 탈출할 수 있을 것이라 생각한 순간, 든든하게 선원들을 이
끌며 선장에게 도움을 주던 부선장이 급격한 반동을 이기지 못하고 배
밖으로 튕겨나가게 된다. 모두들 생명선(밧줄로 자신의 몸을 기둥에 고정시켜
둠) 덕에 버티고 있는 그때, 정신없는 상황에서 선원으로 위장하고 있던
해적이 그 선을 풀어 버리고 만 것이다. 결국 부선장은 블랙홀 속으로

완전히 삼켜지게 되고 일행은 그 사실을 모른 채 함정에서 탈출해 여행을 계속해 나가게 된다.

9살이었던 나에게 블랙홀은 모든 것을 빨아들이는 '위력'을 실감하게 하였고 가장 듬직하게 보였던 사람을 한순간에 없애는 '죽음'이라는 낯선 개념과 맞닥뜨리게 해 주었다. 블랙홀이 몽환적이면서 즐거운 우주 여행의 불청객, 모두를 죽일 뻔하는 위협으로 등장했다는 점 때문이었을까. 지금까지 봐 왔던 많은 그림책, 전래동화, 만화영화에서 등장인물들이 쓰러지거나 다칠 수는 있었지만 직접적으로 어둠 속에 빨려 들어가 죽어 버리지는 않았기에 당시의 장면은 너무도 생소했고 그래서 더욱 두려웠다. 그 뒤로 한 번씩 검은 구멍이 갑자기 내 눈앞에 나타나 나를 잡아먹지 않을까 하는 걱정을 할 정도였으니, 블랙홀이 신기함보다 '상실'의 느낌으로 더 공포스럽게 와 닿았던 것 같다.

16살, 새로운 세계로의 통로 블랙홀을 지나다

철없던 초등학생 시절을 지나 이제는 해도 되는 것과 하면 안 되는 것을 구분할 수 있는 중학생이 되었다. 그 중학생의 마지막 학년에 나는 잠시 기억의 저편 속에 묻어 두었던 블랙홀을 다시 영화로 만나게 되었다. 당시에 나의 장래 희망은 천문학자였고 과학고등학교에 진학하고 싶어 했기 때문에 『NEWTON』 같은 과학 잡지들이나 『과학자들이 들려주는 ○○ 이야기』 같은 시리즈물을 읽었다. 그래서 당연하게도 블랙홀이 어떤 식으로 만들어지고 작용하는지에 대한 지식을 접하고 있었다. 과거에는 블랙홀에 두려움을 느꼈지만 이제는 어떤 이론으로 블랙홀을 표현할지 호기심을 자극하는 대상으로 바뀐 상태였다. 그렇게 나는 자주 가는 극장으로 발걸음을 옮겼다.

〈스타 트렉: 더 비기닝〉이라는 영화 자체가 과거에 성공했던 드라마 시리즈를 현대의 기술로 재탄생시킨 만큼 스토리는 이미 인정받았기에 영상미나 과학적인 고증 그리고 우주라는 거대한 곳에서 펼쳐질 수 있는 수많은 가능성을 기대하며 좌석에 앉았다. 영화 속 미래의 이야기는 다음과 같은 배경에서 시작한다. 많은 시간이 흘러 인류는 우주로 나아갔고 다양한 지적 생명체들과 교류하면서 평화를 유지한다. 그리고 새로운 우주를 발견해 나가기 위해 '행성연합'이라는 단체를 만들고 서로 협력하게 된다. 그렇게 연합이 구성되고 우주 개발이 진행되던 중 한 함선이 우주폭풍 신호를 감지한다. 그리고 압도적인 기술을 가진 정체를 알 수 없는 적에게 공격을 당하게 된다. 도저히 함선을 살릴 수 없다고 판단한 함장은 뒤에 남아 대원들과 임신한 아내를 대피시킨다.

다시 시간이 흘러 20여 년 뒤, 파이크 함장은 당시 순직한 친구의 아이를 찾아 지구로 내려온다. 그리고 술집에서 패싸움을 하고 있는 녀석을 발견하고 입대할 것은 권유한다. 그렇게 우리의 주인공은 사관학교에 입학하게 되고 꼼수를 써서 새롭게 만들어진 함선 엔터프라이즈호(號)에 승선해 모험을 시작한다. 그러나 과거 아버지를 순직시킨 정체불명의 적들이 이웃한 함대들을 전멸시키게 된다. 이에 엔터프라이즈호와 주인공은 미지의 적을 파악하고 행성을 파괴하려는 그들을 저지하기 위해 움직인다. 그러던 중 그들이 미래에서 넘어온 광부 집단이며 자신들

엔터프라이즈호를 바라보는 주인공 제임스 커크.
© TM & Copyright 2009 by Paramount Pictures.

의 고향 행성을 지켜주지 못한 연합을 파괴하려고 한다는 것을 알게 된
다. 이 사실은 적과 마찬가지로 블랙홀을 통과해 미래에서 온 동료에게
서 듣는데, 미래를 안다는 이점(개발되지 않은 이론의 실전 배치, 블랙홀을 실은
우주선의 탈취)을 활용해 적과 맞서게 된다.

이 영화에서 등장하는 모든 갈등의 원인이자 해결 방안은 바로 블랙
홀이다. 영화의 스토리는 아인슈타인의 상대성원리에 의해 중력이 큰
곳에서는 시간이 느리게 간다는 점에서 아이디어를 착안했다. '아예 블
랙홀을 거꾸로 통과한다면 그 반대편에는 과거의 시간이 있을 것이다'
라는 생각을 바탕으로 한 것이다. 미래의 기술을 가진 자들이 과거와 현
재에 나타나서 미래의 기술로 복수를 하려고 하며 주인공과 그의 동료
들이 이를 막아내는 것이 〈스타 트렉: 더 비기닝〉의 주된 내용이었다.

16살에 본 SF, 여기에 등장하는 모든 사건의 원인이자 해결사인 블랙

홀은 과학적으로 말이 되는지 안 되는지를 떠나서 책으로만 알던 나에게 두근거림으로 다가왔다. 블랙홀은 모든 것을 빨아들이며 '빠지면 죽는 곳'으로만 각인되었었다. 우주의 쓰레기통이라는 말처럼 '블랙홀의 사건의 지평선을 넘는 순간부터 어마어마한 중력 때문에 몸이 엿가락처럼 늘어나면서 가까운 곳부터 분자, 원자 단위로 분해되어 사라진다'라는 딱딱한 지식을 가지고 있었다. 하지만 그 누구도 블랙홀 너머에 무엇이 있는지, 그저 쓰레기통처럼 움푹 패여 있는 건지, 아니면 이 영화처럼 우주의 시공간 연속성을 부수는 구멍이 존재하는 건지 모른다는 사실이 나를 고양시켰다. 그저 물리학만 가득하다고 생각되었던 조용한 우주에서 활기가 느껴졌고, 나도 나중에 저런 함선을 만들어 보고 싶다는 꿈이 살포시 고개를 들었다. 바로 이런 관심이 과학고등학교라는 완전히 새로운 환경에 도전하는 계기가 되었고, 지금의 항공우주공학을 배우는 나를 구성하는 조각이 아닐까 싶다.

21살, 영원한 수수께끼 블랙홀 속으로 빠지다

고증을 위해 저명한 천체물리학자와 협업하여 최초의 블랙홀 3D 모델링을 성공시켰고, 이를 통해 커다란 영화적, 과학적 성공을 거둔 〈인터스텔라〉를 빼고 블랙홀 SF를 논하기는 쉽지 않은 일이다. 〈스타 트렉: 더 비기닝〉을 본 뒤로 5년이 지났다. 나는 과학고등학교를 졸업한 후 카이스트에서 3년째 과정을 시작하고 있었다. 〈스타 트렉: 더 비기닝〉 그리고 게임 〈스타크래프트〉에 등장하는 그런 멋진 함선을 직접 만들어 내겠다는 생각으로 항공우주공학과에 진학했고, 주변에 그런 친구들이 많으니 자연스럽게 SF영화가 개봉하면 다 같이 보러 가는 경우가 많았다. 〈인터스텔라〉도 그런 케이스였다. 영화 보는 걸 좋아하는 학과 친구들과 함께 두근거리는 마음을 안고 블랙홀 속으로 뛰어 들어갔다.

〈인터스텔라〉는 이전의 영화들과 비교하면 더 현실성을 강조하였다. 가까운 미래의 지구, 무분별한 개발과 플랜테이션, 자원의 낭비로 인해 지구는 자정 능력의 한계를 넘어서 버렸고 지구의 환경은 인류에게 치명적으로 변해 간다. 급변하는 기후 때문에 대규모 모래폭풍이 예사로 발생하며 미세먼지로 폐 질환은 더욱 심각해지고, 농작물도 황폐화된 토양에서 자라나지 못하게 되어 식량 위기가 발생하게 된다. 사람들은 해결책을 얻지 못한 채 먹고살기 위해서 농업에 뛰어들었고 강제로 산업을 퇴화시킨다. 인류 전체가 시한부 판정을 받은 것이다. 그런 상황에서 주인공 가족은 이상 중력 현상을 겪고 이를 정부에 알린다. 그리고 인류를 살리기 위한 새로운 정착 행성을 찾는 프로젝트에 주인공이 참가하게 된다. 토성 근처에 발생된 웜홀을 통해 지구에서 수십억 광년 떨어진 은하로 이동한 주인공 일행은 인류가 생존할 만한 가능성이 있다고 판단되는 다양한 행성들을 돌아보며 제2의 지구를 찾아 나선다.

그렇게 떠난 곳이 바로 블랙홀 '가르강튀아'의 인력권에 있는 곳이었다. 블랙홀에 의한 상대성의 효과 때문에 강제로 경험하는 시간여행도 훌륭한 스토리였지만(〈스타 트렉: 더 비기닝〉에서 사용한 이론이다) 사실상 이 영화의 하이라이트는 영화의 후반부에 나오는, 블랙홀을 이용한 스윙바이(Swingby)와 내부 진입에 있다. 사실 블랙홀의 내부로 들어가면 『이솝

블랙홀의 시각화 작업에는 세계적인 천체물리학자 킵 손이 참여했다.
© 2014 Warner Bros. Entertainment, Inc. and Paramount Pictures Corporation.

우화』의 '포도밭의 여우'처럼 그 무엇이라도 밖으로 가지고 나올 수가 없기 때문에 지구에서 중력방정식을 풀기 위해 필요한 변수 조건을 알 수 없다. 주인공은 일말의 가능성을 믿고 집으로 돌아가기 위해, 가족을 구하기 위해 블랙홀로 뛰어들었고 영화적 장치를 통해 인류를 구하게 된다. 혹평을 받기도 하는 이 장면이 나에게 와 닿았던 이유는 〈보물성〉과 대비되는, 블랙홀로의 추락에 있다고 생각한다. 물론 〈보물성〉에서는 불의의 사고이긴 했으나 결국 떨어지는 당사자는 블랙홀에서 쓸쓸한 죽음을 맞이하게 된다. 하지만 〈인터스텔라〉의 주인공과 인공지능 타스는 블랙홀로 들어가면 죽을 것임을 지식으로 알고 있다. 생명체라면 모두 두려워하는 죽음 앞에서 일말의 가능성을 가지고 활로를 찾아보려 했다는 점 그리고 탈출 비행선을 에드워드 행성으로 보내는 것이 유일한 희망임을 알기에 자신을 희생했다는 점이 바로 인간이 가지는 힘이 아닐까 생각하게 되었다. 그리고 위험에 굴하지 않고 최후의 수수께끼에 도전하는 용기에 감탄하며 이 영화에 감동했다.

지금까지 내가 살면서 봤던 블랙홀과 관련된 SF영화 세 편을 살펴보았다. 이 영화에서 블랙홀은 중요한 순간에 등장하며 각각 어행의 암초, 새로운 시간으로의 통로, 열 수 없는 보물상자로써의 역할을 해 주었다. 이런 블랙홀을 보면서 내가 가졌던 감정들을 열거해 보자면 우선 미지의 위험에 대한 두려움으로 시작했다. 그리고 그 위험이 가능성일 수도 있다는 것을 깨닫고 나서 두근거림으로 바뀌었다. 마지막으로 그런 가능성을 현실로 바꾸기 위해서 과학자와 인류가 나아가는 과정으로써의 용기를 보고 쑥스럽지만 뭐랄까, 사명 같은 것을 느꼈다.

글을 마무리하면서 사실 이런 과정들이 바로 우리 인류가 새로운 것을 발견하고 만들어 내는 과정이 아닌가 싶었다. 폭풍을 예로 들면, 과거의 인류는 폭풍에 대해 몰랐기 때문에 집이 무너지고 사람이 다치는 상황에 두려움을 느끼며 숭배를 했다. 하지만 점차 경험이 쌓이고 이를 이론적으로 표현할 수 있게 되면서 폭풍을 예보하고 슬기롭게 피해 가기 시작했으며 이제는 폭풍에 대해 모르는 것 하나 없이 분석하기 위해 폭풍의 눈으로 뛰어들기도 한다. 심지어 지금은 기상현상을 활용해서 전기를 만들어 내는 기계를 발명하여 이를 이용하기까지 한다. 이처럼 블랙홀 또한 아직은 〈인터스텔라〉의 그것처럼 수수께끼이고 언제쯤 그 비밀이 밝혀질지 확실하지 않지만 언젠가는 그 수수께끼를 풀고 〈스타 트렉: 더 비기닝〉처럼 블랙홀을 만들어 내는 시대가 오지 않을까 기대를 해 본다. 그리고 그 한 축을 담당할 사람이 되기 위해서 오늘도 나는 카이스트에서 숨 쉬고 있다.

보물성(Treasure Planet, 2002)

감독	론 클레먼츠, 존 머스커
출연	조셉 고든 레빗, 브라이언 머레이, 마이클 윈콧 등
러닝타임	95분
내용	『보물섬』과 SF가 만나서 만들어 내는 몽환적인 우주 모험기.

스타 트렉: 더 비기닝(Star Trek: The Beginning, 2009)

감독	JJ. 에이브람스
출연	크리스 파인, 재커리 퀸토, 존 조, 조 샐다나 등
러닝타임	126분
내용	SF의 정석과도 같은 웅장한 음악과 화면을 가득 채우는 화려한 별과 광선들. 그리고 블랙홀을 통한 과거와 미래의 교류.

인터스텔라(Interstellar, 2014)

감독	크리스토퍼 놀란
출연	매튜 맥커너히, 앤 해서웨이, 마이클 케인 등
러닝타임	169분
내용	최초의 실체적 블랙홀의 접근, SF라기보다는 몽환적인 휴머니즘 드라마.

SF를 통해 보는 현실,
작가 배명훈

항공우주공학과 14 **이재호**

최고의 SF란?

학교 근처 영화관은 항상 관객이 적어서, 보고 싶은 영화가 있으면 언제든 즉흥적으로 보러 갈 수 있다. 덕분에 대학에 입학한 이후 개봉하는 우주 SF영화는 항상 개봉 당일에 보았다. 그런데 내가 왜 하필 우주 SF영화를 전부 보았을까? 항공우주공학을 전공하는 학생으로서의 의무감 같은 것이었다.

SF영화를 자꾸 보다 보니 SF라는 장르에 대한 고민을 하게 되었다. SF에는 과학적 분석을 통해 신기술을 상상하여 미래에 대한 예측을 해야 한다는 잘못된 고정관념이 있었는데, 영화를 볼수록 그게 중요한 것이 아니라는 확신이 생겼다. 〈인터스텔라〉는 다른 은하와 다른 시간대, 다른 차원을 오가며 결국 가족애를 다루고, 〈컨택트(원제 'Arrival')〉는 외계인과 만난 전 세계가 갈등하는 등 스케일이 큰 사건이 벌어지지만 영화의 주제는 한 인간이 운명을 어떻게 대하는지이다. 결국 SF는 과학과 기술에 관한 이야기에서 끝나지 않는다. 미래라는 배경을 도구로 현재의 인간과 사회의 이야기를 다루는 것이다.

그렇다면 최고의 SF는 결국 얼마나 미래를 잘 예측하느냐의 기준으로 고를 수 없다. 그럴듯한 미래를 상상한 뒤 현재의 이야기, 현재의 문제를 심어 두어야 한다. 이런 관점에서 최고의 SF를 골라 소개하라고 하면 나는 흔치않은 한국인 SF작가, 우리 사회의 이야기를 SF에 담아내는 작가 배명훈을 고를 수밖에 없다.

소설 「Smart D」

소설가 배명훈을 처음 접한 경로는 초등학생 과학 영재라면 누구든 구독했던 잡지 『과학동아』이다. 2005년 과학기술 창작문예 단편 수상작이었던 배명훈 작가의 단편소설 「Smart D」가 동년도 어느 호인가에 소개되었고 어린 나는 이 소설과 운명적으로 만나게 되었다. 운명적이라는 말이 과하다고 생각할 수 있다. 하지만 소설이라고는 초등학교 추천 도서만 읽어 보았고, 매달 오는 과학 잡지에서는 세 쪽짜리 만화만 챙겨 보던 내가 잡지 맨 뒤에 수록된 몇 편의 당선작 중 배명훈 작가의 등단작을 읽은 것은 운명이라 믿는다. 카이스트에 진학하여 '최고의 SF'에 관한 글을 써야 할 때 배명훈 작가가 가장 먼저 떠오른 것 역시 운명이기 때문이다.

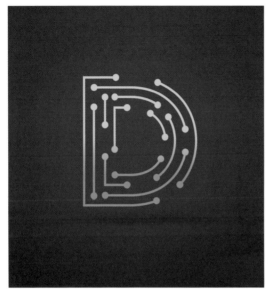

글자 사용에도 요금이 부과되는
미래를 상상해 보자.

운명의 매개체인 소설 「Smart D」를 간단히 소개하고자 한다. 앞서 말했듯이 배명훈 작가의 공식 등단작이며 근미래를 배경으로 하는 SF이다. 배경은 2029년, SF소설을 응모하려는 주인공이 등장한다. 주인공은 소설을 제출하고 여자친구를 따라 자살할 생각이었지만 어쩐지 메일에 소설이 첨부되지 않아 미처 죽지 못한다. 다음 날 응모 접수 팀은 주인공에게 다시 메일을 받는데 'Smart D'가 부족하여 파일 첨부가 되지 않으니 이를 해결해 달라는 내용이었다. 이후 문제를 해결해 나가는 과정에서 주인공이 쓰는 메일 몇 통을 따라 소설이 진행된다.

소설의 제목이자 주제인 'Smart D'는 작가가 만들어 낸 개념으로, 글자 자체에 지적재산권이 부여되고 이를 민영기업이 가진다는 다소 황당한 상상을 기반으로 한다. 하지만 소설 속의 설명을 따라 이 황당한 상상이 현실화되는 과정을 지켜보면 고개를 끄덕이게 될 것이다. 간략하게 설명하자면 기계가, 더 정확히는 인공지능이 글자로 이루어진 데이터를 인식하도록 만드는 프로젝트가 진행되었는데 발음 변화가 심한 모음은 어려우니 만만해 보이는 D가 들어간 단어부터 프로젝트의 대상이 되었다. 프로젝트를 통해 D는 인공지능이 인식 가능한 똑똑한 글자인 'Smart D'가 되었고 이 글자는 지적재산권 보호를 받게 된다. 소설 속 사람들은 컴퓨터를 사면 윈도우가 유료로 따라오듯 똑똑한 알파벳 D, 한글의 'ㄷ' 혹은 다른 언어의 같은 발음 글자를 본인도 모르는 채 사서 써야 하는 세상이 되었다는 게 배경이다.

　짧은 소설이지만 어렸을 때 한 번 읽었던 소설이 뇌리에 깊게 박힌 것은 아마 이 참신한 소재 때문일 것이다. 이미 진부하고 흔한 상상이 되어 버린 로봇과의 갈등이나 우주에서의 모험, 혹은 시간 여행 같은 내용을 다루는 다른 SF와는 차별화된 소재를 다뤘기 때문에 인상 깊게 읽을 수밖에 없었다. 소재가 참신한 SF일수록 독자는 '과연 그런 게 말이나 될까?' 하는 의심이 커지는 법이다. 대부분의 SF는 설득시키기보다 어려운 단어를 대강 합성해 내 독자를 현혹시킨다. 하지만 배명훈 작가는 풍부한 상상력을 기반으로 의심보다는 '그럴싸한데?'라는 생각을 하게 만들며, 나도 모르게 설득당해 소설 속으로 빠져들게 된다. 주인공의 여자친구가 D 사용을 피하다가 인공지능의 블랙리스트에 오르는 과정을 읽다 보면 마치 근미래의 일을 직접 전해 듣는 듯하다. 본 적 없는 새로운 소재의 이야기를 그럴듯하게 풀어내는 SF인데 기억에 남을 수밖에 없다.

이 작품이 단순히 참신하기만 한 것은 아니다. 배명훈 작가는 소설 속에 여러 가지 굵직한 주제를 잘 버무려 낸다. 주 소재인 지적재산권의 경우 그 범위가 어디까지 확장될 것인지, 자본가나 선진국에 독점당하는 경우 어떤 문제가 있는지에 대한 생각이 소설 속에 녹아들어 있다. 인공지능에게 얼마나 큰 권한을 줄 수 있는지, 가치판단이 가능할지에 대한 고민 역시 절로 들게 만든다. 머지않은 미래에, 아니 어쩌면 지금부터 고민해야 할 문제들일 것이다. 이렇듯 배명훈 작가의 「Smart D」는 그저 참신한 소재를 가진 재밌는 소설이 아닌 작가가 던지는 사회에 대한 고민이다.

다시 만난 배명훈 작가, 소설 「타워」

이후 이사를 하면서 잡지 『과학동아』를 버리게 되어 다시 읽을 수 없을 것이라 생각했다. 작가의 이름은 시간이 지나면서 잊어버렸고, 과학기술 창작문예는 그다음 해인 2006년을 마지막으로 사라졌으며, 한국에서 SF와 같은 장르문학을 쓰는 작가가 단편집을 낼 수 있을 것이라고 생각하지 않았기 때문이다. 어쩌다 책이 나오더라도 중학교, 고등학교 내내 수학과 과학만 공부한 나와 마주칠 일은 없을 게 당연했다. 슬슬 내용은 잊고 그냥 글자 D를 주제로 한 재밌는 SF가 있었다는 사실만 가끔 떠올릴 뿐이었다.

배명훈 작가와 다시 만나게 된 것은 우연이었다. 학교 도서관에서 책 정리 근로 활동을 하던 도중 도서관에서 인기가 많은 이영도 작가에 대한 검색 결과에서 다음과 같은 문장을 본 것이었다.

"이영도는 좌백, 전민희, 배명훈 등과 함께 문단에서도 인정받는 극히 드문 장르소설가이다."

지루한 근로 시간, 한 명 한 명 차례로 검색하다가 결국 배명훈 작가와 다시 만나게 되었다. 운명적으로 만났듯 헤어지고 재회까지 하게 된 것이다.

다시 만난 배명훈 작가는 이미 여섯 권의 장편소설과 네 권의 단편소설집을 성공적으로 출판한 작가였다. 여전히 SF를 쓰고 있었고, 『안녕, 인공존재!』(북하우스, 2010)나 『예술과 중력가속도』 같은 제목은 이 사실을 한눈에 알아볼 수 있게 했다. 지루한 근로 시간, 도서관에 꽂힌 그의 연작소설 『타워』를 꺼내들었고, 다시 한 번 배명훈 작가의 소설을 읽었다.

『타워』는 '빈스토크(Beanstalk)'라 불리는 미래의 한 도시국가를 다룬다. 『잭과 콩나무』에 나오는 콩줄기에서 이름을 따온 빈스토크는 사실 도시국가가 아닌 '건물국가'이다. 가로세로 각각 4km, 총 674층에 달하는 높이, 인구 50만 명을 수용하는 하나의 건물인 빈스토크는 22층에 출입국 관리소도 있는, 엄연한 주권국가로 인정받는다. 내부에 복잡하게 얽혀 있는 엘리베이터 망의 총 길이는 4,529km에 육박한다는 설명이 추가되어 있다. 소설 『타워』는 빈스토크에서 벌어지는 여섯 개의 독립된 이야기를 옴니버스 형식으로 담고 있다.

첫 이야기 「동원 박사 세 사람-개를 포함한 경우」에서는 타워 내 권력 분포를 파악하는 일을 하는 '미세권력 연구소'가 나온다. 권력 측정의 방법은 술이 선물로 많이 이용된다는 사실에서 착안하여 술이 일종

거대한 빌딩이 하나의 커뮤니티를 이루는 설정은 영화 〈저지 드레드〉 〈하이-라이즈〉 등에서도 만날 수 있다.

의 권력 화폐 역할을 한다는 가정을 기반으로 한다. 소설은 측정된 권력을 역으로 추적해 가며 파국적인 결말에 다다른다. 「타클라마칸 배달 사고」는 국가라는 공동체를 위해 희생한 개인이 이용당한 후 버려지는 이야기이다. 하지만 악한 공동체에 소속된 수많은 개개인의 선한 의지와 노력을 통해 다시 한 번 희망을 가지게 된다. 네 번째 이야기 「엘리베이터 기동연습」은 타워 내에서 대립 중인 두 개의 이념, 수직주의와 수평주의를 다룬다. 한국 사람이라면 누구나 이것이 현실 속 좌우 갈등을 비유한 것임을 알 수 있다.

「Smart D」와 『타워』를 보면 배명훈 작가의 소설이 어떤 식으로 구성되는지 확실히 알 수 있다. 우선 글자의 지적재산권이나 건물 하나로 된 국가와 같은 참신한 소재로 세계를 설정한다. 이 과정에서 소설은 SF의 범주 안에 포함되고 읽는 사람의 흥미를 끌어당긴다. 그다음, 발생하는 사건을 따라 자연스럽게 설정된 세계가 그럴싸해 보이도록 독자를 설득한다. 여기서 독자는 내가 그랬듯이 소설 속으로 빠져들고 그 속에서 일어나는 일이 마치 우리 곁에서 일어나는 일인 것처럼 느끼게 된다. 이는 소설 구성의 다음 단계를 돕는다. 작가는 소설 속 허구의 세계, 그것도 현재가 아닌 공상과학 세계에서 사회가 생각해 봐야 할 문제를 제시한다. 전 단계에서 독자는 소설에 설득당했으니 이 문제를 현실의 사회에서도 질문하게 된다. 이런 방식으로 배명훈 작가는 SF를 통해 하고 싶은 말을 하는 것이다.

SF로 고민하는 작가, 배명훈

배명훈 작가는 왜 SF를 통해 사회의 이야기를 하는 것일까? 나는 우선 그의 소설을 읽으면서 느낀 유쾌함이 그중 한 가지 이유라 생각한다. 소설이 다루는 이야기가 권력분쟁이나 이념논쟁과 같은 다소 무겁고 불편한 주제임에도 가볍고 경쾌하게 읽힌다. 이는 우리 사회의 문제를 다루되 SF소설 내 세계의 문제로 치환하여 이야기하기 때문이다. 평범한 순문학 소설이었다면 내가 아무리 그 소설 속에 사는 사람이 아니어도 나도 모르게 인물 자체에 빠져들게 될 것이다. 최근 교양 수업에서 다루는 해방 전후의 한국소설을 읽을 때 느낌이 바로 그렇다. 내가 사는 사회의 문제를 그대로 안고 있는 소설이라 읽으면서 무거운 마음을 가지게 된다. 하지만 현재에는 구현되지 못한 발전된 기술 세계의 이야기라면 한발짝 뒤에서 바라볼 수 있다. 더구나 배명훈 작가의 소설은 좌파와 우파를 타워 내 수평주의와 수직주의로 바꾸거나 불균형한 권력의 분포를 술 선물의 분포로 설명하는 등 다양한 방법을 통해 현재의 문제를 간접적으로 표현한다. 그래서 독자는 소설 자체는 유쾌하게 읽되, 다시 한 번 곱씹어 생각해 볼 기회를 얻는다. SF라는 장르문학의 틀은 배명훈 작가와 독자가 함께 사회를 바라볼 때 느낄 수 있는 불편함을 막아 주는 일종의 갑옷이 된다.

또한 SF는 배명훈 작가에게 일종의 사회적 사고실험이다. 과학을 좋아하는 사람이라면 누구나 사고실험이라는 말을 들어 보았을 것이다. 아인슈타인이 특수상대성원리를 구상할 때, 빛과 관련된 실험을 직접 할 수 없으니 오직 머릿속에서만 이루어지는 사고실험을 잘 써먹었다는 일화는 유명하다. 배명훈 작가에게 SF가 바로 그 사고실험이라고 생각한다. 고등학교에서 배우는 과학적 방법론에 따르면 실험은 어떤 가설을 증명하기 위해 이루어지는데 실험 이전에는 가정이 필요하다. 글자 자체가 지적재산권의 대상이 되거나, 거대한 건물 하나가 하나의 사회가 되는 등의 소재는 그의 사고실험에서 가정이 된다. 가정된 상황에서 발생하는 사건을 관찰하는 과정이 바로 소설이며, 이 모든 사고실험이 끝나고 증명한 가설은 우리의 현재 사회에 적용할 수 있는 법칙이 된다. 작가와 독자는 SF 속에서 상상력을 통해 전개한 사고실험으로 현실을 보는 방법을 알아가는 것이다.

SF임에도 사회에 대한 날카로운 지적이 가능한 것은 배명훈 작가의 이력 덕분이다. 배명훈 작가는 외교학을 전공하였고, 학위 논문의 주제는 제1차 세계대전이었다. 「Smart D」나 『타워』 외에 장편소설 『첫숨』(문학과지성사, 2015)과 같은 소설에서 국제 정치의 긴장감을 많이 다루는 것도 그 때문이다. 실제로 작가는 인터뷰에서 선입견 속 SF처럼 우주 전쟁을 하거나 새 기술이 나오는 대신 정치적 주제를 주로 다루는 이유를 묻는 기자의 질문에 전공 때문이라고 답했다. 그는 그런 정치학이나 사회과학, 인문학 역시 SF에 포함되는 것이라고 생각한단다. SF는 'Science Fiction'을 일컫는 말이지만 예전과 다르게 이젠 과학과 사회학, 인문학의 경계가 점점 모호해지는 사회이기 때문이다. 배명훈 작가에게 SF는 단지 과학소설이 아닌 것이다.

출판사에서 배명훈 작가의 책을 소개할 때 다음과 같은 글귀를 썼다.

"상상력이 배명훈의 방패라면, 창은 풍자다."

기발한 아이디어를 소재로 한 소설에서 상상 속 미래의 모습을 작가 특유의 유머와 함께 유쾌하게 관찰할 수 있다. 상상력이라는 방패를 든 배명훈 작가를 마음 편히 따라가다 보면, 그는 어느새 풍자라는 예리한 창으로 방패 너머를 날카롭게 찌른다. 이를 바라보며 우리는 불편하지 않게, 동시에 새로운 시각으로 우리 사회의 문제를 다시 한 번 보게 되는 것이다.

최고의 SF를 소개하려 할 때 잠시의 고민도 없이 배명훈 작가가 떠올랐다. 「Smart D」의 참신한 소재를 보고 느꼈던 즐거움이나 『타워』를 읽으며 생각했던 고민들은 배명훈 작가의 SF에서 얻은 선물이며, 더 많은 독자들과 공유하고 싶은 경험이다. 더구나 다른 환경, 다른 사회의 외국 작가가 아닌 나와 같은 사회에 속한 한국 작가라는 점은 그를 소개함에 있어 특히 자신 있는 부분이다.

결국 SF는 상상력과 과학기술을 뽐내려 쓰이고 읽히는 것이 아니다. 우리가 사는 현재의 이야기, 사람과 사회의 이야기를 미래라는 다른 껍질 속에서 다시 관찰하는 과정이다. 역사를 통해 과거를 보는 것과는 또 다른 간접경험을 얻고, 지금의 문제를 해결하는 좋은 실마리를 찾을 수 있다. 현재든 미래든 항상 성립하는 인간의 보편적 원리를 발견할 수도 있다. 배명훈 작가의 이야기를 통해 나와 같은 경험을 할 사람이 더 많아지기를 바라며 한국의 SF작가, 소설가 배명훈을 자신 있게 추천한다.

작·품·소·개

스마트 D (소설집 「예술과 중력가속도」에 수록)

저자(역자)	배명훈
출판사	북하우스
발행일	2016년 11월
내용	글자 'D'에 지적재산권이 부여된 미래에 소유한 D가 부족해 SF소설을 응모하지 못한 남자의 이야기.
표지제공	북하우스

타워

저자(역자)	배명훈
출판사	오멜라스
발행일	2009년 6월
쪽수	272쪽
내용	머지않은 미래, 거대한 하나의 건물이자 주권 '타워' 국가인 '빈스토크'에서 벌어지는 여섯 개의 옴니버스 이야기.

문과스텔라

전기및전자공학부 13 **김지원**

엑스포 다리는 왜 무너지지 않을까

"엑스포 다리가 왜 무너지지 않는지 아세요?"

카이스트생이라면 한 번쯤 들어 봤을 소개팅 이야기이다. 동기 친구가 소개팅을 나간 후 저지른 일이라서 더욱 가깝게 느껴지는 이야기이다. 사건은 이렇게 시작되었다. 대학에 들어와서 처음 하게 된 소개팅 자리에서 친구는 간호대생인 소개팅 상대로부터 대전에 어떤 볼거리가 있느냐는 질문을 받았다. 한밭수목원, 오-월드 같은 곳은 식상하다고 느낀 친구는 엑스포 다리로 답을 이어 나갔다. '건설및환경공학과'답게 뿌듯한 표정으로 아치형 구조와 철근의 장력을 설명하면서 엑스포 다리의 튼튼함을 강조했다. 이후 소개팅녀의 친구가 SNS에 이 이야기를 올리면서 화제가 되었다. 물론 모든 카이스트생이 할 이야기가 없어서 과학적인 이야기를 하는 것은 아니다. 하지만 대부분의 공대생은 특유의 생각 방식에서 벗어나지 않는다. 이야기를 들은 대다수의 학교 친구들은 공대생답게 다음과 같이 질문했다.

"그래서 뭐라고 설명했대?"

문과적인 면을 담고 있는 영화 〈컨택트〉

영화 〈컨택트〉는 12대의 UFO가 지구에 출현하면서 생기는 일들을 그린 SF영화다. 재질을 알 수 없는 거대한 우주선 안에는 고도의 과학기술을 가졌을 것으로 추정되는 외계인들이 타고 있다. 문어처럼 생겼고 다리가 7개인 '헵타포드'들이 어떤 이유로 지구에 오게 되었는지를 밝혀내는 것이 영화의 큰 흐름이다. 문제는 외계인들과 소통하려면 그들의 언어를 이해해야 하는데 지구상의 다른 언어들과 구조가 비슷하리란 보장이 없다. 소리로 소통하는지 문자로 소통하는지 알 수 없는 그들과의 대화를 위해 국방부는 특별 조직을 꾸려 언어학자인 루이스 뱅크스를 섭외한다. 그리고 그들의 존재를 과학적인 접근을 통해서도 알아내고자 과학자 이안도 함께 섭외했다.

국방부와 이안은 일방적으로 질문을 할 뿐 그들이 알아들을 수 있는 언어로 소통할 생각은 못했다. 하지만 루이스는 직접 UFO 안으로 들어가서 문자를 통해 대화를 시도했다. 'Human'이라는 글자를 보여주기 시작하면서 원형으로 생긴 외계인들의 문자를 알게 되고 연구를 통해 문자가 뜻하는 것이 무엇인지 찾아내기 시작한다. 가장 중요한 것은 '그

햅타포드에게 'Human'이라는 글
자를 보여주는 루이스.
© 2016 Paramount Pictures.

들이 왜 지구에 왔는가?'였다. 지구를 공격하려는 것인지, 우호적인 것
인지 알아야 대응할 수 있기 때문이다. 결과적으로 그들은 지금 인간을
도와주고 3,000년 후에 도움을 받기 위해서 온 것이었고, 루이스 덕분에
이유 없이 외계인을 공격하게 될 수 있었던 상황에서 벗어나면서 영화
는 끝난다.

　영화에서는 외계인들의 문자를 분석하는 과정을 다룬다. 여러 가지
명사들부터 시작해 문장의 구성이 어떻게 되는지를 연구한다. 그들이
외계인한테 묻고 싶은 질문은 단 한 가지 '그들은 왜 지구에 왔는가?'이
다. 간단해 보이지만 이 질문은 의문문으로 구성되어 있을 뿐만 아니라
주어, 목적어, 동사 등이 다 들어 있다. 여러 가지 문장성분으로 이루어
져 있어서 복잡하기 때문에 사람의 언어 체계에 대해서 정확하게 이해
하고 있지 않으면 외계인이 오역을 할 가능성이 다분하다. 무엇보다 오
역했을 경우 어떤 대답이 돌아올지 가늠할 수 없기 때문에 가장 간단한

명사부터 차근차근 시작했다. 갓 태어난 아기에게 언어를 가르치는 수준인 과정들이 더디게 진행되어서 외계인을 조사하기 위해 꾸려진 사람들 모두 루이스의 접근 방법에 회의적이었다. 주인공은 답답해 보일 수 있지만 가장 정확하고 빠른 방법이라며 사람들을 설득했다. 이러한 부분 때문에 어떤 사람들은 이 영화를 '문과스텔라'라고 부른다. 공대생 영화로 유명한 〈인터스텔라〉의 문과 버전이라는 뜻이다. 실제로 영화 내에서도 과학적인 오류에 대해 토론할 만한 내용은 별로 없다. 다른 SF에서 흔히 등장하는 유전자를 조작하여 새로운 생명체가 나타나는 설정이나 중력을 조절하는 설정, 또는 광속 이동이 가능한지에 대해서 토론하는 부분은 〈컨택트〉에서 나오지 않는다. 다른 SF에서 흔히 느낄 수 있는 과학적 재미는 찾아볼 수 없었지만 〈컨택트〉에서 흥미로운 부분은 주인공 루이스와 이안이 UFO까지 가는 헬기 안에서 나눈 대화였다. 공대생인 나한테 낯설지 않게 느껴졌기 때문이다.

이안 : 꼭 물어봐야 할 내용들을 몇 가지 적어 왔어요.
루이스 : 뭔데요?
이안 : 광속 이동이 가능한지, 중력을 조종할 수 있는지, 또…….
루이스 : 말이 안 통하는데요?

과학적, 논리적으로만 접근하는 공대생

내가 이 영화를 선택하게 된 것은 바로 이 부분 때문이었다. 많은 카이스트생들이 그렇겠지만 SF영화를 보다 보면 친구들과 마찬가지로 나도 모르게 과학적인 생각을 하고 있을 때가 있다. '아니, 저건 과학적으로 말이 안 되는데 비약이 심하네.' '그래, 저건 이미 증명된 이론이지.' 혹은 '지금 추세로 봤을 때 저 수준의 과학기술은 10년 후에는 현실에서도 구현될 수 있겠네.'라고 말이다. 하지만 영화에서 시비를 가릴 만한 과학적 내용은 없었다. 대부분이 문자에 관한 이야기였기 때문이다. 대신 딱 한 가지, 루이스 동료인 과학자 이안이 어떤 질문을 할 것이냐 하는 부분은 확실히 공대생다웠다. 과학자들은 의사소통이 되어야지만 대화가 통한다는 사실을 잊어버린 채 의사소통이 되기도 전에 광속 여행에 대해서 먼저 묻고 싶어 한 것이다.

공대생들 사이에서 SF영화 이야기가 나오면 〈인터스텔라〉와 〈마션〉을 빼놓을 수 없다. 인생 영화라는 사람도 더러 있고, 영화 속에 등장한 과학적인 부분에 대한 내용을 이야기하느라 대화가 끊이지 않을 때도 있다. 마치 엑스포 다리가 끊어지지 않는 이유를 설명하는데 앞에 앉은 사람이 '건축및환경공학과'인 상황과 같은 것이다. 물 만난 물고기 같은 상황인 것이다. 하지만 가끔 우리는 세상이 〈인터스텔라〉라고 착각하는 것 같다. 과학적인 논리가 맞으면 그게 정답이라고 생각하는 것이다. 여기서의 문제점은 더 근본적인 부분에서 나타난다. 세상은 옳고 그름으로 모든 것을 판단할 수 있는 구조로 이루어지지 않았다는 것이다. 세상은 오로지 '팩트'로만 이루어져 있지 않고 가끔은 '픽션'이 섞여 있기도 한다. 하지만 이 사실을 알면서도 우리들은 잊고 지낸다. 심지어는 〈인터스텔라〉 자체도 다큐멘터리가 아닌 영화이자 픽션인데 몇몇 공대생은 〈인터스텔라〉를 다큐멘터리인양 '팩트'처럼 받아들이고 있다. 가끔 공대생들은 SF영화에서뿐만 아니라 일상생활에서도 '픽션'이 우리의 삶 속에 깃들어져 있다는 사실을 잊고서 살아간다.

박보검과 노벨상 중에서 고를 수 있다고 할 때 공대생들한테 무엇을 고를지 질문하면 대부분 노벨상이라고 답한다. 물론 나도 처음에 이 질문을 받았을 때 노벨상이라고 답했다. 논리적으로 생각해 봤을 때 박보검을 고르면 박보검뿐이지만, 노벨상을 고르면 과학자로서 최고의 명성을 얻을 수 있을 뿐만 아니라 이 명성 덕분에 박보검 혹은 그보다 더 대단하고 멋진 남자가 노력하지 않아도 따라오기 때문이다. 이런 논리로 봤을 때 노벨상을 고르는 것은 명백한 정답처럼 보인다. 또한 과학적인 논리로 노벨상을 정답이라고 주장하는 것은 그럴듯하게 설득력 있어 보인다. 하지만 사실 박보검과 노벨상은 비교할 수 없는 대상일 뿐만 아니라 노벨상을 타면 박보검이 따라온다는 논리 그 자체도 잘못된 것으로 설득력 있는 논리가 아니다.

설득력 있는 논리를 펼치지 못했다고 해서 공대생들이 잘못한 것은 아니다. 박보검과 노벨상을 묻는 질문은 사랑인지 과학인지를 묻는 본질적인 질문이며 여기에는 픽션이 깃들어져 있다. 하지만 이를 팩트로 받아들이기 때문에 과학이 사랑도 가져올 수 있다는 그럴듯한 논리를 생성시켜 버린 것이다. 돈을 주고 박보검을 살 수는 있겠지만 질문의 의도는 그럴듯한 논리로 답할 수 없는, 더 위에 있는 개념인 것이다. 공대생들은 질문의 의도를 전혀 파악하지 못한 채 질문을 팩트로만 받아들이고 이에 대응되는 그럴듯한 과학적인 논리로 답하려고 했던 것이다.

우리 모두 알고 있다시피 1 더하기 1은 2이고, 10 곱하기 10은 100이다. 이는 절대적인 진리로 똑같은 질문을 던졌을 때 모든 사람한테서 같은 답이 나온다. 그러나 감정은 1 더하기 1이 2가 되는 것처럼 간단한 것이 아니라 1 더하기 1이 0이 될 수도 있고 100이 될 수도 있는, 논리적으로 설명할 수 없는 부분이다. 두 사람이 함께 있을 때 행복이 비례하게 2배가 되는 것이 아니라 10배가 될 수도 있고, 10명이 모였다고 해서 행복이 10배가 되는 것이 아니라 두 사람이 모였을 때보다 훨씬 적은 정도인 2배만 증가할 수도 있기 때문이다. 사실 이렇게 수치로 감정을 설명하려는 것은 모순적이다. 감정은 물건을 세는 것처럼 숫자를 매길 수 없는 것이기 때문이다. 사람마다 느끼는 정도가 다를 뿐만 아니라 사람마다 표현하는 정도도 달라서 물건처럼 정량화할 수 없다. 또한 다른 사람의 감정을 100퍼센트 이해할 수 있는 사람은 단 한 명도 없기 때문에 다른 사람이 느끼는 감정의 정도를 가늠하는 것도 불가능하다.

하지만 공대생들은 감정이라는 것을 많고 적음을 가늠할 수 있는, 사람을 표현해 주는 하나의 도구로 착각한다. 가장 안타까운 것은 슬픈 감정을 표현하거나 이해할 때 겉으로 보이는 상처의 크기로 감정의 크기를 판가름하는 것이다. 슬픔의 크기를 나타내는 기준은 대체로 시험 점수의 평균과 직결되어 있다. 본인이 생각한 것보다 점수가 낮게 나왔을 때 당연히 슬픔을 느낄 수 있다. 하지만 그 점수가 평균보다 높게 나왔을 경우, 평균보다 높게 나온 친구가 슬퍼한다면 주변 누구도 그 사람이 슬퍼한다고 생각하지 않는다. 반면 평균보다 낮게 나온 친구가 있으면 그 친구가 괜찮다고 할지라도 주변에서는 무한한 위로를 해 준다.

공대생들한테는 평균이라는 것이 슬픔을 판가름하기에 가장 논리적인 기준점이다. 평균보다 높으면 A학점 근처를 받을 수 있을 것이고, 평균보다 낮을 경우 잘해야 B⁻를 받을 수 있기 때문이다. 또한 공대생들은 A학점을 받으면 행복의 크기가 크다는 논리가 합리적이라고 생각한다. 한 사람이 느끼는 슬픔의 감정은 남들이 함부로 기준점을 세워서 판가름할 수 없는 것인데, 논리적으로 기준점을 세워서 판단하다 보니 이해받지 못하는 사람들이 속앓이를 하는 일도 자주 생긴다. 이는 슬픔을 팩트로만 이해하려다 보니 생기는 부작용이다.

연애를 할 때도 공대생들은 과학적인 논리가 정답인 것 마냥 감정을 논리적으로 설명하려고 한다. 나를 포함한 몇몇 공대생은 일단 좋아하는 사람이 생겼을 때 그 사람이 무엇 때문에 좋은지, 어떤 모습이 좋은지 분석하기 시작한다. 좋아하는 이유가 일정 수준 이상 되어야 내가 상대방을 좋아한다는 사실을 확신할 수 있다고 착각하기 때문이다. 남자 친구를 사귀기 전에 '썸'을 탈 때였다. 남들이 보기에는 사귀는 것 같아 보일 정도로 너무나 티가 나는 썸이었지만 스스로는 썸을 타고 있음을 전적으로 부정했다. 같이 있을 때 대화가 잘 통하고 상대방이 웃는 모습에 나도 모르게 미소가 지어졌지만, 이 사람을 좋아한다고 판단을 내리기에는 턱없이 부족한 정도의 이유만 있었기 때문이다. 사실 좋아하는

UFO 안에서 함부로 우주복을 벗는 건 논리적인 선택이 아니지만 그냥 그렇게 해야 할 때도 있다.

© 2016 Paramount Pictures.

감정은 좋아하는 이유가 얼마나 많은지로 따질 수 없는 것이다. 사람이 왜 좋은지 물었을 때 여러 가지 이유를 답한다고 해서 좋아하는 마음이 더 큰 것도 아니다. 여러 책에서 인용될 만큼 흔히 하는 말이 있다. '사람이 사람을 좋아하는 데 이유가 필요 있나' 이 말처럼 사람을 좋아하는 데는 남을 설득할 수 있을 만큼의 논리적인 이유가 필요하지 않다. 좋아하는 것을 마주하는 일 자체가 설레고, 좋으니까 그냥 좋아하는 것이다. 싫은 감정도 좋아하는 감정과 똑같다.

사람이 싫어지는 것도 꼭 이유가 존재해야 되는 것은 아니다. 그냥 어느 날 나도 모르게 마음이 식어 버릴 수도 있고, 잦은 싸움에 지쳐 버린 것도 있고 아니면 정말 아무 이유가 없을 수도 있다. 하지만 상대방이 마음에서 멀어져서 헤어지는 순간을 직면했을 때 몇몇 공대생들은 자신을 설득할 수 있을 정도의 이유를 상대방한테 바란다. 이유가 충분하지 않을 경우 헤어짐을 납득하지 못하기 때문이다. 이는 좋아하거나 싫어하는 감정 또한 픽션으로 받아들여야 하는데 팩트로 이해하고 있기 때문에 생기는 일이다.

이렇듯 현실은 〈인터스텔라〉와 거리가 있다. 과학적인 논리로 설명이 된다 할지라도 그것은 사실이 아니라 픽션일 뿐이다. 공대생들은 모든 세상이 과학적 논리로 설명할 수 있는 팩트로만 이루어져 있지 않다는 사실을 현실적으로 인식할 필요가 있다. 인식하는 것에만 머무르는 것이 아니라 바뀌어야 될 필요성이 있다. 논리적으로 분석을 하려는 것에만 초점을 맞추는 것이 아니라 논리적인 이유가 없더라도 말이 될 수 있음을 받아들이려는 노력이 필요하다. 연인에 대한 좋아하는 감정을 설명하려고 하지 않고 그냥 그 상황 자체를 이유 없이 받아들이는 자세가 필요하다. 세상은 공돌이한테 익숙한 팩트로만 이루어져 있는 것이 아니고 픽션으로도 이루어져 있기 때문에 모든 일을 과학적, 논리적으로 분석하려는 마음은 잠시 접어 두고 때로는 있는 그대로 받아들이는 자세가 필요하다.

작·품·소·개

컨택트(Arrival, 2016)

감독	드니 빌뇌브
출연	에이미 아담스, 제레미 레너, 포레스트 휘태커 등
러닝타임	116분
내용	12대의 UFO가 지구에 출현하면서 생기는 일을 그린 SF영화로 외계인들이 온 목적을 알아내는 과정을 담았다.

그 어느 곳에도
신세계는 없었다

생명과학과 13 **한상욱**

인트로 - 우주를 항해하는 범선

별로 재미있지도 않았다. 글을 쓰기 위해 다시 꺼내 읽어 보니 대부분은 곱씹을 필요 없이 쓱 훑어도 충분한 이야기였다. 깊이 있는 주제를 다루고 있나 하면 또 그런 것 같지도 않다. 붙잡고 씨름한다면야 더 많은 생각들을 할 수 있었겠지만 뭔들 그러지 않겠나. SF라 할 때 가장 먼저 떠오를 정도로 인상 깊게 기억하고 있었는데. 기대를 품고 추억 속 맛집을 방문해 보니 생각보다 너무 별로일 때 드는, 그런 당혹감과 씁쓸함으로 인해 나는 무척이나 혼란스러웠다. 그렇지만 글을 쓰기에는 이런 혼란이 오히려 도움이 될 거라는 생각에, 시작하기 좋은 질문을 던졌다.

나는 왜 이 책에 그렇게 깊은 인상을 받았던 걸까? 베르베르 특유의 신비로운 분위기에 흠뻑 빠진 16살 모범생의 심정은, 조금만 생각해도 이해하기 그리 어렵지는 않았다. 신실한 기독교 집안에서 자란 내게 창세기를 오마주한 『파피용』의 결말은 금지된 일을 할 때의 쾌감을, 한창 이런 것에 취약할 청소년 시절의 내게 선사했으리라.

그렇지만 그것뿐은 아닌 듯하다. 동경, 우주를 항해하는 범선이라는 로맨틱한 소재 속에는 썩어 문드러진 현재를 버리고 이상적인 미래로 나아간다는 흔한 이야기가 감춰져 있다. 자존감 낮은 이상주의자인 내게 이 흔한 레퍼토리보다 좋은 대리만족이 어디 있을까! 한편 이러고 있으니 가슴 한편에 뭔가 불편한 감정이 떠오른다. 그때의 나와 지금의 나는 다른 생각을 가지고 있다는 표시가 아닐까. 어쩌면 『파피용』이 아직까지 생각나는 이유는, 그때 몰랐던 것을 이제는 내가 알고 있다고 자랑하고 싶어서인지도 모르겠다.

줄거리 설명 같은 따분한 일을 좋아하지는 않지만 『파피용』을 모르는 이들을 위해 간략하게 줄거리를 안내해 주도록 하겠다.

1. 이브라는 과학자는 막장으로 치닫는 지구로부터 벗어나 사람이 살수 있는 가까운 행성으로 떠나 새로운 사회를 만들기 위해 우주 범선 계획을 세웁니다.
2. 이에 동의하는 여러 사람들이 모여 범선 파피용을 건설하고 새 사회에 적합한 선량한 사람들을 선발합니다.
3. 나머지 지구인들은 그들의 프로젝트를 비난하고 막으려 하지만 결국 우주선 발사에 성공합니다.
4. 잘되나 싶었는데 범선 안의 사회는 지구의 그것과 별 다를 바 없는

실제로 태양광을 이용하여 우주를 항행하는 우주 범선의 개발이 이루어지고 있다.

모습으로 점점 굴러갑니다.

5. 약 천 년 후, 엉망인 범선 내 사회에서 단 2명만이 목표하던 행성에 도착하여 새로운 인류를 꾸려 나가기 시작합니다.

어디선가 한 번쯤 들어봤을 법한 평범한 스토리라인. 그렇지만 그 진부함이 보다 쉬운 공감을 가능케 했다고 생각하기에 이에 대한 불만은 다음 기회에 하도록 하겠다.

중학생의 나 – 새로운 내가 되기 위한 우주여행

새 학기, 새 학년, 새 학교를 시작할 때마다 빠뜨리지 않고 했던 다짐이 있다.

"지금까지와는 다르게, 멋진 사람이 되어 보자!"

밤마다 줄넘기를 열심히 해서 작은 키를 키워 보자고 다짐했다. 유난히 어려워하는 수학 공부를 더 해서 성적을 올려야겠다고 생각했다. 눈을 크게 뜨고 다니면 내 작은 눈이 좀 더 커지지는 않을까 궁금했다. 소심한 성격을 버리고 활달하고 재미있는 사람이 되고 싶다고 꿈꿨다. 새 학기가 시작되기 전날 밤은 그래서 항상 즐거웠나 보다. 이상적인 내가 되어 잠들었기 때문이다. 멋있어진 나의 모습에 스스로 만족하는 나와 칭송을 보내는 주변 사람들. 누구나 한 번쯤 이런 기분 좋은 상상을 이불 삼아 잠든 밤이 있지 않을까?

어제까지의 나와 작별하고 더 멋진 나로 다시 태어나는 것은 비단 나뿐만 아니라 이 지구에 사는 모든 이들이 생각해 본 것이리라. 신세계를 꿈꿨던 이브와도 같이. 그리고 나는 그 신세계로 가기 위해 나름대로 꽤나 힘썼다. 계획을 세워 실행하고 이를 위해 끊임없이 고민했다. 'R=VD(Realization=Vivid Dream)'라고 어디서 주워들은 건 있어서 멋진 나의 모습을 상상하는 것도 게을리하지 않았다. 계획한 대로 착착 진행되어 꿈이 이루어졌다면 해피엔딩으로 끝나서 이 글을 쓰고 있지도 않을 것이다.

대다수가 그렇듯 나는 신세계로 떠나지 못했고 다짐과 계획은 여태껏 나를 빚어 온 시간 앞에 무기력하게 바스러졌다. 꿈을 위한 줄넘기 시간은 머지않아 꿈을 꾸는 시간으로 바뀌어 버렸고 눈은 크게 뜰수록 이마에 주름만 잡힐 뿐이었다. 활기차고 재미있게 이야기하려고 했으나 조그만 말에도 민감하게 반응하는 내 모습은 변함없이 지질했다. 그렇지만 정말 나를 힘들게 한 것은, 변하지 못했다는 실패감보다 '나'를 잃어

버렸다는 점일 것이다. 지긋지긋한 내 못난 모습을 부정하고 버렸는데, 새로운 내가 되지 못했다. 이미 쓰레기라 생각하고 버린 것을 다시 주워서 써야 하는 상황이라고나 할까. 스스로를 귀족이라 굳게 믿는 부랑자라고나 할까. 자존감은 낮아져만 갔고 그로 인해 이제는 망상이라고 불러야 더 정확할 나만의 신세계에 더욱 집착하게 되었다. 그렇지만 그럴수록 이상의 기준은 오히려 더 강화되고 현실과의 괴리감만 더 커진다는 것을 그때의 내가 알았는지 모르겠다. 마치 바닷물과도 같아서 마시면 마실수록 목이 더 말라온다는 것을.

　이 책이 왜 내게 그렇게 깊게 다가왔을까. 『파피용』의 전개는 내게 이런 모습들을 얼추 비슷하게 보여주는 듯하다. '최후의 희망은 탈출'이라

일론 머스크의 '스페이스 X'가 추구하는
궁극적인 목표는 인류의 화성 이주이다.

는 슬로건을 가지고 꿈을 꿨건만 그 여정의 모습은 버리고 떠난 지구의 그것과 하등 다를 바 없었다. 그 좁은 배 안에서 사람들은 다시 무리 지어 서로를 상처 입히고, 약자를 억압하고, 스스로 노예가 되었다. 그 끝은 또 어떠한가. 창세기는 그들이 버린 옛 인류의 시작을 다루는 이야기이다. 베르베르는 그 창세기를 오마주한 결말을 통해 새롭게 시작될 인류 역시 옛 인류와 마찬가지의 길을 걸을 것임을 암시한다. 그렇게 버리고 싶었던 지구를 그들은 재생산한 것에 지나지 않았다. 100만 제곱킬로미터의 날개를 활짝 펴고 날아오른 파피용은, 결국 그 넓은 포부를 이루지 못하고 추락하고 말았다. 『파피용』의 그 어디에서도, 신세계는 존재하지 않았다.

대학생의 나－벗어나기 힘든 세상 속에서

무엇을 잘못한 걸까. 대학생이 되어 더 많은 경험을 쌓은 나는 이제 나름대로의 대답을 가지게 되었다. 나와 파피용이 실패할 수밖에 없었던 이유, 그것은 구세계의 틀 밖에서 생각할 줄 몰랐다는 점이다. 나는 키가 크고 싶었다. 공부를 잘하고 싶었고, 커다란 눈을 가지고 싶었다. 인기 많은 활달한 성격의 사람이 되고 싶었다. 그래서 세상이 정해 놓은 '잘난 사람'이 되고 싶었다. 나는 나를 구질구질하다고 판단하게 만드는 세상의 기준에 의문을 던질 생각을 하지 못했다. 시스템에 충성하며 그 안에서 조금이라도 높아지려고 발버둥 친 것이다. 삶은 그로 인해 피폐해졌다. 내 인생을 이루는 소중한 하루하루는 최종 결과물을 위한 일종의 소모품으로 전락했다. 결과가 나오지 않으면 아무 의미가 없었기에, 그 시간은 실패였다고 스스로 낙인찍었다. 그런 구조 안에서 한 인간이 과연 만족할 수 있을까? 신세계를 온전히 맛볼 수 있을까? 완벽한 인간은 존재하지 않기에 불가능할 것이다. 정말 신세계를 느끼고 싶었다면 나는 그 틀을 깨고 나왔어야 했다. 키, 성적, 성격 따위로 인간을 판단하는 치졸한 세상을 비난하고 스스로 의문을 던져야 했는데. 구세계의 가치를 붙잡고 노력해 봤자 결국 구세계의 안인 것이 당연하다.

파피용 역시 마찬가지. 그들은 순진하게도 '선량한' 사람들로 이루어진 사회는 다를 거라고 믿었다. 같은 방식, 같은 동력으로 움직이는 사회는 뭐가 어떻게 바뀌어도 같은 결과를 초래할 수밖에 없는데 말이다. 결국 그들의 상상력은 거기까지였던 것이다. 우주 범선을 만들고 그 안에 생태계를 조성하고 다른 행성으로 날아갈 상상까지는 할 수 있었으나, 가장 어렵고도 핵심적인 새로운 사회를 건설할 방식은 상상하지 못했다. 그 새로운 방식이 무엇일지는 나로서도 알 수 없지만 중요한 것은 그들 역시 나처럼 틀을 벗어나지 못했다는 것이다. 물리적인 구세계로부터는 작별했을지 몰라도, 그들은 어떤 의미에서 단 한순간도 거기로부터 발을 떼지 못했다.

책은 우주여행을 계획하는 시간, 우주여행 초기의 시간, 새로운 행성에 도착한 직후의 시간을 가장 많이 묘사한다. 어쩌면 이 책은 지상에서 발을 떼는 순간, 신세계에 가장 가까운 순간을 보여주고 있다고 해석할 수 있지 않을까? 그렇지만 그들은 그 한 발짝을 내딛는 데 모두 실패했고, 결국 역사의 반복을 암시하며 책은 끝난다.

여전히 세상에 갇혀 있는 내가 이 틀에서 완전히 벗어나는 것은 불가능할 것이다. 그렇지만 중학교 시절과 비교하면 부당한 게임을 우리에게 들이미는 세상의 손길이 좀 더 보이는 것 같긴 하다. 모든 문제가 해결된 신세계를 제시하는 듯하지만 교묘한 속임수에 불과한 낡은 가치들. '노오력'을 하면 인생 필 수 있는 세상이라고 가르친다. 공부를 잘하면 하고 싶은 거 하면서 잘살 수 있다는 메시지를 던진다. 여성들도 신경 써서 주의한다면 성폭력은 사라질 수 있다는 식으로 말한다. 그렇지만 이러한 의견이 그것을 따른 사람들에게 신세계를 가져다주었는가? '흙수저'가 하루하루 입에 풀칠하기도 바쁜 동안, 금수저들은 그들을 노력이 부족한 게으름뱅이로 취급한다. 매년 11월 둘째 주 목요일이 지나면 스스로 목숨을 끊은 수험생들의 소식을 들어야만 한다. 성폭력을 당한 이들은 앞에서 언급한 주장 때문에 피해자임에도 부당한 수치를 겪어야 한다. 살기 좋은 세상을 약속하는 나이브한 문구들은 결국 지금까지와 같은 세상을 재생산하는 데에 사용될 뿐이다. 옛 가치를 따르는 세상에 새로운 세상은 깃들 수 없다.

맺음─나비의 날갯짓처럼

'파피용'은 불어로 나비를 뜻한다. 이브에게 나비는 자기 아버지의 의지를 의미했고, 아버지의 발상을 따라 만든 범선에 '파피용'이라는 이름을 붙였다. 거대한 두 날개를 가진 범선이 마치 우주를 노니는 나비와 닮았다는 생각도 했던 것으로 보인다. 그렇지만 나는 이 책의 제목에 이브와는 다른 의미를 부여하고 싶다. 나비는 번데기에서 나온다. 바깥세상을 맛보기 위해서 나비는 번데기를 찢어야 한다. 나비의 입장에서 그것은 탈출이 아니다. 자신의 전부였던 번데기 안 이외의 세상을 상상하는 것이라고 표현해야 더 정확할 것이다. 번데기 바깥을 생각하지 못한 나비는 그 좁은 공간 속에서 죽을 뿐이다. 내게 파피용은 누군가로부터 이어지는 유지도, 신세계로 데려다줄 우주선도 아니다. 그것은 번데기를 찢고 나온 존재다. 『파피용』 표지에 그려진 나비를 볼 때마다 그 나비가 찢고 나온 번데기를 기억할 것이다. 나를 옥죄는 잘못된 가치가 무엇인가? 그것이 사라진 세상은 어떤 모습일까? 기존의 세상을 넘어서는 상상력. 베르베르가 내게 알려준 상상력은 SF적 상상력이라기보다는 바로 이런 상상력이다. 많은 이들이 세상을 뛰어넘어 상상할 때 그것은 현실이 되어 우리에게 신세계를 가져오지 않을까 기대해 본다.

……기대라니, 사람은 쉽게 변하지 않나 보다. 그렇게 호되게 당한 건 어디로 갔는지. 결국 나는 오늘도, 어디에도 없는 신세계를 꿈꾸며 잠이 든다.

작·품·소·개

파피용(Le Papillon Des Etoiles)

저자(역자)	베르나르 베르베르(전미연)
출판사	열린책들
발행일	2008년 6월
쪽수	396쪽
내용	희망이 없는 지구를 버리고 새로운 터전을 찾아 우주로 떠나는 인간들의 여정.
표지제공	열린책들
디자이너	김민정

'또 다른 나'를 통한
치유와 화해

산업및시스템공학과 13 **이기훈**

'또 다른 나'에 대한 질문을 던지다

영화를 감상하고 나면 마음은 10점이라 하는데 어째서인지 선뜻 설명하기는 어려운 영화들이 있다. 아마 영화를 보면서 느꼈던 감정과 고민의 깊이가 깊으면 깊을수록, 여러 번 곱씹어 보아야 비로소 누군가에게 그 생각을 전할 수 있게 되기 때문일 것이다. 〈어나더 어스〉는 내게 그런 영화였다. 영화가 끝난 뒤에도 가시지 않은 여운 때문에 한참 동안 '엔딩 크레딧'을 바라봤던 기억이 지금도 생생하다.

〈어나더 어스〉는 우리가 살아가면서 겪는 상처와 그것을 어떤 방식으로 치유해 나가는지를 조명하는 영화다. 누구에게나 돌이키고 싶은 선택과 잊고 싶은 실수가 있기 마련이다. 후회스러운 기억은 현재를 살아가는 와중에도 이따금 자책으로 찾아와 우리를 괴롭게 하다가, 어느새 꼬리에 꼬리를 물어 결국 하나의 질문에 도달하게 한다.

'만약 내가 다른 선택을 했더라면 어떻게 되었을까?'

영화 〈어나더 어스〉는 이 질문에 대해 다루는 영화다. 그리고 한 발 더 나아가서 이런 물음을 던진다.

'나와 다른 선택을 했을 '또 다른 나'는 어떤 사람일까?'

존과 로라, 피해자와 가해자의 모순적인 사랑

이야기는 어느 날 인류가 지구와 똑같이 생긴 행성을 지구 가까이에서 발견하고 '지구 2'라 이름을 붙이는 것에서 시작된다. 주인공 로라는 '지구 2'가 밤하늘에 파란 별로 보일 것이라는 라디오 방송을 듣고는 밤하늘을 보며 운전하다가 한 가족의 삶을 앗아가는 교통사고를 내고 만다. 로라는 교통사고의 범인으로 4년간 수감 생활을 하게 된다. 복역을 마치고 나온 그녀에게 남은 것은 아무것도 없다. MIT에 입학할 예정이었던 촉망받는 천체물리학과 지망생이었지만 이제는 대학도, 친구도 없을뿐더러 전과 기록으로 인해 남들처럼 세상을 사는 것을 기대하기도 어렵다. 그러나 그 무엇보다 그녀를 힘들게 하는 것은 그녀가 한 가족의 삶을 앗아갔다는 것에서 오는 절망감이었다. 우리 모두가 되돌릴 수 없는 선택을 하고는 후회하지만 로라에게 실수의 대가는 너무나도 컸다. 그녀는 용서를 빌기 위해 사고의 생존자 존 버로그스 씨를 찾아 나선다. 존은 아내와 아이를 잃은 슬픔으로 절망 속에서 살아가고 있었다. 그러한 존에게 로라는 자신을 청소부라고 소개하며 존의 집을 청소하기 시

'지구 2'를 바라보는 주인공 로라. © 2011 Fox Searchlight.

작한다. 로라는 용서를 빌기 위해 계속해서 자신이 아내와 아들을 죽였던 운전자라는 사실을 말하려 하지만 결국 말하지 못한 채 둘은 점점 사랑에 빠지게 된다.

이 이야기에서 존과 로라는 서로의 존재 자체로 상처가 되는 인물들이다. 한 사람은 상대방 때문에 가족을 잃었다. 다른 한 사람은 사고로 자신의 삶을 잃고 상대방에 대한 자책으로 절망 속에서 살고 있다. 그러나 현재를 살아가는 두 존재가 만나게 되면서 과거의 사건에도 불구하고 둘은 서로를 치유해 주는 관계가 된다. 서로가 상실의 원인이었지만 이제는 상실을 채워 주고 있는 것이다. 그러나 그들의 사랑은 치유인 동시에 모순이다. 그들의 사랑을 들여다보면 존은 로라가 자신에게 어떠한 존재인지를 알지 못한 채 사랑에 빠졌고, 로라는 존에 대한 죄책감에서 오는 헌신이 사랑으로 이어지게 되었다. 로라가 자신이 가족을 살해했다는 사실을 밝힌다면 둘은 언제 깨지더라도 이상할 것이 없는 모순적인 상태에 놓여 있는 것이다. 이러한 아이러니는 영화 전반에 걸쳐 긴장감을 자아낸다.

사실 이러한 행위는 상처받은 사람의 일반적인 모습이다. 우리가 상처를 입었을 때 이불 속에 들어가 한바탕 목 놓아 운 다음 첫 번째로 하게 되는 일이 무엇일까? 그것은 바로 '다른 사람을 만나는 것'이다. 친구나 가족을 만나 자신의 이야기를 털어놓으며 위로받고자 할 수도 있고, 새로운 사람을 만나 상처를 잊고자 할 수도 있다. 때로는 로라처럼 그 상처가 죄책감이었다면 자신의 잘못을 상대에 대한 헌신으로 갚고자 하기도 한다. 타자를 통해 상처를 치유하고자 하는 것이다. 로라에게 치유를 위한 타자는 존이었다.

로라, '서쪽으로' 떠나기로 결심하다

영화는 여기서 멈추지 않는다. 계속되는 이야기에서 인류는 '지구 2'와의 교신을 통해 엄청난 사실을 알아낸다. '지구 2'는 단순히 지구와 비슷한 것이 아니었다. 그곳은 지구의 모든 것이 그대로 있고 사람들마저도 똑같은, 마치 지구의 복제와도 같은 곳이었다. 인류는 '지구 2'에 사람을 보내기로 결정하고 '지구 2'에 갈 지원자들을 공개 모집하기 시작한다. 로라는 매일같이 하늘을 올려다보며 생각한다. 다른 나를 만나러 가도 될까? 다른 나는 나보다 나을까? 다른 나에게서 무엇인가를 배울 수 있을까? 다른 나도 나와 같은 실수를 했을까? 결국 로라는 '지구 2'로 가는 우주선에 탑승하기 위해 지원서를 보낸다.

로라는 자신이야말로 '지구 2'에 가야 하는 사람이라고 말한다. 옛날 사람들은 지구가 네모나기 때문에 서쪽으로 계속해서 가면 지옥으로 떨어질 것이라고 생각했다. 그렇기 때문에 배에 탔던 이들은 지옥일지도 모르는 서쪽을 향해서 나아가기로 결심한 사람들이었다. 그들은 부유한 상인도, 고귀한 귀족도 아니었다. 그들은 현재의 삶에서 그 어떠한 것도 나아질 것을 기대하기 어려웠던 범죄자, 고아, 거지, 부랑자들이었다. 그렇다면 마찬가지로 현재의 삶에서 기대할 것이 아무것도 없는 로라야말로 적합한 지원자였다. 그녀는 돌아올 수 없을지도 모르고 그곳에서 무슨 일이 일어날지도 모르지만 그것을 감수하고서라도 현재의 순간을 벗어나야만 하는, '서쪽으로 갔던 사람들'과 같은 부류였다. 마침내 로라는 '지구 2'로 가는 우주선에 탑승할 사람으로 선정되고 매스컴의 폭발적인 관심 속에서 차분히 '지구 2'로 갈 마음의 준비를 시작한다.

'지구 2'의 로라는 어떤 존재일까? '지구 2'는 우리가 사는 지구의 복제이다. 그곳에 사는 '나'는 나와 같은 삶을 살아왔을 것이고, 같은 아픔과 같은 치유 과정을 겪어 온 존재이다. 즉, 우주에서 가장 나를 잘 이해하는 존재인 것이다. 그런 그녀를 만나고자 하는 로라의 모습은 자신을 타자화시켜 대면하고자 하는 의지라고 할 수 있다. 로라가 '지구 2'의 로라를 만나게 된다면 두 로라는 서로가 타자화된 자신이 겪은 아픔에 대해 공감하고, 또 자신 스스로가 겪은 아픔에 대해 공감받으며 치유의 과정을 겪게 될 것임을 쉽게 상상할 수 있다. 존이라는 타자를 통해 상실을 치유하려는 행위가 이제는 한 발 더 나아가서 타자화된 자신을 마주하려는 의지로 변모한 것은 로라가 상실로부터 회복되는 과정이다.

결국 '지구 2'로 가는 티켓을 쥐게 된 로라에게 존은 사랑을 고백하며 가지 말라고 붙잡는다. 그러자 로라는 마침내 자신이 교통사고를 낸 범인이었음을 말한다. 자신이 사랑하던 사람이 아내와 아들을 죽였던 살인자였다는 것을 알게 된 존은 극도의 배신감에 휩싸인 채 로라에게 이별을 고한다. 서로의 상실을 치유해 가는 둘이 사랑에 빠지며 과거를 잊은 채 행복한 나날을 보내게 될지도 모르는 일이었지만, 결국 상실 그 자체로부터 자유로운 것은 애초에 불가능했던 것이다. 우리가 어떤 일을 해도 과거를 바꿀 수 없듯이, 과거의 상처를 치유하고자 해도 그것이 없었던 일이 되지는 못하는 것임을 존과 로라의 결별을 통해 보여준다.

동굴에 남으려는 사람, 동굴을 떠나려는 사람

하지만 우리 지구와 '지구 2'가 서로를 볼 수 있게 되었을 때 두 지구의 동기화가 깨져 서로 다른 세계가 되었을지도 모른다는 '깨진 거울 이론'을 과학자들이 제시하면서 상황은 달라진다. '깨진 거울 이론' 대로라면 4년 전까지 모든 것이 나와 같았던 '지구 2'의 또 다른 나는 그 순간부터 나와는 다른 선택을 하며 다른 삶을 살기 시작했을 수도 있다는 것이다. '지구 2'의 로라는 사고를 내지 않았을지도 모른다. 그곳에서는 존의 아내와 아이도 살아 있고, 로라는 MIT를 졸업하고 원하던 대로 천체물리학자가 되어 행복한 삶을 살고 있을 수도 있다. 그곳의 나는 나와 다른 미래에 있다. '깨진 거울 이론'을 알게 된 로라는 '지구 2'에서는 아내와 아이가 살아 있을지도 모른다는 것을 존에게 알려준다. 그리고 그곳으로 가서 가족을 다시 한 번 만나 보라며 '지구 2'로 가는 티켓을 건넨다. 존은 '지구 2'로 떠난다.

영화 속 둘 사이의 대화에서, 또 다른 자신이 있는 '지구 2'로 가는 것에 대해 서로가 어떻게 생각하는지가 드러난다. 존은 플라톤의 동굴에 대한 이야기를 꺼낸다. 동굴에 있는 사람들은 동굴 밖에 무엇이 있는지 모른다. 어느 날, 동굴 속 사람들 중 한 명이 밖으로 나가 진짜 세상을 보았다. 그는 동굴로 돌아와 사람들에게 바깥세상에 대해 말했지만 아무도 그를 믿지 않았고 그는 말도 안 되는 이야기를 했다며 구타당했다. 존은 이 이야기의 끝에 "'지구 2'의 사람들도 자신들을 '지구 2'라고 부를까?"라는 질문을 던진다. 결국 자신을 중심으로 생각하는 인류도 동굴 속 사람들과 마찬가지이며 아직 바깥세상을 알 준비가 되지 않았다는 것이다. 존은 '지구 2'로 가는 것에 대해 부정적인 생각을 내비친다.

반면 로라는 동굴 속 사람이 그러한 결과를 무릅쓰고라도 동굴 밖으로 나가지 않았더라면 결국 아무것도 바뀌지 않았을 것이라고 반박한다. 그녀는 자신이 동굴 속에 갇힌 사람이라는 것을 너무나도 잘 알고 있다. 현재의 삶은 로라에게 어둠이며, 희망이라고는 없다. '지구 2'에 무엇이 있는지, 어떤 일이 벌어질지 모르지만 그것을 감수하고서라도 그곳에 가지 않는다면 현재의 삶에 바뀌는 것이라고는 없을 것이다.

'지구 2'로 떠나는 것이 로라가 아니라 존이었다는 것에는 여러 가지 의미가 있다. 첫째로, 로라가 존에게 티켓을 주는 것은 '지구 2'에 가야

존과 로라는 서로를 용서할 수 있을까? 사랑할 수 있을까? © 2011 Fox Searchlight.

할 사람은 자신보다도 존이라고 판단했기 때문이다. 로라는 존에게 사실을 고백했고, 티켓을 존에게 건네며 현재를 살아가기로 한다. 자신의 죄책감을 비로소 마주할 수 있게 된 것이다. 둘째로, 존은 자신이 사랑했던 로라가 자신의 가족을 죽인 살인범이라는 절망을 느끼는 동시에 '지구 2'에 가족이 살아 있을지 모른다는 희망을 가지게 되었다. 이 두 상반된 감정은 그에게 현재의 동굴 속 삶에 대한 안주보다 동굴 밖 세상에 대한 갈망을 느끼도록 했다. 로라가 동굴 안에서도 살아갈 수 있도록 스스로를 마주했다면, 존은 동굴 밖으로 나설 수 있도록 스스로를 마주하며 각자의 방식으로 성장하고 있는 것이다.

마주하고, 화해하고, 나아가기

이 영화의 마지막 장면에는 반전이 있는데 바로 존이 떠나고 4달 뒤, 로라가 집 앞의 골목에서 '로라'를 만나게 된다는 것이다. 이 장면은 우리에게 다양한 궁금증을 갖도록 한다. 존은 아내를 만났을까? 로라와 로라는 서로 무슨 이야기를 할까? '지구 2'의 로라는 어떻게 살아왔을까? '지구 2'의 로라는 왜 지구로 오는 우주선을 탔을까? 질문들에 대한 답은 정해져 있지 않다. 아마도 '지구 2'의 로라는 그날 사고를 내지 않았고, MIT를 무사히 졸업해 천체물리학자가 되었고, 대칭된 지구 행성에 흥미를 가지고 또 다른 자신을 만나러 우주선을 타고 왔을지도 모르겠다. 아니면 반대로 그곳의 로라도 사고를 냈고 죄책감에 시달리다 또 다른 자신을 만나러 왔을지도 모르는 일이다.

하지만 나는 이렇게 생각한다. 중요한 것은 어떤 과정과 동기가 있었느냐와 상관없이 결국 로라와 로라는 만나게 되었다. 둘 중 한 로라는 동굴 안에서 자신을 마주하기로 한 로라이다. 나머지 하나는 동굴 밖으로 자신을 마주하러 나간 로라다. 둘은 서로에게 타자이지만 동시에 자신이다. 둘의 만남은 원래 그러했던 것처럼 둘이 마침내 하나가 된다는 것에 대한 은유다. 마침내 로라는 과거에 다른 선택을 했던 결과물로 존재하는 타자화된 자신과 현재의 자신이 동일한 하나의 객체가 됨으로써 과거의 자신과 화해할 수 있게 된다.

이는 영화의 장치에서 재미있는 형태로 드러나는 부분이기도 하다. 만일 '지구 2'에서 우주선이 도착했다면 로라가 '지구 2'로 가는 지원자로 선발이 되었을 때처럼 매스컴의 열렬한 관심을 받았을 것이다. 그러나 '지구 2'에서 온 로라는 아무런 기척도 없이 로라의 집 앞에서 로라와 마주치게 된다. 어떻게 된 일일까? 영화 속에서 이야기가 진행됨에 따라 두 지구는 점점 가까워지는 것에서 그 해답을 찾을 수 있다. 두 지구가 가까워지는 것은 '지구 2'에 존재하는 타자화된 자신과의 거리가 줄어든다는 것을 의미한다. 마침내 다른 지구에서 온 로라를 만났을 때 하늘에서는 더 이상 '지구 2'가 보이지 않게 되는데, 로라가 하나가 되었듯 두 지구도 이제 하나가 되었기 때문이다. 즉, 또 다른 지구의 존재는 영화 속 이야기 전체를 지배하는 장치임과 동시에 그 자체로 하나의 은유였던 것이다.

마지막으로 〈어나더 어스〉의 내용이 그저 공상만은 아니라는 것을 말하고 싶다. 사실 우리는 매일같이 '또 다른 나'와 대화를 나눈다. 비록 사람들이 이것을 인식하거나 인정하지는 못하더라도 말이다. "내가 지금 뭘 하는 거지?" "내가 무슨 말을 한 거야?" "내가 다른 선택을 했다면 미래가 달라졌을까?" 등의 질문을 비롯해서 밤잠을 설치게 하는 후회와 자책도 결국에는 스스로에게 끊임없이 되묻고 답하던 대화가 아니었던가. 다만 영화 속에서는 또 다른 자신이 외부에 있는 경우를 보여주었을 뿐이다.

이 영화를 떠올릴 때면 끊임없이 반복되는 '또 다른 나'와의 대화의 끝에서 우리는 〈어나더 어스〉의 결말과 같은 결론에 도달하게 되지 않을까 생각한다. 사회적 삶을 살아가기에 타자와의 관계로 스스로를 규정하게 되는 것이 인간이라 하더라도, 결국 나를 나로서 존재할 수 있게 하는 것은 타자가 아닌 나 자신이다. 심지어 그것이 나와 똑같은 존재라

하더라도 말이다. 우리는 과거의 잘못을 당당히 마주해야 한다. 그리고 그것 또한 '나'였음을 인정해야 한다. 다른 선택을 했든 지금의 선택을 했든 결국 나는 하나일 뿐이다. 자신과의 화해를 통해 과거의 상처는 치유하고 현재의 나로 살아가야만 한다. 로라가 그랬던 것처럼 말이다.

작·품·소·개

어나더 어스(Another Earth, 2011)

감독	마이크 카힐
출연	윌리엄 마포더, 브릿 말링 등
러닝타임	97분
내용	'나'를 마주하고 화해하기 위한 치유의 여정. 로라만이 아닌 우리 모두의 이야기.

다시 찾아온 빙하기,
그래도 우리는 산다

전기및전자공학부 13 **김찬**

빙하기를 접하며 떠오른 궁금증, 〈설국열차〉에서 만나다

"요리 보고 조리 봐도 알 수 없는 둘리 둘리. 빙하 타고 내려와 음음 친구를 만났지만."

처음 빙하를 접하게 된 계기는 어린 시절 흥얼거렸던 〈아기 공룡 둘리〉 주제가였다. 당시 나는 빙하기 때 얼음 속에 갇혀 있었던 둘리를 보며, 공룡이 멸종한 이유는 빙하기 때문이었을 것으로 생각하였다. 어렸을 적 내게 빙하기란 '공룡도 추워서 죽을 만큼 추운 날씨'였다. 시간이 흘러 고등학교 과학 시간에 빙하기에 대해 배웠다. 빙하기는 둘리가 갇혔을 적 단 한 번만 일어난 줄 알았는데 과거 지구상에는 적어도 네 번 이상의 큰 빙하기가 있었다. 또 빙하기와 빙하기 사이를 간빙기라고 하는데, 현재는 빙하기가 끝난 후 간빙기인지, 아니면 긴 빙하기 중 잠시

더운 시기에 살고 있는지 확언할 수 없다고 하였다. 아울러 빙하기는 둘리가 갇혀 있듯 지구 생태계에 아주 큰 변화를 불러왔으며 인류 또한 여러 빙하기를 거쳐 진화를 거듭하였다. 수업을 들으며 나는 문득 이런 생각을 하였다.

'만약 추운 빙하기가 다시 찾아온다면 우리는 살아갈 수 있을까?'

대학 입학 후 봉준호 감독의 〈설국열차〉가 개봉하였다. 개봉 전부터 이미 해외에서 극찬을 받은 터라 나 또한 영화에 대한 기대가 컸다. 배우진도 화려하고 스토리도 탄탄하다고 들었지만 무엇보다 빙하기를 배경으로 사람들이 유일한 생존 공간인 열차에서 어떻게 살아나가는지를 주제로 삼았기 때문이다. 2년 전 내가 가졌던 궁금증이 다시금 떠올랐다.

영화의 줄거리는 다음과 같다. 지구온난화가 심해지면서 인류는 온난화를 막기 위해 CW-7이라는 냉각제를 지구에 대량 살포하였다. 이로 인해 기상이변이 일어나 빙하기가 찾아왔고, 철도를 따라 달리는 하나의 열차를 제외한 모든 것이 얼어붙었다. 이 열차는 월포드가 만든 무한 동력 열차였기에 빙하기에도 끄떡없이 움직였다. 열차 안은 한 나라의 축소판이었다. 칸마다 다양한 삶을 사는 사람들이 있었는데, 주로 앞쪽 칸에는 유흥을 즐기고 부유한 삶을 사는 선택받은 사람들, 뒤쪽 칸에는 무임승차를 하여 살아남은 빈민들로 가득하였다. 빈민인 주인공 커티스는 몇몇 인물들과 함께 폭동을 일으키기로 하였다. 폭동의 목적은 기차의 절대 권력자 월포드가 있는 엔진을 장악하고, 꼬리 칸을 포함한 기차에 탄 전체 사람들을 해방하는 것이었다. 한 칸 한 칸 앞으로 갈 때마다 예기치 못한 상황들이 커티스 일행을 위협하였지만 그들은 위기를 극복

설국열차는 1년 동안 전 세계, 438,000킬로미터의 궤도를 돈다. © 2013 – RADiUS/TWC.

하며 앞을 향해 나아갔다. 결국 그들은 엔진이 있는 곳까지 도달하게 되었다. 하지만 마지막에, 일행 중 한 명인 남궁민수는 자신의 최종 목표는 설국열차 머리에 도달하는 것이 아닌, 설국열차 바깥으로 나가는 것이라고 하였다. 그러고는 오랫동안 모아 두었던 폭발물질 크로놀을 이용해 열차 자체를 폭파했다. 설국열차는 그렇게 사라졌고 열차 안에 있던 남궁민수의 딸 요나와 다른 아이, 단 두 명만이 바깥으로 나와 커다란 북극곰 한 마리를 보는 장면으로 영화는 끝이 난다.

SF영화, 인류의 발자취와 미래 방향을 다루다?

SF영화 중에는 첨단 과학기술을 이용해 영웅들이 악당과 싸우고 정의를 구현하는 내용이 많다. 하지만 이 영화는 다른 SF영화와는 달리 인류의 역사, 그리고 미래의 우리가 나아가야 할 방향에 대해 대단히 많은 상징과 시사점을 제공해 주었다. 우선 앞서 이야기했듯 열차의 칸마다 다른 사람들이 살았으며 열차 꼬리 칸으로 갈수록 주로 하층민이 거주했다. 이들은 앞쪽 칸의 상류층 사람들에게 수시로 지배를 받고, 열차 바깥 온도 측정을 이유로 생체 실험을 당하거나, 월포드의 지시로 어린 자식들을 강제로 바쳤다. 그들은 늘 상류층을 보며 분노의 칼날을 갈았다. 그렇지만 월포드의 부하 메이슨은 그런 그들의 머리에 신발을 올려놓으며 신발이 머리 위에 있음은 정해진 자리를 벗어난 것이라고 하였다. 이 말은 그들에게 불만을 품지 말고 현재 질서를 유지하며 지내라는 상류층의 다분히 지배적인 뜻이었다. 커티스 일행은 이를 무시하고 폭동을 일으켰다. 즉, 커티스 일행의 행동은 계급 제도를 개혁하고 싶어 하는 하층 계급의 용기 있는 움직임이었다. 지금도 세계 어딘가에는 계급 사회 속에서 억압에 반하는 커티스 일행이 있을 것이다. 이런 움직임에도 불구하고 앞으로도 계급 제도는 피치 못할 것이기에 안타깝다는 생각이 들었다.

한편 인류 역사적 관점에서 보면, 꼬리 칸 사람들은 단순히 하층민만을 상징하는 것이 아니라 초기에 문명이 발달하지 않았을 당시 사람들을 상징하였다. 먹을 것이 없어서 바퀴벌레로 만든 단백질 블록을 먹으며, 때로는 식인을 하며 삶을 유지하였다. 이 점에서 커티스 일행의 전진은 인류의 발전으로 해석할 수 있다.

벌레 채집을 하던 그들은 한 칸 한 칸 앞으로 가면서 자신보다 뛰어난, 도끼와 투시경을 든 사람들과 싸웠고, 그 과정에서 불을 발견한 덕분에 승리하여 물과 물고기를 획득하였다. 다음 칸에서 그들은 농경 생활을 접하게 되었다. 하지만 농사를 통해 발전한 정착 생활에는 환경에 따른 규칙이 필요하였다. 영화 중간에 등장하는, 초밥은 1년에 2번만 먹을 수 있다는 언급이 그 예이다.

그렇다면 이 규칙은 어떻게 습득하는 것일까? 바로 다음 칸에서 커티스 일행이 마주친 학교에 답이 있었다. 열차 안 학교에서는 어린아이들에게 윌포드를 찬양하는 내용을 세뇌하고 있었다. 이를 통해 아이들은 윌포드가 우리를 지켜주는 사람이며 그의 독재는 정당하다고 믿게 된다. 이 아이들처럼 우리는 사회의 구성원으로서 사회에 맞는 규칙과 사상을 교육받는다. 영화에서는 이 교육을 통해 우리 사회는 가장 효과적으로 질서가 유지된다는 점을 시사했다. 그렇지만 이 커티스 일행은 반란을 멈추지 않았다. 즉, 처음 그들이 했던 반란은 단순히 잘 먹고 잘 살기 위한 생존이 목적이었다면 이번 반란은 교육을 받았음에도 옳다고 믿어 온 독재 권력을 의심하고 이에 대한 반발과 저항을 목적으로 한 것이었다.

커티스 일행은 앞으로 나아가며 더욱 풍족한 삶을 사는 사람들을 만났다. 여전히 죽고 죽이는 다툼은 계속되었다. 결국 영원한 행복을 추구한 커티스 일행은 한계를 느꼈다. 그들이 무얼 하든 그들은 열차 안에 있었다. 열차 안에는 인구수 조절이 필요했고 누군가가 계속 죽어 가야 했다. 게다가 열차의 동력원은 다름 아닌 꼬리 칸에서 데리고 온 아이들이었다. 통제의 주체는 바뀔지언정 열차의 시스템은 그대로였다. 그때 남궁민수의 열차 탈출 시도는 진정으로 인류가 나아가야 할 방향을 제시하였다. 열차의 앞쪽이 아닌 열차의 바깥쪽으로. 현 시스템 안에서 발전이 아닌, 현 시스템으로부터의 탈출. 종교를 믿지는 않지만 남궁민수를 보며 예수와 같은 성인(聖人)의 모습을 느낄 수 있었다.

현 시스템. 이것은 영화 속 열차를 상징하기도 하고, 우리 삶에서 일종의 사회 질서, 고정관념 등을 상징하기도 한다. 이를 깨는 것은 엄청난 용기가 따른다. 이미 익숙해진 것에서 벗어나는 행동이기에, 우리는 지레 겁부터 먹게 되며 적응에 대해 걱정을 한다. 키디스 또한 남궁민수가 크로놀에 불을 붙일 때 모두 죽을 일이 있냐며 소리쳤다. 하지만 남궁민수는 이렇게 대꾸했다.

"바깥에 나가 보지 않았는데 얼어 죽을지 안 죽을지 어떻게 알아?"

실제로 열차 폭파 후 요나와 다른 아이는 살아서 바깥을 향해 나아갔다. 둘은 태어날 때부터 열차 안에서만 살아왔던 사람이다. 그렇기에 감독이 이 두 명을 최후의 2인으로 설정한 것은, 본래부터 있던 기존의 세계에서 탈피해 새로운 이상향을 향해 나아가는 우리의 모습을 표현한 것으로 판단했다. 그리고 바깥세상에는 북극곰 한 마리가 그들을 반기고 있었다. 이 북극곰을 통해 감독은 새로운 세상은 뜻밖에도 살 만하다는 희망의 메시지를 우리에게 전달한다고 느꼈다.

감상 후 의문점,
설국열차도 결국 사람 사는 세상이라는 답을 얻다

영화를 본 후 몇 가지 의문이 들었다. 가장 먼저 든 생각은 '왜 하필 배

경이 빙하기의 기차 안일까? 이 기차는 어떻게 만들어졌을까?'였다. 설
국열차를 만든 윌포드는 기차에 푹 빠져 있었으며 자신의 기차 사랑을
다른 사람과 공유하길 바랐다. 곧 그의 꿈은 빙하기가 찾아오면서 실제
로 설국열차를 통해 실현되었다. 그리고 열차 안 승객들은 자연스럽게
지배층과 피지배층으로 나뉘었다. 나는 빙하기가 자신이 설계한 세계에
사람들을 가둬 놓기 위한 윌포드의 장치라고 느꼈다. 열차 내 식수 시스
템을 보면, 열차의 앞쪽 칸에서 눈과 얼음을 들여오고, 엔진의 열기로 이
를 녹여 식수로 사용하는 방식이다. 빙하기가 아니고서야 눈과 얼음을
충분히 구하기는 힘들기에, 윌포드가 빙하기를 예측해서 열차를 설계하
지 않았을까 생각했다. 이런 그를 보며 문득 특정 인류를 무자비하게 죽
인 히틀러 같은 학살자가 떠올랐다. 아울러 기차 안 지배층은 설국열차

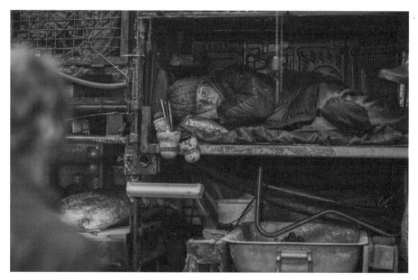

설국열차 꼬리 칸 승객들의 열악한 생활환경. © 2013 – RADiUS/TWC.

를 제작할 당시 그를 도와줬던 조력자들이 아닐까 생각했다. 열차는 상당히 많은 자본과 노력이 필요했기에 혼자서는 절대로 제작할 수 없었다. 그래서 그는 상류층들을 앞쪽 칸에 배치해 준다는 약속으로, 그들의 후원을 받아 열차를 만들었을 것이다. 줄을 잘 서면 이익을 많이 받고 잘못 서면 피해를 감수해야 하는 현상은 기차 안에서도 진리마냥 작용하였다.

또 다른 의문점은 '열차 안 사람들은 왜 모두가 화합하며 살지 않을까? 결국 생존을 목표로 한 최후의 사람들인데 꼭 계급을 나누고 서로 죽고 죽여야 하나?'였다. 이 의문점은 이번 학기 수강하는 '국제분쟁과 미디어' 교양 수업에서 상당 부분 해결되었다. 교양 수업 첫 시간에 교수님께서는 우리의 역사에서 전쟁은 늘 함께했다고 말씀하셨다. 많은 학자가 전쟁의 이유를 여러 관점에서 설명하였는데 결론은 인간의 보존 본능과 인간의 파괴 본능이 맞서 이루어지는, 본능에 의한 것이라고 입을 모아 주장하였다.

처음에는 이 사실을 부정했다. 우리가 모두 평화를 추구하는 마음만 먹는다면 사람들 간 분쟁은 일어나지 않을 것이라 믿었다. 하지만 나는 수업을 들으며 전쟁은 영원히 종식되지 않으리라 판단했다. 소수의 사람이 모여 있어도 각자의 가치관과 생각 차이로 다툼이 일어나기 마련인데 하물며 다수의 사람, 나아가 다수의 집단이 뭉쳐 있다면 그 다툼이 얼마나 심할까? 인간은 지극히 이성적이면서도 때로는 감정적이며 본능적인 동물이라는 것을 수많은 전쟁 사례를 보며 깨달았다. 그리고 열차 승객들도 사람이기에 싸움이 일어나는 것은 어쩌면 당연하다고 느꼈다. 쓸쓸했고 또 답답했다. 하지만 열차 안은 더할 나위 없이 정상이었고 이것이 우리 사회의 현실이었다.

영화 속 인물이 되어 보기도 하였다. 내가 열차 안 승객이었다면 어디쯤 있었을까? 영화를 처음 볼 때는 아마 교육을 받는 학생들 사이에 있었을 것이다. 나는 영화 속 학생들처럼 학교에서 수업을 들으며 차근차근 미래를 설계해 왔다. 부끄럽게도 나는 내 이외의 다른 세상에서 일어나는 일에는 관심이 없었던 온실 속 화초였다. 내가 속한 열차 칸에서 움직일 일이 없으니 다른 칸에서 전쟁이 일어나든 부정부패가 만연하든 아무것도 알지 못하였다.

최근 2년 동안 내 자리에서 벗어나 다른 열차 칸에 갈 일이 있었다. 휴학 후 군 복무를 하고 왔는데 처음에는 굉장히 두려웠었다. 열차 바깥도 아닌, 그저 옆 칸으로 가는 것이 정말 무서웠다. 하지만 옆 칸도 새로운 세계였을 뿐 사람 사는 곳이었다. 다만 원래 있던 칸과는 달리 규율이 굉장히 엄했고 개인의 자유가 많이 통제되었다. 그곳에는 다양한 칸에서 온 사람들이 많았다. 뒤쪽 칸 사람들도 많았고 앞쪽 칸 사람들도 많았다. 그 사람들은 모두 다른 생각을 해 왔고 다른 삶을 살아왔다. 그래서 처음에는 볼멘소리가 가득하였다. 나 또한 그랬다. 하지만 나중에는 다들 그곳에 만족하고 수그러들었다. 물론 그곳에도 커티스는 몇몇 있었다. 보통 꼬리 칸에서 온 사람들이었는데, 불합리한 것에 대해 조목조목 반박하며 자신의 권리를 요구했다. 처음에는 일방적으로 거절당했지만 선행도 자발적으로 하고 모범적인 모습을 계속 보이며 신뢰를 얻은 끝에 권리를 인정받았다.

2년이 지나 다시 원래 있던 열차 칸으로 돌아왔다. 달라진 것은 없었다. 똑같이 학생들은 학교에서 수업을 들으며 차근차근 미래를 설계하고 있고, 나 또한 그러고 있다. 다만 이곳은 사회라는 엄청 긴 열차의 극히 일부라는 것, 수많은 사람이 나랑은 다른 삶을 사는 것을 지금은 깨달았다. 그리고 주위에 커티스도 적지 않다는 것을 느꼈다. 최근 학업에 있어서 친구들처럼 대학원을 가는 것에 대해 고민을 많이 하고 있는데 나 또한 커티스가 될 수 있다는 용기를 얻었다. 그동안 지내 왔던 삶은 정해진 삶이었지만 앞으로의 삶은 아니기 때문이다.

빙하기가 찾아온 지금,
우리는 설국열차 안에 있다. 어쨌든 우리는 산다

지금, 다시 빙하기가 찾아왔다. 기상학적 빙하기는 아니지만 요즘같이 하루하루 살기 힘든, 눈보라와 칼바람이 휘몰아치는 세상 속에서 사람들은 살아가고 있다. 그리고 오늘도 우리를 태운 설국열차는 달리고 있다. 열차 안은 여전히 수많은 칸으로 나누어졌으며 우리는 각자 자신의 칸에서 제 삶을 살고 있다. 우리는 마음만 먹으면 커티스처럼 다른 칸으로 옮길 수도, 남궁민수처럼 바깥으로 나갈 수도 있다. 원래 자리에서 벗어나면 어떨지 물어본다면 딱 하나의 대답을 줄 수는 없다. 새로운 곳이 더 좋을 수도, 더 나쁠 수도 있기 때문이다. 그리고 이런 움직임에는 대가와 희생이 동시에 따른다. 하지만 한 가지는 확실하다. 새로운 곳도 사람 사는 곳이다. 먼 옛날 여러 번의 빙하기에도 인류는 결국 생존했다.

얼어서 죽은 줄로만 알았던 둘리도, 살아서 지구에 다시 나타났다.

원래 자리를 지키느냐, 새로운 자리를 향해 떠나느냐. 선택은 자유다.

무엇을 택하든, 그래도 우리는 산다.

작 · 품 · 소 · 개

설국열차(Snowpiercer, 2013)

감독	봉준호
출연	크리스 에반스, 송강호, 에드 해리스 등
러닝타임	126분
내용	빙하기에서 유일하게 살아남아 달리는 기차 한 대. 그 안에서 주인공 커티스는 불평등한 열차 안 사회구조를 뒤집기 위해 폭동을 일으켰고, 수많은 과정을 거쳐 끝내 새로운 세계를 발견했다.

우리 사회에서 일어나고 있는 인셉션
: 자주적으로 생각하는 능력이 필요하다

전산학부 15 **설윤아**

2010년 여름, 아직까지도 내 인생 영화로 손꼽히는 영화가 개봉했다. 바로 크리스토퍼 놀란 감독의 〈인셉션〉이다. 〈인셉션〉에는 'PASIV(Portable Automated Somnacin IntraVenous) device', 혹은 '드림머신'이라고 불리는 흥미로운 기계가 등장한다. 이 기계에는 크게 2가지 기능이 있다. 첫째로, 드림머신은 'Somnacin'이라는 약물을 동시에 여러 명에게 주입하여 그들이 꿈을 공유하고 자각몽을 꾸도록 해 준다. 이를 이용하면 다른 사람의 꿈에 들어가 무의식 상태에 놓인 상대방의 정보를 추출하는 것이 가능하다. 둘째로, 드림머신은 설계한 대로 꿈을 꾸게 할 수 있다. 즉, 본인이 원하는 내용의 꿈을 꿀 수 있다. 이 때문에 현실 세계에서의 삶을 포기하고 본인이 설계한 꿈속 세계에서 그곳이 현실이라고 믿으며 살고 있는 사람들도 있다. 재미있는 점은, 꿈의 설계자가 꿈 안에 드림머신을 배치해 두면 꿈속에서 이를 이용하여 꿈속의 꿈을 꿀 수도 있다는 것이다. 꿈속의 꿈은 여러 단계가 가능하며 꿈의 단계가 한 단계 높아질 때마다 시간이 약 12~20배 정도 느리게 흐르게 된다. 따라서 꿈의 단계가 높아질수록 꿈속의 시간은 기하급수로 늘어나게 된다. 예를 들면 현실에서의 1시간은 꿈의 4~6단계 정도에 도달하면 50년으로 늘어난다.

주인공 코브는 드림머신을 이용하여 정보를 빼와서 파는 꿈 추출자였다. 현실과 구분하기 어려운 꿈을 정교하게 설계하여 상대방과 함께 꿈을 꾸며 필요한 정보를 가지고 나오는 것이다. 그런데 꿈속에서 정보를 추출하는 것이 가능하다면 반대로 생각을 주입하는 것 또한 가능할 것이라는 생각에서 비롯된 의뢰가 들어온다. 그것은 거대 기업의 후계자인 피셔의 머릿속에 '물려받은 기업을 분할하겠다'는 간단한 생각을 주입해 달라는 것이었다. 상대방의 꿈, 즉 무의식에 침투하여 생각을 심고 꿈에서 깬 이후에도 그 생각이 유지되도록 하는 이 과정을 '인셉션'이라 부른다.

영화에서 다루어진 인셉션

인셉션에 성공하기 위해 코브는 총 3단계의 꿈을 이용한다. 꿈의 단계가 깊어질수록 대상의 깊은 의식 세계에 침입할 수 있기 때문이다. 그리고 각 꿈의 단계마다 피셔가 특정한 생각을 갖도록 만드는 상황을 연출하여 인셉션을 시도한다. 아버지가 당신의 유산을 그대로 물려받는 것보다 스스로 일어서길 바란다는 생각을 통해, 아버지는 회사를 쪼개는 것을 바란다는 생각으로 이어지도록 하는 것이다. 모든 단계에서 생각을 심은 후 3단계부터 1단계까지 연속적인 '킥'을 통해 꿈속 세계에서 현실로 빠져나오는 것이 계획이었다. 킥이란 꿈꾸는 사람에게 특정 자극을 가해 깨어나도록 하는 것이다. 일반적인 꿈을 꾸는 경우에는, 꿈속 세계에서 죽게 되면 자연스럽게 현실 세계로 돌아온다. 하지만 드림머신을 이용해 강력한 진정제로 깊은 잠에 빠져 있는 상태라면, 꿈속 세계에서 죽었을 경우 드림머신의 지속 시간이 끝날 때까지 '림보'라고 불리는 꿈의 바닥 상태에 갇히게 된다. 림보는 드림머신으로 공유된 사람들의 무의식이 모두 모여 있는 공간으로 현실과 완전히 대척되는 공간이다. 가장 깊은 무의식의 공간이기 때문에 그곳에 있는 사람은 대부분 현실감각을 잃어버리게 된다. 무서운 점은 꿈의 단계에 따른 시간 차이 때문에 수십, 수백 년의 시간 동안 현실을 잊고 무의식의 세계에 갇히게 된다는 점이다. 만약 다른 꿈의 단계와 마찬가지로 림보에서 죽게 되면 현실로 돌아올 수 있지만 림보에 갇힌 사람은 그 공간을 현실로 믿고 있기 때문에 다른 꿈의 단계와 달리 죽음을 선택하기가 매우 어렵다.

영화에서는 총 두 번의 인셉션이 다루어진다. 한 번은 영화 전반에 걸쳐 코브 일행이 피셔에게 수행한 인셉션이다. 철저한 계획 아래에서 만들어진 생각들이 꿈의 각 단계에서 피셔의 무의식에 심어졌고, 피셔는 결국 '물려받은 기업을 분할하겠다'는 생각을 갖게 되었다. 그 생각은 물론 꿈에서 깨어난 이후에도 그의 머릿속에 자리 잡게 되었다.

나머지 한 번은 과거에 코브가 그의 아내, 맬에게 수행했던 인셉션이다. 코브와 맬은 꿈의 바닥을 탐구하다가 림보에 갇힌 적이 있었는데 시

꿈속에서는 세상이 접히는 상상도 현실이 된다. © 2010 Warner Bros. Entertainment Inc.

간 차이 때문에 그곳에서 50년의 시간을 보냈었다. 오랜 기간 림보에서 지내면서 맬은 점점 림보가 현실이라고 믿게 되었고, 코브는 그런 맬이 걱정되어 함께 림보에서 빠져나오기 위해 맬에게 인셉션을 수행했다. 맬에게 주입한 생각은 '지금 있는 곳은 꿈속이고 실제 현실은 바깥이다. 꿈에서 빠져나가기 위해서는 죽어야 하지만 사랑하는 사람과 함께라면 죽을 수 있다'는 것이었다. 인셉션은 성공하였고, 둘은 꿈속에서의 동반 자살을 통해 현실로 무사히 돌아왔다. 하지만 현실 세계로 돌아온 맬은 여전히 인셉션으로 주입된 생각을 갖고 있었다. 결국 현실 세상마저 꿈 이라고 착각한 맬은 꿈에서 깨어나기 위해 자살을 해 버리고 말았다. 본 인도 모르는 사이에 타인에 의해 주입된 생각이 너무 강하게 작용하면 서 문제가 일어나 버린 것이다.

우리 사회에서 일어나고 있는 인셉션

영화 〈인셉션〉은 현실 세계를 포기한 채 자신이 원하는 대로 설계한 꿈의 세계에서 살아가는 사람들의 모습, 꿈의 단계가 높아질 때마다 시간이 느리게 가는 설정 등 흥미로운 부분이 많았다. 그중에서도 가장 많은 생각을 불러일으킨 설정은 상대방에게 생각을 주입할 수 있다는 점이었다. 상대방에게 원하는 생각을 주입할 수 있다는 것은, 관점을 바꾸어 생각해 보면 다른 사람의 생각이 마치 본인이 스스로 생각한 것처럼 머릿속에 자리 잡을 수 있다는 것과 같다. 나도 모르는 사이에 내 머릿속에 타인의 생각이 내 생각인 것처럼 입력되는 것, 이렇게 바꾸어 놓고 보면 '생각을 주입시키는 일'인 '인셉션'은 드림머신이 존재하는 SF영화에서만 가능한 일이 아니라 우리가 살고 있는 현실 세상에서 일어나고 있는 현상인 듯하다. 그리고 영화에서 맬에게 부정적인 영향을 미쳤던 것처럼, 현실에서도 인셉션은 부정적인 영향을 끼치고 있다.

대표적으로 '지역감정'이 형성되는 과정에서 인셉션을 엿볼 수 있다. 지역감정은 경상도 사람, 전라도 사람, 충청도 사람 등 고향이 같은 사람들끼리 뭉쳐 서로 대립하며 차별하는 현상을 일컫는다. 지난 선거들의 지역별 개표 결과를 확인해 보면, 지역별로 특정 정당 지지율이 매우 높게 나타나는 것을 발견할 수 있다. 각 후보들이 지역감정을 조장하여 선거에 이용하고 있다는 기사도 쉽게 찾아볼 수 있다. 이 외에도 특정 지역 사람들에 대한 편견과 차별은 자주 문제가 되고 있다. 이는 모두 지역감정으로 인해 나타나는 현상들이다. 하지만 지역감정을 갖고 있는 대부분의 사람들은 스스로 합리적인 생각을 거친 결과로 그런 지역감정을 갖게 된 것은 아니다. 그저 대다수의 주변 사람들이 그런 생각을 가지고 있고, 그들의 생각이 본인도 모르는 사이에 본인의 생각으로 치환된 것이다. 그리고 그 생각이 강하게 작용하여 언제부터인지도 모를 편견과 차별이 본인에게 깊숙이 자리 잡게 된 것이다.

사회적 약자와 소수자에 대한 차별도 인셉션에 의해 생겨났다고 볼 수 있다. 30~40년 전만 하더라도 동성애자, 여성, 장애인 등 사회적 약자에 대한 차별은 크게 문제되지 않았다. 그들에 대한 차별은 당연했고, 대부분의 사회 구성원들은 아무런 비판적 사고 과정 없이 그들에 대한 무시와 비하를 받아들여 그들의 무의식에 심어 두고 있었다. 하지만 몇몇 사람들은 합리적인 사고 과정을 거쳐 그러한 사회적 인식과 차별이 잘못되었다는 결론에 도달했다. 그리고 그들이 차별을 문제 삼은 덕분에 사회적 약자에 대한 사회적 인식이 많이 개선될 수 있었다. 하지만 아직도 소수자를 향한 차별과 무시는 존재하고 이러한 사회현상은 앞으로도 꾸준히 개선되어야 한다. 그러기 위해서는 사회 구성원들 모두가 우리 사회에 팽배해 있는 차별을 그대로 받아들기 전에 스스로 그것이 과연 옳은지 생각해 보고 문제 삼는 과정이 필요하다. 만약 그런 과정을 거치지 않는다면 차별적인 생각이 본인의 뇌에 인셉션 되도록 놔두는 것이나 다름없다.

마지막으로 대학과 진로를 선택하는 학생들에게서도 인셉션을 쉽게 찾아볼 수 있다. 요즘 대부분의 학생들은 본인이 진짜 좋아하는 것이 무엇인지 생각해 볼 기회가 많지 않다. 실제로 꿈이 있더라도 결국 대학에 진학할 때는 본인의 성적으로 갈 수 있는 가장 순위가 높은 학교를 선택하는 것이 대부분이다. 수능 성적이 나오면 온갖 업체에서 그 성적으로 갈 수 있는 가장 높은 대학을 추천해 준다. 그러면 학생들은 업체에서 추천해 주는 대로 학교와 학과를 선택하고 그중 합격한 곳에 진학하게 된다. 이런 현상이 일어나는 이유는 '졸업장을 따는 대학의 순위가 중요하다'는 누군가의 생각, 혹은 학벌을 중시하는 우리 사회의 풍토 때문이다. 성적에 맞춰 진학한 후에 본인의 적성과 잘 맞는다면 문제가 되지 않지만, 대부분은 그렇지 않아서 후에 다른 사람들의 말만 듣고 중요한 결정을 내렸던 과거를 크게 후회한다. 대학과 진로를 정하는 것은 살면서 인생에서 하게 되는 선택 중 가장 중요한 선택이다. 그런데 그렇게 중요한 문제를 다른 사람들의 말만 듣고 결정하는 것은 문제가 있다. 여러 사람의 의견을 들어 보는 것도 좋지만 최종 결정은 스스로 충분히 고민한 후 본인의 생각과 의견에 따라 결정해야 한다.

자주적으로 생각하는 능력의 필요성

초등학교 때 비판적 읽기를 배우기 위해 서로 다른 언론사에서 하나의 사건을 어떻게 다루었는지 비교했던 적이 있다. 모두 동일한 사건이었음에도 불구하고 각 기사마다 반영된 기자의 태도는 달랐다. 그 결과, 그 사건에 대한 나의 생각과 태도가 각 기사를 읽을 때마다 조금씩 바뀌었던 기억이 난다. 우리는 초등학교 때부터 범람하는 정보를 바람직하게 수용하는 태도에 대해 배웠다. 접하는 정보 그대로 받아들이는 것이 아니라 합리적인 사고 과정을 통해 거른 정보만 받아들여야 한다고 말이다. 하지만 아직도 많은 사람들은 이러한 여과 과정 없이 다른 사람의 생각을 그대로 받아들이고 있는 것 같다. 한 사람의 의견만 듣고 그것이 옳다고 믿는 것이 아니라, 여러 사람들의 의견을 들어 다양한 관점에서 생각해 보고 스스로 판단을 내릴 필요가 있다.

우리 사회에서 수많은 '인셉션'이 일어나고 있는 이유는 많은 사람들에게 자주적으로 생각하는 능력이 결여되어 있기 때문이다. 정보의 움직임이 물리학적 움직임보다 빠른 시대에 살고 있는 우리는 아침에 눈을 뜨는 순간부터 잠드는 순간까지 SNS, 인터넷 기사와 댓글 등을 통해 수많은 정보를 접한다. 그 넘쳐나는 정보들에는 객관적인 사실도 있지만, 누군가의 개인적 견해가 포함된 정보, 심지어 잘못된 정보도 많다. 우리가 객관적 사실을 전해줄 것이라고 믿는 뉴스 또한 언론사에 따라 굉장

아직도 꿈속은 아닌지, 내 생각이 인셉션을 당한 건 아닌지 항상 의심하자.

히 다르게 보도되기도 하고 가끔 오보를 하기도 한다. 그런 정보를 우리가 아무런 여과 과정 없이 머릿속에 입력한다면, 누군가가 우리의 무의식에 들어와 생각을 조작하는 인셉션을 당하는 것과 다를 바가 없다.

모든 사회 구성원이 능동적으로 생각하고 판단을 내린다면 우리 사회의 '인셉션'은 사라질 것이며 많은 사회적 문제도 해결될 것이다. 전해진 그대로의 정보를 받아들이는 것은 문제점을 인식할 수 있는 기회를 스스로 박탈하는 것이다. 우리는 의식적으로, 정보를 수용함에 있어서 자주적인 생각을 통해 문제점을 인식할 수 있어야 한다. 또한 본인이 지금 가지고 있는 생각과 태도가 과연 진짜로 자신의 머릿속에서 나온 것인지, 아니면 본인도 모르는 사이에 주입된 것인지 구분할 수 있어야 한다. 사회 구성원 모두가 수많은 정보에 휩쓸려 인셉션 당하지 않고, 스스로의 생각으로 살아가는 시대가 오길 바란다.

작·품·소·개

인셉션(Inception, 2010)

감독	크리스토퍼 놀란
출연	레오나르도 디카프리오, 조셉 고든 레빗, 마리옹 꼬띠아르 등
러닝타임	147분
내용	가까운 미래, 다른 사람의 꿈속에 침투하여 생각을 주입하거나 변형시키는 기술 '인셉션'을 둘러싼 SF 액션 스릴러.

나는 어디에도 없고,
유빅은 어디에나 있다

전산학부 12 **송채환**

여기 초능력이 존재하는 세계가 있다. 직접적인 대화 없이도 타인의 생각을 읽을 수 있는 텔레패스, 미래를 볼 수 있는 예지능력자, 손대지 않고 물건을 들어 올릴 수 있는 염동력자까지, 온갖 초능력자가 있다. 심지어는 죽은 뒤에도 반생의 형태로 영혼을 보존하는 '모라토리엄'이라는 기업이 존재하고 영혼을 불러내어 살아 있는 사람과 음성으로 대화하는 것조차 가능하다. 1969년, 미국의 SF작가 필립 K. 딕이 출판한 장편소설 『유빅(Ubik)』은 이로부터 시작한다.

다양한 시도가 꽃피던 1960년대, 딕은 디스토피아를 기반으로 엔트로피와 존재의 의의, 종교 등 다양한 주제에 몰두하며 그 중심 주제를 통렬하게 풀어내는 소설을 써냈다. 1982년 사망 전까지 끊임없이 집필 활동을 멈추지 않던 딕은 생애 내내 가난과 정신질환에 시달리며 본인 역

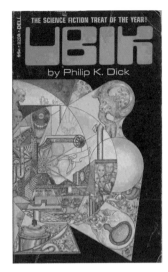

미국에서 출간된 『유빅』의 표지.

시 자신의 작가적 역량에 회의감을 가지고 있었지만 현재는 거장 반열에 올라 '필립 K. 딕 상'이 제정되고 그의 많은 소설이 영화화되는 등 폭넓은 사랑을 받고 있다. 영화화된 딕의 소설에는 〈블레이드 러너〉(1982, 『안드로이드는 전기양의 꿈을 꾸는가?』 원작), 〈토탈 리콜〉(1990, 2012, 『도매가로 기억을 팝니다』 원작), 〈마이너리티 리포트〉(2002, 같은 제목 원작) 등이 있다. 여기서 소개하는 『유빅』 역시 아카데미상 수상작인 〈이터널 선샤인〉(2004)의 감독 미셸 공드리가 영화화 예정을 발표해 스크린에서도 만나 볼 수 있을 전망이다.

수많은 상징과 메시지의 향연

본격적인 이야기는 1990년대, 글렌 런시터가 사장으로 있는 런시터 사를 중심으로 펼쳐진다. 런시터 사는 초능력을 무효로 할 수 있는 사람들 (불활성자)로 이루어져 있으며, 초능력으로 인해 사생활 침해 등의 피해를 보는 사람들을 초능력자들로부터 보호하는 업무를 하는 회사다. 사건은 런시터 사에서 초능력 장을 측정하는 기술자로 일하는 조 칩과, 특정 초능력을 무효화하는 능력을 갖춘 불활성자 11명 그리고 사장 런시터가 의뢰를 받고 달로 날아가는 것으로부터 시작된다. 의뢰인은 다수의 초능력자가 자신의 연구를 방해하고 있다며 거액의 돈과 함께 런시터 사에게 초능력자 퇴치를 의뢰했지만 사실 이것은 초능력자들에 의한 함정이었고 폭탄이 터지면서 사장 글렌 런시터는 중상을 입고, 기술자 조 칩은 그를 냉동 큐브에 넣은 채 다른 사원들과 함께 겨우 달에서 도망쳐 나온다. 그 후 바로 죽은 인간을 반생으로 보존할 수 있는 모라토리엄으로 향하지만 이미 너무 늦어 글렌 런시터는 죽게 된다. 조 칩은 글렌 런시터의 유언에 의해 임시로 런시터 사를 이끌게 되고 자신들을 함정에 빠뜨린 초능력자들에게 복수를 다짐한다.

그리고 조 칩이 가지고 있던 동전이 아예 쓸모가 없을 정도로 옛 동전으로 바뀌어 버리는 것으로부터 갑자기 이야기는 반전되기 시작한다. 동전의 변화는 시작에 불과했고 집의 가스레인지, 커피포트, 텔레비전 등의 물건들뿐만 아니라 자동차, 엘리베이터 등의 모든 사물이 소설 상의 현재로부터 60년이나 이른 1930년대의 물건으로 서서히 돌아가 버린 것이다.

엎친 데 덮친 격으로 이 기이한 현상은 달에 다녀온 사람들의 몸에서도 일어나서, 불활성자들이 하나하나 급격한 노화로 인해 죽기 시작한다. 그뿐만 아니라 죽은 줄 알았던 런시터가 계속해서 일방적인 메시지를 보내온다. 온 세상이 런시터로 뒤덮이기 시작한 것이다. 런시터의 얼굴이 새겨진 동전부터 시작해 텔레비전에서는 런시터가 물건을 홍보하고 있고, 아무 생각 없이 산 담뱃갑 속에는 런시터로부터의 쪽지가 들어 있다. 런시터는 말한다.

"난 살아 있네. 자네들은 모두 죽었어."

그제야 조 칩은 여기가 반생의 세계이며, 폭발로 인해 죽은 것은 사실 런시터가 아니라 자신들일지도 모른다는 점을 깨닫는다.

계속해서 런시터는 노화되고 있는 사원들을 돕기 위한 메시지를 보낸다. '유빅'을 찾아내 사용하라고. 조 칩과 남은 불활성자들은 유빅이 무엇인지조차 알지 못했지만 런시터의 말대로 텔레비전에서 나오는 유빅 스프레이, 집으로 배달되어 온 유빅이 담긴 병 등의 흔적을 따라가기 시작한다. 계속해서 교통수단은 퇴화하고 심지어는 엘리베이터도 없어져 금방이라도 쓰러질 듯 노화한 몸을 이끌고 층계를 오른다. 끊임없는 방해에도 불구하고 조 칩은 결국 유빅을 손에 넣어 자신에게 뿌린다. 액체 형태이기도 하고 크림 형태이기도 하며 고형이기도 한 물질 유빅은 금방이라도 노화해 죽기 일보 직전이었던 조 칩을 살리게 된다.

그 후, 성공적으로 반생의 세계에 있는 조 칩을 살려낸 런시터는 반생과의 연결을 끝마치고 모라토리엄의 직원에게 팁을 주기 위해 동전을 꺼내 건넨다. 그걸 받아든 직원은 동전이 이상하다며 난색을 보이는데 그제야 런시터는 동전의 면에 조 칩의 얼굴이 새겨져 있는 것을 발견하고 이야기는 끝이 난다.

『유빅』은 셀 수도 없을 만큼 수많은 상징과 메시지를 내포하고 있는 소설이다. 그뿐만 아니라 책장을 덮고 나서도 여전히 남아 공기 중을 부유하는 듯한 의문점을 피부로 느낄 수 있을 정도로 시사하는 바가 크고 다양한 작품이다. 여기에서는 그중 작품과 직결되는 몇 개의 질문을 추려 분석하고 논한다.

신이 존재하는 세계 – '유빅'과 '모라토리엄'의 존재와 상징성

이 작품의 첫 번째 질문은 제목으로부터 시작한다. 유빅이란 무엇인가? 질문에 대답하듯 17장으로 구성된 소설은 매 장 처음을 항상 유빅에 대한 선전 문구로 장식하고 있다. 가장 처음, 1장의 말머리부터 살펴보면, 재고 정리 세일 기간에 유빅을 저렴한 가격으로 판매한다는 광고 문구가 등장한다. 표준 중고차 시세보다 싸다고 소개하는데 심지어 전시 중이었던 유빅도 판매한다고 한다.

이 광고만 보면 일단 유빅은 자동차다. 그리고 장을 거듭하면서 유빅은 맥주, 수면제, 주방 세정제가 되기도 한다. 유빅은 사용상의 주의만 잘 지킨다면 저렴하고, 쓰기도 쉬우며, 사용하는 사람의 욕구를 완벽히 충족시키는 기적의 무언가다. 그리고 이야기 속에서 유빅은 역행하는 세계를 다시 조 칩 일행의 현재로 되돌리는 힘을 가지며, 끝내 죽어 가던 조를 구해 내는 역할까지 한다. 그래서, 결국 그 대단하다는 유빅은 도대체 무엇이란 말인가? 작품 전반에서는 유빅의 존재에 대한 대답은 좀처럼 등장하질 않고 주변만을 배회하듯 피상적 쓰임새만 계속해서 등

필립 K. 딕의 팬을 위한 '유빅' 스프레이 모형. © Ubik Store by Jahulath on DeviantArt

장한다.

　심지어 작가가 답을 밝히길 꺼리는 것처럼 느껴지기까지 하는데 그 답은 책의 가장 마지막에 다다라서야 등장한다. 살아난 조는 유빅을 전해준 사람에게 유빅이 뭐냐고 묻자 그는 유빅의 스프레이 통은 최대 출력이 25킬로볼트의 헬륨 전지로 작동하는 휴대용 음이온화 장치라고 대답한다. 이 대답으로 유빅이 무엇인지 이해할 수 있는 독자가 과연 존재할까 의문이다. 게다가 언뜻 보기엔 자세한 설명인 듯하지만 유빅 자체를 설명하기보다는 유빅을 담고 있는 스프레이 통이 유빅을 어떻게 활성화하는지에 대해서만 서술하고 있다. 또 겉핥기뿐인 대답이다. 결국 유빅이 무엇인지에 대한 문제가 제대로 매듭지어지지 않은 채로 소설은 끝난다. 하지만 대신 마지막 장의 첫 부분에 처음으로 유빅의 선전 문구가 아닌 다른 문구가 등장한다. 스스로 유빅이라 칭하는 화자는 자신이 우주가 존재하기 전에 존재했는데 태양과 행성과 생물이 살아갈 장소를 만들었으며, 지금은 유빅으로 불리지만 자신은 이름이 아닌, 오히려 '말'이라고 지칭한다. 독자에게 제시하는 유빅의 정체에 대한 이 작은 힌트는, 유빅의 어원인 'Ubiquity(유비쿼티)'가 신의 편재(어디에나 있음)를 가리킨다는 것과 상통한다.

실제로 유빅은 작품 속에서 연금술의 '현자의 돌'과 비슷한 역할을 하며 이 사실은 위 힌트에서 더욱 확연히 드러난다. 연금술사들은 인간의 내적 감응과 우주의 진리를 실제 물체에 투사하고, 이를 완벽하게 합일시킨 결과물을 현자의 돌이라 칭한다. 그리고 이것이 모든 것의 시초이며 그 본성이 영적인 동시에 물질적이라 주장했다. 현자의 돌은 어떤 물체든 금으로 바꿀 수 있는 능력을 가진 것으로 가장 많이 알려졌지만 먹거나 복용하면 그 사람을 젊게 만들어 주기도 한다. 이러한 점을 미루어보아, 이야기 속 유빅의 모델은 현자의 돌일 가능성이 크다. 이 절대적 기제의 등장 배경에는 저자 딕이 경험한 종교적이고 초자연적인 현상이 존재한다. 살면서 무수한 정신질환에 시달리고 급기야는 환영을 보는 등 종교적 체험에 몰두했던 저자 딕은 이를 완벽하게 실체화한 결과물이라 일컬어지는 현자의 돌에 큰 감명을 받았을 것으로 생각된다.

딕의 다분히 종교적 성향은 책의 다른 부분에서도 드러난다. 작품은 반생이라는 장치를 이용하여 살아 있는 현생과는 다른, 죽은 사람들의 의식만이 남은 세계를 소개한다. 그리고 딕은 반생의 세계가 초능력으로 인해 가능한 것이 아닌, 원래부터 존재하는 세계라고 보았다. 단지 두 세계가 완전히 분리되어 있기에 죽은 자들의 세계에 닿을 방법이 없다고 생각한 것이다. 그리고 소설 속에서 딕은 비로소 두 세계를 연결하면서 이를 가능케 하는 힘으로 초능력을 사용하고, 연결되는 공간으로는 '모라토리엄'을 제시한다.

딕의 이러한 생각은 런시터 사의 사장인 글렌 런시터가 사후 모라토리엄에 안치된 자신의 아내 엘라 런시터의 냉동관을 옮겨 달라는 요구를 하는 부분에서 확연히 드러난다. 엘라의 냉동관 옆에 있는 냉동관 주인의 의식이 너무 강해 방해를 일으키고 엘라와의 대화에 차질을 빚자, 글렌은 모라토리엄의 주인인 폰 포겔장에게 아내의 냉동관을 격리실로 옮겨 달라고 말한다. 폰 포겔장은 반생자들 간의 교류는 그들에게 있어 유일한 유의미한 행동이라며 글렌을 말리지만, 글렌은 사라지는 것보다는 고립되어 있는 편이 낫다며 의견을 고수한다. 이 말에 포겔장은 글렌의 아내가 단지 이쪽과 접촉하지 못할 뿐, 존재하지 않는 것은 아니라고 대답한다. 딕의 반생 세계에 대한 생각을 확연히 엿볼 수 있는 대목이다. 반생 세계는 종교의 내세라는 개념과도 일맥상통하며, 소설에서는 내세의 존재가 보편적 지식이 되었을 정도로 당연하게 받아들여지는 모습으로 그려진다.

딕의 종교적 관점을 고려하는 것은 딕의 소설을 이해하고 또 분석하는 데에 큰 역할을 한다. 딕의 종교적 체험을 기반으로 한 집필 활동은 이 작품에서 그치는 것이 아니라 그의 작품 연보 전반에서 계속 이어지며 하나의 큰 흐름을 이루고 있기 때문이다. 이는 종교적 색채가 가장 짙으며 딕의 유작을 포함하고 있는 〈발리스〉 3부작에서 가장 쉽게 관찰할 수 있다. 1부인『발리스』, 2부인『성스러운 침입』, 3부이자 유작인 『티모시 아처의 환생』은 저자 자신의 초자연적이며 종교적인 사상과 실제적 경험 그리고 종교적 구원에 이르기까지의 서사와 깊게 연관되어 있다.

실재에 대한 끝없는 질문－당신은 살아 있습니까, 혹은 죽었습니까?

앞서 간단히 언급했듯이 본 작품은 초능력이라는 소재를 이용, 여러 개의 세계가 존재하는 배경을 제시한다. 딕은 여기에서 그치지 않고 바로 다음 의문을 제기한다.

'당신이 밟고 있는 세상이 그중 어디라고 정확히 단정 지을 수 있는가?'

달에서 일어난 사고로 인해 각기 다른 세계를 살게 된 사장 글렌 런시터와 기술자 조 칩을 통해 작가는 계속해서 질문한다. 조가 런시터로부터 온 메시지들을 읽고 처음으로 자신의 세계가 실제 세계가 아닐 수 있다는 걸 깨닫기 시작하면서부터 그 고민은 끈질기게 이어진다. 정말로 런시터만이 살아남았고, 자신들은 죽어 반생의 세계로 와 런시터로부터 연락을 받고 있는 것일까? 섣불리 그렇게 단정하기에는 상황의 앞뒤가 너무나도 맞지 않는다. 런시터는 자신이 죽었다고도 말하는가 하면, 조 일행이 죽은 것이고 자신만이 살아남았다고도 한다. 조는 계속해서 그럴듯한 가설을 만들어 보려 애를 쓰지만 계속해서 세계는 조를 부정하려는 듯 이상하게 꼬여만 간다. 초능력이 있는 세계, 주변의 사물은 점차 시간을 되돌리듯 노화되고 늙는 속도마저 빨라진다. 이러한 부조화와 비현실성은 독자로 하여금 작품에서 자신을 떨어뜨려 관전할 수 있도록 한다. 하지만 조가 자신의 세계가 어떤 곳인가 고민하기 시작하면서부터 독자들은 그 액자 안으로 너무나 쉽게 빨려 들어간다. 그만큼 딕의 질문의 힘은 강력하다. 내가 밟고 있는 세상이 진실인가? 혹시 이게 꿈은 아닐까? 평소에는 진실임이 당연하다 여겨 의심할 생각조차 하지 못했던 질문인데도 쉽게 대답하기 참으로 어렵다. 조의 질문의 답을 함께 고민하기 시작하면서부터 독자는 이야기에서 펼쳐지는 조의 여정에 더 가까이 참여할 수 있게 된다.

그리고 마지막에 다다라 갑자기 이야기는 다시 한 번 급변을 맞이한다. 누가 보더라도 조는 죽어 반생의 세계에서 살아가고 있고, 현세에 남은 런시터로부터의 도움으로 그 세계에서조차 지워질 위기를 극복하는 것으로 보인다. 하지만 마지막 장에서 조를 가까스로 살려낸 런시터는 잠시 쉬기 위해 반생과의 연결을 중단하는데, 그러고 나서 자신이 가지고 있던 동전의 면에 조의 얼굴이 새겨져 있는 것을 발견한다. 동전에 조의 얼굴이 새겨져 있다는 것은 과거의 조가 그랬던 것처럼, 런시터의 세상이 조로 뒤덮일 것을 암시한다. 그리고 조는 말할 것이다. 유빅을 찾으라고. 그러면 정말로 죽은 사람은 런시터고 사실은 살아남은 조가 런시터를 도우려고 하는 걸까? 그렇다면 런시터가 돕고 살려낸 조는 누구일까? 질문은 끊임없이 순환하고 그 고리가 답에 닿을 여지 따윈 존재하지 않는다. 살아 있는 세계에서 반생의 세계를 향한 방향으로 진행되던 도움은 마지막 장에 이르러 양방향이 되면서, 현세와 반생의 세계 간의 구분 자체가 무의미할 정도로 희미해진다. 결국 작품 전반에서 계속 이어져 오던 실재에 대한 고민은 마지막에 이르러 그 고민 자체가 무가치하다는 불편한 진실과 함께 빛이 바랜 채 스러지는 것이다.

"정말 실재를 판단하는 것이 무가치한가?"

이렇게 질문하는 독자가 있을 것이다. 당연히 유일한 정답은 없다. 그러므로 모든 독자가 딕의 의견을 완벽하게 수용할 필요는 없다. 하지만 딕이 치열한 고민을 통한 자기 나름의 메시지를 반생 그리고 초능력 등의 다양한 SF적 장치를 이용해 이야기에 완벽하게 녹여내는 데에 성공했다는 점만은 명확하다.

유비쿼티 – 유빅은 어디에나 있다

『유빅』의 줄거리를 따라가다 보면 어디선가 많이 본 것 같은 내용이라는 의문을 지울 수 없을 것이다. 그도 그럴 것이, 이제는 안 본 사람을 찾기 힘들 정도로 유명한 영화 〈매트릭스〉(1999), 〈인셉션〉(2010) 등이 본 작품과 매우 유사한 전개 방식과 메시지를 드러내고 있다. 특히 많은 사람들에게 신선한 충격을 선사했던 〈인셉션〉의 마지막 장면과 런시터가 마지막에 자신의 동전에 조 칩의 얼굴이 새겨져 있는 것을 발견하는 장면은 거의 완벽한 수준으로 대응된다. 『유빅』을 이러한 작품들의 아버지라 평하는 의견도 많다. 우리는 자신도 모르는 사이에 여러 번 『유빅』을 읽은 셈이다.

비슷한 주제를 다루는 작품이 많을 뿐만 아니라 『유빅』에서 제시하는 질문들은 2017년 현재에 와서까지 그 가치를 여전히 밝히며 끊임없이 생각할 점을 시사한다. 기술의 발전과 사회의 고도화 속에서 자신을 유지하고 찾아가는 과정이란 점점 불가능에 가까워지고 있기 때문이다. 그렇기에 『유빅』은 출간된 지 40여 년도 더 된 작품이지만 우리는 언제나 '유빅'을 접하고 있다. 정말로, 유빅은 어디에나 있다.

작·품·소·개

유빅(Ubik)

저자(역자)   필립 K. 딕(김상훈)
출판사   폴라북스(현대문학)
발행일   2012년 10월
쪽수   400쪽
내용   반 생명 상태와 초능력이 보편화된 미래를 배경으로 정체불명의 '유빅'을 찾으려는 주인공들의 각축전.
표지 제공   폴라북스(현대문학)

우주 속의 낭만,
카우보이 비밥

생명화학공학과 13 **서의진**

인간이 자유롭게 우주를 유영할 수 있는 시대. 화성에서 영화를 관람하고 금성에서 저녁을 먹을 수 있는 시대. 개인용 우주선으로 은하를 한 바퀴 돌며 드라이브를 즐기는 시대. 아득히 첨단을 달리는 기술 사이에 인간의 낭만은 어떠한 형태로 존재할 수 있을까. 애니메이션 〈카우보이 비밥〉은 사람들에게 이와 같은 물음을 던진다.

〈카우보이 비밥〉은 애니메이션 제작 회사 '선라이즈'에서 제작되어 1998년에 일본에서 방영된 '재패니메이션'이다. 화려한 연출과 음악, 버블 경제 시대 애니메이션 기술의 끝을 보여주는 작화, 매 회마다 담겨 있는 간단하지만 결코 사소하지 않은 메시지들. 〈카우보이 비밥〉은 방영된 지 한참 지났음에도 아직까지 수많은 팬들이 기억하고 있는 애니메이션이며, 현대의 많은 SF물에서도 〈카우보이 비밥〉의 영향력은 계속

되고 있다. 20세기 재패니메이션을 말할 때 빠지지 않는 작품이기도 하며, 이 애니메이션에서 쓰이는 음악들은 현재에도 한국의 예능프로그램에 단골 BGM으로 쓰이고 있다. 서양에서 가장 선호하는 재패니메이션 순위권에 꼭 들어 있으며 할리우드 배우들 중에서도 〈카우보이 비밥〉의 팬을 자처하는 사람들이 꽤 많다. 이처럼 〈카우보이 비밥〉은 오랜 세월 동안 많은 사람들의 사랑을 받아 왔다.

작품의 배경은 2071년. 사람들은 자신들의 우주선을 가지고 테라포밍 (Terraforming, 외계 행성의 환경을 지구처럼 바꾸는 작업)된 행성들을 자유롭게 오가며 살 수 있게 되었다. 극도로 발전하는 기술과 더불어, 이 기술을 악용하여 큰 범죄를 저지르는 사람들도 급속도로 증가하게 되었다. 기관에서는 범죄자들에게 현상금을 걸어 이들을 생포하면 돈을 지급하기로 결정한다. 그러자 우주에는 범죄자들을 전문적으로 잡아들여 현상금을 버는 사람들, 즉 '현상금 사냥꾼'들이 많이 생겨나게 되었다.

이 애니메이션의 주인공 스파이크 스피겔은 자신들의 본거지 '비밥호'의 동료 제트, 페이, 에드 그리고 강아지 아인과 함께 현상금 사냥꾼으로서 범죄자들을 잡으러 다닌다. 다른 SF물의 주인공과 다르게 스파이크는 굉장히 '인간적인' 면모를 보인다. 여타 주인공과는 달리 범죄자를 잡으러 다니다 허탕을 치는 일이 자주 일어나고, 어렵사리 번 돈마저 경마 등으로 어이없게 잃어버리는 일이 비일비재하다. 정의감이 넘치는 다른 주인공들과는 다르게 몸을 움직이고 생각하는 일을 끔찍이도 싫어하며, 행동에 대한 보상이 뚜렷하지 않다면 굳이 실행에 옮기지 않는다. 하지만 사격 솜씨, 무술 솜씨 등 신체 관련 능력은 누구보다 뛰어나다.

일의 마지막에 사소한 부분에서 삐끗해 큰돈을 놓칠 뿐이지, 최고의 현상금 사냥꾼임은 틀림없다. 자신이 정말 사랑했던 '줄리아'라는 애인에 관한 아픈 과거가 있는데 일상에 쿨하고 무심한 태도와는 다르게 과거와 관련된 이야기만 나오면 민감하게 반응한다. 하지만 일상에서는 여지없는 '귀차니스트'이며, 이는 여타 능력 있는 주인공들과는 다른 독특한 성격이다.

비밥 호의 기장 역할을 하는 제트 블랙은 옛날에 우주경찰을 했을 정도의 능력자이다. 하지만 스파이크와 마찬가지로 사소한 부분에서 '허당' 기질을 잘 발휘하고 본업이 가정주부가 아닐까 싶을 정도로 가정적인 일에 꼼꼼하고 애정을 쏟는다. 겉으로는 쿨하고 남의 문제에 무관심한 척하는데, 속으로는 그 사람에 대해 신경을 많이 쓰며 남을 잘 도우려는 성격이다.

비밥 호의 동료 페이 발렌타인은 포커의 달인이며, 자신의 외모와 능력으로 높은 수완을 이끌어 내는 사람이다. 카지노 업계에서는 그녀를 전설의 카지노 딜러에 빗댈 정도로 카드 기술이 뛰어나고 신체적인 능력도 스파이크보다는 한 수 아래이긴 하지만 일반인보다 훨씬 뛰어나다. 이렇게 뛰어난 능력을 지니고 있지만 막상 돈을 벌면 경마나 카지노 등 도박에 탕진해 버리고, 돈을 너무나 좋아한 나머지 자신이 처한 상황도 쉽게 잊고 돈에 따라서 사람도 쉽게 버리거나 구한다. 하지만 어느 누구보다 사람에 대한 그리움이 강하며 은근히 정이 많은 사람이다.

비밥 호의 천재 '여성' 해커 에드는 우주에 날아다니는 우주선들을 모두 해킹할 수 있을 정도로 뛰어난 해커이다. 비밥 호를 해킹해서 조종하

비밥 호의 동료들. 스파이크, 제트, 페이, 에드. © Bandai Visual Company, Sunrise.

는 것으로부터 비밥 호 멤버들과의 인연이 시작되었는데 그녀의 능력은
비밥 호의 멤버들이 현상금 사냥을 나설 때마다 빛을 발한다. 하지만 다
른 사람들이 보았을 때 평상시의 모습은 그저 철없는 어린아이이며, 비
밥 호에 살고 있는 지능이 뛰어난 강아지 '아인'과 지능 수준이 비슷하
다고 느껴질 정도의 모습들을 많이 보여주고는 한다. 그래도 그녀의 해
킹 실력은 우주 일류라고 하더라도 과언이 아니다. 그리고 그녀가 순수
하고 티 없이 맑은 아이임에 의심의 여지가 없다. 각기 다른 강한 개성
을 가진 이들은 비밥 호에서 때로는 티격태격하고, 때로는 서로에게 힘
이 되어 주며 동고동락하게 된다. 비밥 호의 동료들이 처음부터 의기투
합하여 친해진 것은 결코 아니었다. 페이는 스파이크와 제트가 현상범
으로 잡아들이려는 와중에 동료가 되었고, 에드와의 인연도 에드가 비

밥 호를 해킹하면서부터 이어지게 된다. 이렇게 우여곡절 끝에 만난 인물들은 처음에는 서로를 맘에 들어 하지 않았지만 시간이 지날수록 동료에 대한 애정이 깊어지게 된다.

〈카우보이 비밥〉과 인간적 낭만

〈카우보이 비밥〉의 에피소드들은 우리가 생각하는 '낭만'과는 거리가 멀다. 비밥 호의 사람들은 현상금이 걸린 갖가지 사건들에 뛰어들면서 다양한 사람들을 만나게 된다. 우습지도 않게 어이없을 정도의 황당한 사건들도 많았고, 인물들의 기억에 평생 남을 정도의 사건도 많았다. 바에서 하모니카 연주로 인기를 끌던 남자아이가 알고 보니 영생을 누리는 인물인 적도 있었고, 아름다운 사랑 이야기를 써 나가는가 싶더니 알고 보니 애인이 사기꾼인 적도 있었다. 악의 조직들이 그토록 찾던 보물이 무엇인지를 확인해 보니 그저 강아지였던 적도 있었고, 멋지고 당당한 모습을 보여주던 우주 화물트럭 운전수가 알고 보니 여자였던 적도 있었다. 이런 에피소드들을 보면 웃기기만 한 시트콤 같은 애니메이션에서 어떤 낭만을 찾을 수 있다는 것인지 모를 수 있다. 하지만 이 작품은 현대인에게 〈카우보이 비밥〉만의 새로운 낭만을 암묵적으로 보여주고 있다.

  첨단 과학기술의 극을 달리는 〈카우보이 비밥〉의 세계관에서 생기는 사건들은 바보 같아 보이면서도 상당히 인간적이다. 이 작품을 본 시청자들은 〈카우보이 비밥〉의 연출에 담긴 공간적인 분위기와 함께 인물들의 이런 모습에서 '낭만'을 찾았을지도 모른다. 현대사회만 보더라도 낭만이라는 것이 사라진 지 오래다. 마음 놓고 밥 한 끼를 먹거나 책을 한 권 읽을 여유는 이제 사치로 느껴지고, 현대인으로서 살아남으려면 어떠한 오차도 없이 정해진 스케줄 안에서 최고의 효율을 발휘해야만 한다. 서로 사랑할 시간도 아깝다고 혼자서 열심히 일에만 몰두하는 사람들도 점점 증가하고 있고, 사람들은 실질적으로 득이 되는 관계가 아니면 서로 만나려고 하지도 않는다.

하지만 지금보다 훨씬 미래의 배경에, 지금보다 아득히 발전한 과학기술을 지닌 시대에 많이 기계적일 것이라고 예상되는 것에 비해 〈카우보이 비밥〉에서 그려지는 인물들은 지극히 인간적이다. 이들은 웃고, 울고, 떠든다. 이들은 자주 실수하고, 자주 실패한다. 몸을 많이 움직여야 하는 일들을 귀찮아하고, 감정이 이성보다 앞서는 경우도 많으며, 그로 인해 후회하는 순간도 많다. 이들은 자유롭게 우주를 누비면서 현상금을 찾아다니며 생활한다. 다양한 사람들을 만나고, 다양한 경험을 한다. 〈카우보이 비밥〉이 아직도 많은 사람들을 낭만에 취하게 만드는 이유가 바로 이 점에 있다. 인물들의 인간미가 느껴진다는 것이다. 인간의 기쁨, 분노, 사랑, 행복 자체가 사치가 되어 버린 현대사회에서 〈카우보이 비밥〉이 보여주는 인물들은 마치 그들과 함께 어울리며 우주를 자유롭게 누비고 싶은 충동을 일으키게 만든다. 다양한 사람들을 만나면서 정도 쌓고 이별을 통해서 성숙하는 것은 지극히 인간적인 일이다. 또 누군가에게 구애받지 않고 많은 곳을 여행하면서 자유롭게 시간을 보내는 것은 대부분의 사람들이 소망하는 일 중 하나이다. 이렇게 꿈꾸는 일은 커녕 '지극히 인간적인' 일도 힘든 현대인들에게 〈카우보이 비밥〉의 세계는 낭만적일 수밖에 없을 것이다. 〈카우보이 비밥〉을 본 오늘날 현대 사회의 시청자들은 극적인 순간과 넘치는 풍요에서 낭만을 느끼는 것이 아니라, 비밥 호의 멤버들의 자연스럽고 인간적인 행동에서 낭만을 느꼈을 것이다.

〈카우보이 비밥〉에 담긴 인간적 낭만 – 인간에 대한 갈등

〈카우보이 비밥〉에서는 '인간에 대한 갈등'의 묘사가 심심찮게 등장한다. 〈카우보이 비밥〉의 인물들이 갈등하고 있는 대상은 얼핏 현대인의 눈으로 보기에는 아무렇지도 않아 보인다. 주인공들은 마음만 먹으면 자유롭게 우주를 누비고 다니며 놀고먹을 수 있다. 그리고 원하지 않는 사람과는 평생 만나지 않을 수도 있다. 그럼에도 불구하고 인물들은 이들과의 일을 털어내지 못해 갈등한다. 현대인에게는 이해되지 않을 수도 있다. 하지만 이들이 보여주는 갈등은 한 번쯤 우리가 겪었던 갈등이기도 하다. 연인에 대한 갈등, 친구에 대한 갈등, 그리고 나 자신에 대한 갈등…… 이들의 갈등은 모두 인간관계에서 비롯된 갈등이다. 사람은 누구나 인간관계에 대한 갈등을 해 본 경험이 있다. 만난 사람들과 모두 친하게 지내면서 좋은 관계를 유지하는 사람은 극히 드물 것이다. 사람들은 사소한 실수 때문에 틀어진 관계를 후회하고, 마음에 드는 사람에게 선뜻 다가가지 못했던 자신을 질책한다. 사람은 본디 미숙한 존재이고, 다른 사람들과의 관계를 만들면서 갈등을 할 수밖에 없다.

고도로 발달한 미래에도 인간적인 사고와 낭만 때문에 사건사고가 끊이지 않는다.
© Bandai Visual Company, Sunrise.

〈카우보이 비밥〉에서는 정신적으로 이미 성숙한 줄로만 알았던 인물들이 인간에 대한 갈등과 미숙함을 보여줌으로써 인물들의 인간적인 면모를 그린다. 시청자들은 인물들의 이런 미숙한 모습들에 인간미를 느꼈을 것이다. 현대사회에서는 자신의 생활에 필요한 존재가 아니면 그저 모르는 척하고, 연락을 끊고, 굳이 관계를 다시 회복하려 시도하지 않는다. 옛날에 몹시 친하게 지내던 친구가 연락이 되지 않아도 지금 당장 필요한 존재가 아니기에 신경을 쓰지 않고, 설사 틀어졌다 하더라도 크게 개의치 않는다. 현대에서의 인간관계에 대한 갈등은 그저 고민하지 않고 피해 버리면 그만이다. 그렇기 때문에 인간 대 인간으로 순수하게 두근거리고, 마음 아파하고, 결과가 어떻게 될지 알고도 바보 같은 행동

을 하는 〈카우보이 비밥〉의 인물들의 모습은 현대인들에게 매우 인간적
이고 매력적으로 느껴졌을 것이다.

〈카우보이 비밥〉에 담긴 인간적 낭만 – 과거로 인한 갈등

〈카우보이 비밥〉에서 문제와 갈등이 일어나는 가장 큰 원인은 '과거로
인한 갈등'이다. 〈카우보이 비밥〉에는 다양한 사건들이 나오지만, 이 작
품의 중심 이야기는 '과거로 떠나는 여행'이다. 〈카우보이 비밥〉은 옴니
버스 형식을 띄고 갖가지 사건들을 비추는데 몇몇 사건들은 각 비밥 호
의 인물들과 하나하나 연결되어 인물들의 기억과 자아의 퍼즐 조각이
된다. 〈카우보이 비밥〉의 초반 이야기는 가볍게 흘러가지만 후반으로
갈수록 인물들의 갈등은 더 깊어지게 된다. 스파이크는 연인 줄리아와
친구이자 숙적 비셔스와의 과거를 잊지 못하고 결국엔 비밥 호를 나와
도피하게 된다. 제트는 우주경찰 시절의 자신과 동료들과의 과거를 추
억하며 동료의 문제를 해결하기 위해 직접 뛰어든다. 페이는 냉동인간
에게서 다시 태어나기 이전의 맑았던 자신을 발견하고 비밥 호를 떠난
다. 그리고 과거를 발견하지만 현재에 자신이 머무를 곳은 아무데도 없
다는 것을 깨닫고 다시 비밥 호로 돌아오게 된다.

　이들의 이야기는 결국엔 마음 아픈 결말을 맺게 되기도 한다. 하지만
밝고 철없는 모습들만을 보여주는 부분에서는 그들의 감정과 행동을 그
대로 보여준다. 우습고 왁자지껄한 모습의 비밥 호 승무원들이 과거의
일에 유난히 즐거워하고, 두근거리고, 갈등하고, 괴로워하고 우는 등 갑

작스럽게 변화하는 모습은 사람들에게 자칫 당황스럽게 여겨질 수 있다. 하지만 그럼에도 사람들은 인물들의 이러한 모습에 많은 연민과 공감을 느꼈을 것이다. 현대의 많은 사람들은 실패와 좌절을 빨리 털어 버리고 미래만을 바라보면서 살아가야 한다고 말한다. 과거로 인한 아픔은 오히려 독이 되며, 과거를 그저 실패에 대한 분석의 대상으로 바라본다. 과거로 인해 아파하는 사람들을 무능한 사람 취급하며 손가락질하는 경우도 많다. 하지만 인간은 기계가 아니기에 과거를 깨끗이 잊고 살아갈 수 없다. 사람들은 알게 모르게 과거에 대한 영향을 받으면서 살아간다. 과거에 있었던 자신의 큰 실책에 괴로워하거나, 과거의 아픔에 눈물을 흘리는 것은 인간이라면 당연한 일이다. 과거를 통해서 성숙해지는 과정이 나약함으로 치부되는 현대사회에서, 〈카우보이 비밥〉의 인물들이 겪는 과거에 대한 갈등은 상당히 인간적으로 보인다. 과거를 잊지 못해 어리석은 행동을 하는 인물들이 오히려 정말 사람답게 느껴진다. 현대인들은 이들의 갈등에서 인간적인 낭만을 느꼈을 것이다.

글을 마치며

과학기술은 나날이 첨단화되고 있는 반면 삶은 점점 더 각박해지고 있다. 취업도 갈수록 힘들어지고 물가는 나날이 오른다. 물질적, 심적 여유는 현대인들 사이에서는 이미 사치가 되어 버린 지 오래고, 한국인을 상징했던 '정'이라는 단어는 이제 모 상품의 이름 안에서밖에 찾아볼 수 없게 되었다. 애니메이션 〈카우보이 비밥〉은 각박한 삶과 힘든 일, 냉랭

한 사람들에 지친 현대인들이 잠시나마 달콤한 낭만에 취할 수 있게 한다. 우주 속을 부드럽게 헤엄하는 비밥 호는 사람들의 지친 몸과 마음을 아름다운 낭만 속으로 기분 좋게 유영할 수 있도록 해 줄 것이다.

카우보이 비밥(Cowboy Bebop, 1998)

감독	와타나베 신이치로, 야타테 하지메(원작)
목소리 출연	야마데라 코이치, 이시즈카 운쇼, 하야시바라 메구미 등
화수	총 26화(각 24분)
내용	드넓은 우주를 무대로 펼쳐지는 현상금 사냥꾼들의 모험 활극.

'가면' 아래의 당신을 바라보며
'Deep Breath'

전산학부 14 **전선영**

우리들의 '가면'

대부분의 사람들은 자신의 본모습을 감추는 '가면'을 쓴 채로 살아간다. 아주 어릴 적부터 씌워진 이 가면은 누구와 함께하고 있느냐에 따라 얇아지거나 두꺼워질 수 있지만 좀처럼 벗겨내기는 힘든 것이다. 타인으로부터 자기 자신을 숨겨 주는 가면은 상처받길 두려워하는 자를 보호해 주는 '방패'이기도 하고, 때로는 상대방을 기만하기 위한 '속임수'이기도 하다. 항상 쓰고 있어 익숙해져 버린 이 가면은 가끔 가면을 쓴 당사자도 어느 것이 가면이고 어느 것이 진짜 본인인지 구분하지 못하기도 한다. 주위 사람들에게서 거부당하고 싶지 않기 때문에, 그들 사이에서 튀고 싶지 않았기 때문에 써 왔던 가면은 어느새 자신의 일부가 되어 마음대로 벗을 수 없게 되었다.

사람들이 가면을 쓰게 되는 계기는 그 사람들이 살아온 삶의 수만큼이나 다양할 것이다. 어릴 적 부모님이 말하던 '착한 아이'가 가면의 모습을 결정했을 수도 있고, 어느 날 주변 친구로부터 거부당한 경험이 가면을 써야 한다는 깨달음을 주었을지도 모른다. 그 계기가 무엇이든 가면을 쓰는 근본적인 이유는 주변 사람들과 좀 더 원활한 관계를 맺기 위해서이다. 그렇기에 대부분의 사람들은 특별한 이유 없이도 타인을 대할 때 일상적으로 가면을 쓰고 생활하게 된다. 하지만 대부분의 사람들의 '일상적인 가면'과 달리 필사적으로 자신을 감추고 더 나아가 스스로의 모습을 왜곡하는 사람들도 있다. 그들은 대부분 사회적으로 존재 자체를 배척받는 사람들이며, 다수의 사람들이 생각하는 '일반'의 영역에서 벗어난 소수의 사람들이다. 사람들에게서 거부당할지도 모른다는 두려움은 그들로 하여금 필사적으로 가면을 만들어 내고 그 뒤에 숨도록 한다. 누구나 쓰고 있는 일상적인 가면이든 스스로를 숨길 수밖에 없어 만들어 낸 가면이든 누군가의 앞에서 가면을 벗는 것은 많은 용기를 필요로 한다. 감추어 두었던 자신의 '본질'을 보여줄 만큼 믿었던 사람이 자신의 '정체성'을 제대로 보아 주지 않을 때의 실망과 좌절은 감당하기 힘든 것이기 때문이다. 또한 자신의 정체성을 드러내는 것만큼이나 눈을 가리는 편견과 선입견 너머 타인의 본질을 똑바로 바라보는 것도 역시 어려운 일이다. 본인이 감춰 왔던, 혹은 스스로도 몰랐던 자신의 본질을 드러내고 상대방 본연의 모습을 '보기 시작하는' 이들을 그리고 있는 이야기가 영국 드라마 〈닥터 후(Doctor Who)〉 시즌 8의 1화 〈Deep Breath〉이다.

드라마 〈닥터 후〉와 정체성

〈닥터 후〉는 1963년에 처음으로 방송을 시작해 2013년에 방영 50주년을 맞은, 세계에서 가장 오랫동안 방영한 SF드라마이자 최근까지도 사랑받는 영국의 국민 드라마이다. 이 드라마는 타임로드(Time Lord)라는 외계 종족인 닥터(the Doctor)가 주로 인간인 컴패니언(companion, 동료)과 함께 안이 밖보다 더 크고, 공간과 시간을 넘나드는 우주선인 타디스(TARDIS)를 타고 온 우주와 시간을 넘나들며 모험을 하는 이야기이다. 이 드라마가 이토록 오랫동안 유지될 수 있는 이유 중 하나로는 타디스라는 우주선 덕분에 시공간에 구애받지 않고 다양한 배경에서 이야기를 만들어 낼 수 있다는 점이다. 만능 우주선 덕분에 과거로 가서 셰익스피어, 엘리자베스 여왕 등 위인들과 만날 수도 있으며, 미래의 인류가 일구어 낸 사회를 탐방하거나 아예 지구와 태양계를 벗어나 외계의 행성을 탐험할 수도 있다. 시공간의 제약 없이 작가의 상상력이 허락하는 한 무궁무진한 소재를 생각해 낼 수 있는 것이다.

또한 외계인인 '닥터'는 죽을 정도의 타격을 입으면 본질을 제외한 외모, 성격, 취향 등이 모두 다른 새로운 사람으로 다시 태어날 수 있는 '재생성(regeneration)'이라는 특별한 능력을 가지고 있다. 필요하다면 언제든지 주인공을 새로이 정할 수 있는 이 설정 덕분에 닥터 역의 배우는 수시로 바뀌었고 피터 카팔디(Peter Capaldi)가 연기하는 현재의 12대 닥터(13번째 닥터)에 이르게 되었다.

시즌 8의 첫 에피소드인 〈Deep Breath〉는 12대로 재생성한 직후 혼란에 빠져 있는 닥터와 그의 컴패니언인 클라라 오스왈드(Clara Oswald)

12대 닥터와 그의 컴패니언 클라라.
© 2014 BBC/BBC Worldwide.

가 거대한 공룡과 함께 19세기 영국 빅토리아시대에 불시착하면서 시작한다. 갑작스럽게 영국으로 끌려온 공룡은 누군가에 의해 불타 죽게 되고, 범인을 잡겠다며 홀로 사라진 닥터를 찾기 위해 클라라는 닥터의 오랜 친구인 바스트라 부인(Madame Vastra)과 그녀의 연인인 제니(Jenny)의 도움을 받는다. 신문에서 닥터가 올린 것으로 추정되는 광고의 퍼즐을 푼 클라라는 식당으로 가서 닥터와 만나게 되는데, 이는 클라라와 닥터를 해당 식당으로 유인하기 위한 함정이었다. 그 식당은 자신과 우주선을 수리하기 위해 인간의 피부, 장기 그리고 공룡의 시신경을 채집한 드로이드(droid, 인간 형태의 로봇)들이 운영하는 장소였고, 닥터와 클라라는 졸지에 그들의 먹잇감이 된 것이다. 닥터와의 전투 끝에 드로이드의 대장 격인 반쪽 얼굴 남자(Half face man)가 공중에 뜬 우주선에서 아래로 추락하면서 파괴되고, 대장을 잃은 나머지 드로이드들은 작동을 멈추게 된다. 문제를 해결한 클라라와 닥터가 클라라가 살던 시대의 영국으로 되돌아오고 '약속의 땅'에 도달한 반쪽 얼굴 남자를 보여주며 이야기는 끝이 난다.

줄거리 요약만 보면 로봇, 공룡, 빅토리아시대 등 여러 요소가 뒤섞인 그저 그런 액션 SF물로 보일 수도 있다. 그러나 이 에피소드는 인간 혹은 인간과 비슷한 존재의 '정체성'을 주제로 하고 있는데 주요 등장인물 간의 관계나 이야기의 몇 장면에서 이를 직접적으로 확인할 수 있다.

'가면' 너머를 받아들인 이들

바스트라 부인과 제니는 이미 서로를 향한 '가면'을 벗고 상대의 본질을 받아들인 사이이다. 바스트라는 실루리안(Silurian)이라는, 거의 멸종된 지구 고대 종의 전사로, 런던의 범죄자들을 체포하고 식사로써 소비하는 도마뱀 인간이다. 바스트라의 동성 연인인 제니 플린트는 동성애자라는 이유로 집안에서 절연당하고 대외적으로는 바스트라의 메이드, 실제로는 연인이자 보조자로 지내고 있다. 그들은 사회적으로 '일반'이라고 여겨지지 않는 자신들의 정체성을 서로에게 있는 그대로 내어 보이고 이해한다. 그러나 상대방을 제외한 타인에게 '받아들여지기(to be accepted)' 위해서 제니는 계속 하녀인 척을 하고, 바스트라는 '신체적 결함'이라 여겨지는 자신의 파충류 피부를 가리기 위해 베일을 쓴다. 바스트라의 '파충류 인간'이라는 정체성과 제니의 '레즈비언'이라는 정체성은 임의로 바꿀 수 없는 진정한 '그들 자신'임에도 타인의 편견과 혐오를 피해 그것을 감추고 있다. 결국 그들은 낯선 사람들을 향한 '가면'을 거둬들일 수 없었던 것이다.

이 에피소드는 150여 년 전인 빅토리아시대를 배경으로 하고 있다. 하지만 150여 년이 지난 현재에도 그들이 스스로를 감출 수밖에 없게 만드는, 타인의 '정체성'을 존중하지 않는 자들이 여전히 많다. 특히 이 에피소드 후반부의 바스트라 부인과 제니의 '전혀 선정적이지 않은 키스'가 아시아 방영분에서 잘려 나갔다는 사실이나, 에피소드 방영 이후 BBC로 접수된 '동성애 키스'에 대한 일부 시청자의 항의를 보면 그러하다. 아직도 이 사회에는 바스트라와 제니가 '베일'을 벗는 것을 허락하지 않는 사람들이 많다. 하지만 바스트라의 베일이 단순히 자신의 정체성을 감추는 역할만을 하는 것은 아니다. 이 에피소드에서 그녀가 클라라에게 한 말에 따르면, 베일은 '상대의 성품을 판단하기(judgement on the quality of their heart)' 위해서도 사용된다. 다시 말하면, 우리가 이 드라마에 대한 사람들의 반응을 통해 그들의 '성품'을 헤아려 볼 수도 있으리라는 의미이다.

'가면'을 벗기로 결심한 이들

닥터와 반쪽 얼굴 남자는 둘 다 스스로를 감추던 '베일'을 벗고 본질을 마주하기로 결심했다는 점에서 비슷하다. 20~30대의 젊은 얼굴을 가지고 있었던 11대 닥터와 달리 재생성 이후의 12대 닥터는 2,000여 년을 살아온 자신의 세월을 조금이라도 드러내려는 듯 흰머리와 주름을 가진 심술궂은 노인의 모습을 하고 있다. 바스트라 부인의 말에 따르면, 닥터의 '어린 얼굴'은 바스트라의 '베일'과 마찬가지로 모두에게(타인에게) 받아들여지기 위해 본질을 가리고 있는 '가면'이었다. 11대 닥터는 얼굴이 '어릴' 뿐만 아니라 평소 하는 행동도 이리저리 사고를 치면서 돌아다니는 순진한 어린아이의 것과 닮아 있었다. 그는 한순간도 편히 쉬거나 자신을 내려놓지 않고 계속하여 사람과 사건을 찾아다녔다. 이렇듯 11대 닥터가 필사적으로 가면을 쓰고 끊임없이 사람들 속에 속해 있으려고 강박적으로 행동한 것은 주변사람을 모두 잃고 홀로 쓸쓸히 최후를 맞았던 10대 닥터의 영향으로 볼 수 있다. 12대 닥터가 베일을 벗기로 마음먹은 정확한 이유는 알 수 없다. 10대 닥터의 트라우마를 극복하기 위한 것일 수도 있고, 아니면 자신의 '정체성'을 드러내도 괜찮다고 생각할 만큼 클라라를 믿어서, 또는 단순히 본질을 숨기고 미성숙한 어린이인 척 사는 것에 지친 것일 수도 있다. 이유가 뭐가 되었든 닥터는 늙고 퉁명스러운 자신을 포장하지 않은 채로 용기 있게 내보였고 그런 자신과 마주하고 있다.

반쪽 얼굴 남자는 프로그래밍된 대로 쉬지 않고 자신의 몸을 인간의 장기 혹은 다른 부품으로 고쳐 왔다. '공룡의 시신경을 본 적 있다'는 그의 말에 따르면 적어도 6,500만 년 전부터 이 짓을 해 왔을 것이다. 그토록 오랜 기간 스스로를 바꿔 온 그에게는 더 이상 원래의 '자신'이 남아 있지 않다. 그는 보통의 드로이드라면 가질 수 없는 '인간'에 가까운 모습을 보인다. 화를 내고 아름다움을 느끼는 등 '감정'을 보이고 '거짓말'을 하며, 무엇보다 인간의 종교에 나오는 극락, 천국과 유사한 '약속의 땅(Promised Land)'에 도달하고자 한다. 그러나 그는 자신이 인간이 아니라며 새로이 생긴 '정체성'을 거부하고 이미 잃어버린 '본질'을 계속 가

반쪽 얼굴 남자. © 2014 BBC/BBC Worldwide.

지고 있는 척한다. 과거의 정체성이 현재의 '가면'이 된 것이다. 이 남자의 경우처럼 비현실적이고 극단적이지는 않지만, 우리는 과거의 자신이라는 '틀'과 '가면'에서 벗어나지 못하는 사람들을 꽤 많이 볼 수 있다. 그것은 빛을 잃은 과거의 영광을 놓지 못하는 것 때문일 수도 있고, 과거의 괴로움에서 빠져나오지 못하는 것일 수도 있으며, 단순히 변한 자신을 마주할 시간과 기회가 없어서일 수도 있다.

　닥터는 그에게 거울 같은 쟁반을 건네며 "네 얼굴을 어디서 가져다 썼는지 기억하고 있느냐"며, 그를 향해 또 자기 자신을 향해 진정한 자신과 마주하라고 말했다. 그는 결국 공중을 날던 우주선에서 떨어져 건물 지붕에 꿰뚫려 죽는다. 그가 자신의 '정체성'을 깨닫고 의미 없는 행위를 더 이상 지속하지 않기 위해 스스로 뛰어내린 것인지, 닥터가 그를 밀어 떨어뜨린 것인지 우리는 정확히 알 수 없다. 하지만 죽어서 '약속의 땅'에 도달하는, 지독히 인간다운 결말은 그가 스스로 죽음을 선택했을 것이라는 추측의 근거가 된다. 또 그가 쟁반에 비친 자신의 모습을 바라보는 부분에서, 쟁반 반대쪽에 비친 닥터의 얼굴 때문에 그 둘이 마치 서로를 바라보는 듯 보이는 그 장면에서 스스로의 본질을 마주하기 시작한 닥터와 마찬가지로 그 또한 자신의 정체성을 받아들일 것이라는 암시를 받을 수 있다. 결국 인간이 되고자 했던 드로이드는 인간으로서의 자신을 마주한 뒤 죽음을 맞이한 것이 아닐까.

'가면' 너머를 마주하는 과정

클라라가 재생성한 닥터를 받아들이기 시작하는 과정은 상대의 '가면' 너머 숨겨져 있던 본질과 마주하는 과정과 같다. 닥터는 클라라의 눈앞에서 재생성하였고, 클라라는 닥터가 사라지거나 죽은 것이 아니라 그저 모습이 변한 것임을 누구보다 확실히 보았다. 그러나 그녀는 바스트라 부인에게 "닥터가 사라졌다(The doctor was gone)"라 말하고, 닥터 본인에게 "더 이상 당신이 누구인지 모르겠다(But I don't think I know who you are anymore)"고 말하며 그가 과거의 닥터와 본질적으로 같은 사람임을 부정했다. 이 에피소드의 마지막 부분에서 그녀는 과거 11대 닥터로부터 두려워하고 있을 '미래의 나'를 부탁한다는 전화를 받는다. 과거의 닥터와 작별 인사를 끝내고, 현재의 닥터에게 "너는 나를 보고 있지만 내가 보이지 않는구나(You're looking at me but you can't see me)"라는 말을 들은 후에야 그녀는 자신이 방금 통화한 사람과 그가 같은 사람임을 '볼 수 있게' 된다. 그녀는 마음속으로 과거의 닥터를 그리워하기도 할 것이고, 가끔 현재의 닥터를 과거와 비교하기도 하겠지만 더 이상 '진정한' 닥터에게서 눈 돌리지는 않을 것이다.

사람들은 모두 진짜 자신을 가리거나 왜곡하는 '가면'을 쓴 채로 살아간다. 가끔 그 가면을 신뢰하는 사람 앞에서 의도적으로 벗기도 하고, 의도치 않게 가면이 벗겨져 스스로를 드러내기도 한다. 현실에는 드라마처럼 "지금 네 앞에 있는 그는 나와 같은 사람이야"라고 말해 줄, 과거의 상대방으로부터 걸려 오는 전화가 존재하지 않는다. 그렇기에 현실에서 가면 아래의 자신을 내보이는 것도, 드러난 상대의 '진짜 모습'이 내가 알던 그 사람과 본질적으로 다르지 않다는 사실을 받아들이는 것도 쉽지 않다. 모든 사람 앞에서 가면을 벗을 수는 없겠지만 진실된 자신의 모습을 보여도 괜찮은 사람이 한둘 정도라도 있다면 가면 아래에서 스스로를 잃지 않을 수 있을 것이다.

작·품·소·개

닥터 후 시즌 8, 1화(Doctor Who, 2014)

감독	벤 휘틀리 외 5명
출연	피터 카팔디, 제나 루이즈 콜먼, 네브 맥킨토시 등
러닝타임	75분
내용	닥터와 그의 동료 클라라가 드로이드 '반쪽 얼굴 남자'에 맞서는 이야기.

거인의
어깨에 선다는 것

기계공학과 15 한지혜

SF와 과학이라는 거인

SF라고 할 때 흔히 아이작 아시모프가 로봇의 정의와 3대 원칙을 내린 『아이, 로봇』 및 〈로봇 이야기〉 시리즈 등 엄밀한 과학적 이론을 요하는 어려운 소설을 떠올리곤 한다. 한편 우리에게 친숙한 영화인 〈매트릭스〉 〈스타워즈〉 등 다른 많은 로봇 영화나 스페이스 오페라 또한 넓은 범주에서 SF라는 장르에 포함된다. 이처럼 모호한 과학소설의 정의에 대해 SF작가 데이먼 나이트는 "과학소설이란 내가 손을 들어 '이것이 과학소설이다!'라고 가리키는 것이다"라고 주장했던 적도 있다. 사실 현재까지 SF의 정의가 명확히 내려진 적은 없으며 전문가들 사이에서도 의견이 분분하다.

나는 SF를 인간의, 정확히는 독자 혹은 시청자의 과학적인 의식을 보

영화 〈아이, 로봇〉의 한 장면. © 2004 20th Century Fox.

다 확장하거나 촉진할 수 있는 작품이라고 정의한다. 여기 소개하는 이 작품은 과학적인 부연 설명 없이 거인의 존재를 논하고 있다. 그러나 과학, 특히 과학 연구와 과학 윤리에 대한 우리의 인식을 건드린다는 점에서 이 작품은 엄연한 SF라고 나는 생각한다.

'내가 더 멀리 볼 수 있었던 것은, 거인의 어깨 위에 서 있었기 때문이다' 과학계의 진정한 거인으로 뭇 과학도에게 칭송과 원성을 동시에 듣는 아이작 뉴턴은 이런 말을 남겼다. 뉴턴이 가리킨 거인이란 그의 앞에 지나간 수없이 많은 과학자들을 일컫는 말이겠지만, 한편으로는 뉴턴을 과학의 세계로 이끈 어떠한 동기를 말하는 것이 아니었을까 생각한다.

무릇 과학자 혹은 연구자라면 당연히 어떠한 과학적이고 학술적인 호기심에서 어떠한 연구를 시작한다. 그리고 자신의 연구가 학계는 물론 대중에게도 인정받아 명성과 부를 쟁취하는 화려한 결말을 꿈꾸게 마련이다.

『마지막 거인』의 주인공 아치볼드 레오폴드 루트모어 또한 마찬가지였다. 우연히 옛 거인 부족이 살던 위치를 알아낸 그는 학자로서 학술적인 의무감과 호기심으로 험난한 여행을 떠난다. 그는 다른 많은 연구자들보다 운이 좋았기에, 아홉 명밖에 남지 않은 거인족을 찾는 데 성공한다. 그리고 그는 다른 연구자들보다 성공적이어서 그의 귀환과 탐구 결과는 학계와 사회에 큰 논쟁을 가져왔다. 그는 적극적인 지원을 받아 추가 연구 및 개발에 나설 수 있었다.

별을 꿈꾸던 아홉 거인과
명예욕에 눈이 먼 한 남자의 이야기

이 모든 일의 시작은 큰 치아 한 점이었다. 금박 문양이 어지럽게 새겨진 주먹만 한 이를 아치볼드 레오폴드 루트모어에게 판매한 어느 늙은 뱃사람은 이것이 거인의 작은 일부분이라고 주장했다. 이에 세밀하게 그려진 그림을 몇 달간 연구한 끝에 루트모어는 거기에 그려진 지도를 따라 흑해의 원천으로, 거인족의 나라를 향해 떠난다. 험난한 여정 끝에 원정대를 돌려보내거나 식인종에게 잃어버리고, 홀로 남은 루트모어는 도저히 넘을 수 없을 장엄한 산맥과 마주한다. 삶이 자신에게 지독한 원한을 품었다는 원망으로 좌절 앞에 무릎을 꿇었을 때 그의 앞에 비친 한 줄기 빛은 거인들의 발자국을 발견하게 했고 그를 거인족의 나라로 안내했다.

고난 끝에 만난 거인은 자연 바로 그 자체였다. 그들의 감미로운 목소리, 그리스 신화에 등장하는 사이렌의 그것과도 같은 아름다운 목소리는 매일 밤이 새도록 별들을 부르며 울려 퍼졌다. 그들은 인간이 먹을 수 있는 식물도 알고 있었지만 그들의 주식은 식물뿐 아니라 흙, 바위 등 자연에 존재하는 온갖 것이었다. 어두운 숲 같은 외투를 입고, 묵직한 호박 덩이를 보석처럼 달고 다녔다.

무엇보다 아름다운 것은 그들의 온몸에 새겨진 그림이었다. 루트모어를 그곳으로 이끈 어금니에 새겨진 것과 같은 무늬가 거인들의 온몸, 혀와 이에도 새겨져 있었다. 자연의 이미지와 그들의 삶을 구불구불한 선, 소용돌이 선, 뒤얽힌 선, 나선, 극도로 복잡한 점선 등이 어우러진 혼란스러운 그림에 담은 이 금박 문신은 미풍에도 떨리고, 태양빛에 이글거리며 호수의 표면처럼 일렁이다가 폭풍우 치는 바다처럼 장엄한 색조를 띠기도 했다.

그들의 일상을 담아낸 작가의 담담한 문체에서 나는 생애 처음으로 첫눈을 맞았을 때, 내 발 아래 펼쳐진 짙은 산의 능선을 보았을 때, 숨찬 달리기 후 땀을 닦아 낼 때, 싱그러운 봄의 향기를 담은 비를 맞을 때, 그럴 때 느낄 벅찬 마음을 읽었다. 계절의 순환과 천체의 운행, 물과 땅과 공기와 불이 끊임없이 갈등하면서 서로 결합하는 모습을 그들의 목소리로, 온몸으로 그려 내는 거인들의 삶은 흔들림 없이 완벽한, 바로 자연 그 자체였다.

거인 안탈라의 너른 등에 이미 새겨진 아홉 명의 인간 다음으로 '실크해트'를 쓴 루트모어의 그림이 조금씩 새겨질 때 루트모어가 느꼈을 감동이 나에게도 전해졌다. 자연과 교감하고, 그를 알아 가며, 그 안에 나의 작은 흔적을 섬세하게 새겨 넣었을 때의 감동이란! 인간의 비루한 욕심이겠지만 과학자로서 당연히 꿈꾸는 순간이기도 하리라.

매우 길고 깊은 잠을 자는 그들이 마침 깨어 있을 때 루트모어가 그들의 나라에 도착한 것은 행운이었다. 하지만 루트모어가 그들의 완벽한 삶에 지치고 그들 또한 잠들 때가 다가왔을 때 그들은 눈물 가득한 이별을 나눈다. 거인들의 도움으로 루트모어는 올 때와 달리 수월하게 인간 세계로 돌아왔다.

루트모어는 거인들과의 열 달간의 만남을 총 9권의 책으로 펴냈다. 학계에서 반발을 사고 외면을 받기도 했고, 찰스 다윈을 비롯한 동료 학자들의 지원을 받기도 했다. 사람들은 '생명 기능의 치명적인 감속 없이 몇 세기를 휴면 상태로 지낼 수는 없다', 혹은 '고유한 문신을 저절로 만들어 내는 피부가 가능한가' 등의 의혹을 제기한다. 이 책을 읽는 우리 과학도들이 제기할 법한 의심이기도 하다. 아마 이는 작가 스스로 '조금 비과학적인 부분이 있지만 그것은 이 책에서 논의하고자 하는 쟁점에서 벗어난다'고 해명하는 이중의 의미가 있지 않을까도 생각한다.

루트모어는 과학인으로서의 소신과 책임, 즉 소소한 지식에 젖어 보다 큰 그림을 보지 못하는 사람들의 눈을 뜨게 해 주는 학문의 도의에 빠져 전국을 돌며 거인족에 대해 강연했다. 그리고 뉴욕 시장의 초청으로 미국을 방문했을 때 학계의 적극적인 지원을 받아 두 번째 원정을 떠나게 되었다.

우리의 과학자는 의기양양하게, 과거에 자신을 따뜻하게 맞아 주었던 거인족에게로 돌아갔다. 그의 명성은 그가 처음 거인족을 찾으러 갈 때 들렀던, 거인족이 사는 계곡 근처의 인간 도시에까지 퍼져 있었다. 이곳에서 그는 마침내 명예의 연단에 올라선다.

구해야 할 것은 자연이 아닌 우리 자신

여기서 나는 부활한 예수 그리스도를 그 제자들이 맞아 주는 그림보다는 그가 지옥에 영원히 가두었던 악마 바알세불이 풀려나는 모습을 그린 톨스토이 단편의 한 장면이 떠올랐다. 예수 그리스도가 부활하여 그동안 연옥과 지옥에 갇혔던 수많은 사람들을 구원해 천국으로 이끌어 간 후 악마 왕 바알세불은 지옥의 가장 밑바닥에 떨어졌다.

어느 날 그가 머리 위에서 다시 들려오는 죄인들의 고통에 찬 비명소리를 듣고 환희에 가득 차 뛰쳐나왔더니 옛 부하들인 음욕, 교만, 질투, 살인, 물욕 등의 악마들과 함께 새 악마인 과학의 악마가 그를 맞아 주더라는 이야기이다. 이 불쌍한 학자를 맞아 준 것도 바로 그 과학의 악마, 정확히는 과학의 악마가 그를 위해 성실히 준비한 선물, 거인 안탈라의 잘린 머리였다.

루트모어가 절망과 좌절을 넘으며 그토록 어렵게 헤쳐 나갔던 정글에는 이제 거인들이 사는, 아니 살았던 계곡까지 향하는 길이 바로 뚫려 있었다. 그곳에는 그가 사랑하고 그를 사랑한 거인 친구들이 마치 '작살을 맞은 고래의 몸뚱이처럼' 터무니없게 놓여 있었다. 루트모어가 처음 거인들의 마을에 도착했을 때는 '이 종족이 전멸하게 된 이유는 풀어야 할 수수께끼이다'고 생각했지만 이제 깨닫지 않았을까. 안탈라의 등에 새겨진 다른 아홉 사람이 지나가는 동안 적어도 수천, 수만 년을 존재했을 거인들이 스러져 흙으로 돌아갔으리라고. 그가 써낸 책이 그 어떤 군대보다 더 확실하게 마지막 거인들을 살육했듯이 말이다.

인도의 위대한 영적 지도자 간디는 우리의 삶을 파멸시키는 7가지로 다음을 꼽았다. 노동 없는 부, 양심 없는 즐거움, 성품 없는 지식, 도덕 없는 상거래, 희생 없는 종교, 원칙 없는 정치, 그리고 인간 없는 과학이 그것이다. 우리의 위대한 스승이 과학자는 아니었기에 가진 기우라고 항변하고 싶지만, 인간을 잊어버린 과학이 얼마나 무섭게 돌변할 수 있는지는 간디의 시대가 잘 보여주었다.

과학 개발에 있어 인간을 잊어버리기는 정말 쉬운 일이다. 그러나 과학을 기초로 하는 인류 문화의 발전에 우리의 어머니, 대자연을 잊어버리기는 더더욱 쉽다. 물론 그동안 자연과 인간의 상관관계를 연구하고 역설한 과학자는 수없이 많았다. 그들의 양심 어린 호소로 우리의 인식도 조금씩 변해 가고 있다. 하지만 로봇의 정의를 내리고 로봇의 3원칙을 설립한 아이작 아시모프조차, 로봇이 인간을 직접적으로 해하지 않더라도 지구에 존재하는 모든 초목을 태워 버리거나 엄청난 양의 오염을 초래하는 등의 방법으로 인간 한둘이 아닌 인류 전체에 재앙을 가져올 수 있음을 뒤늦게야 깨닫고 원칙을 추가해야 했다. SF의 거장도 그럴진대 평범한 우리가 매 순간 인류와 대자연의 상관관계를 명심하고 살아가기는 사실 쉽지 않다.

여전히 '과학 발전과 자연 훼손은 어찌할 수 없는 상관관계를 갖지 않

인간의 탐욕 때문에 멸종한 대표
적인 동물, 도도새.

느냐, 균형을 잘 유지하는 것이 최선이 아니냐'고 질문을 받는다면 말
문이 막히는 것이 현실이다. 혹은 '자연을 구합시다'라고 외치는 사람을
대단한 사람으로, 즉 당연하지 않은 선한 의식을 가진 사람으로 인식하
는 것이 현실이다.

　인간을 잊은 과학과 자연을 잊은 과학을 별개로 생각하는 이들에게
나는 묻고 싶다. 우리 우주는 현재 추정하기로 137억 년을 존재해 왔다.
우리가 살고 있는 지구는 약 46억 년 전부터 존재해 왔다. 그리고 인류
는 구석기시대부터 잘 잡아야 백만 년 정도 존재해 왔을 뿐이다. 다시
백만 년이 흐른 뒤에 인류와 지구 중 어느 쪽이 존재하고 있을까. '자연
을 구합시다'는 뛰어나게 선한 사람만이 외칠 수 있는 구호가 아니다.
생존에 위협을 느낀 누구나가 외쳐야 할 구호다. 푸른 우리 별 지구를
인류가 아무리 더러운 회색빛으로 물들여 놓아도 지구는 지난 46억 년

동안 그래왔듯이, 137억 년을 존재한 우주에 둥둥 떠 있을 것이다. 다만 우리 인간이 도태될 뿐이다.

내가 받은 거인의 이

우리는 공기를 통해 숨쉬고, 물을 마시고 음식을 먹으며 땅을 밟고 살아가고 있다. 그런데 우리와 우리를 둘러싼 공기와 물과 땅의 관계를 논리적으로 따지고 상대방을 설득해야 한다는 현실이 아이러니하지 않은가. 이것이 다 무슨 소용이겠는가. 우리가 루트모어라면 뭐라 대답할 수 있겠는가. 안탈라의 잘린 머리가 "침묵을 지킬 수는 없었니?"라고 묻는다면 말이다.

아이작 뉴턴이 말했듯이 우리는 거인의 어깨에 앉을 때 더 멀리 내다볼 수 있다. 루트모어를 거인에게 이끈 거인의 이를 우리도 누구나 하나씩 갖고 있을 것이다. 안탈라의 물음에 대답하는 대신 나는 내 거인에 대해 이야기하고 싶다. 그래야만 누군가는 턱없이 짧은 페이지 수와 지나치게 아름다운 그림만을 보고 어린이를 위한 그림책으로 분류할 이 책을, 나는 내 인생에 가장 큰 영향을 끼친 'Science Fiction'으로 망설임 없이 꼽는 이유를 제대로 설명할 수 있기 때문이다.

내가 처음 과학자의 길을 걷기로 결심한 것은 초등학교 2학년 여름, 통영 앞바다를 만났을 때였다. 허름하고 무질서하나 군더더기 없이 정감 가는 어촌과 그 너머로 끝없이 펼쳐진, 더없이 푸른 바다를 몇 단어로 다 담아낼 수 없다. 그리고 그 푸르른 바다를 새하얗게 가르며 울려 퍼진 뱃고동도, 그에 맞춰 배멀미하듯 울렁이던 어린 나의 심장 박동도 내 부족한 글에는 담을 수 없다.

정확히 10년이 흐른 지금, 나는 이곳 카이스트에서 기계공학을 전공하며 그때 그 막연한 울렁임을 꿈으로, 그리고 꿈을 현실로 만들어 가고 있다. 재미있게도, 카이스트 구술 면접 당시 나는 가장 기본적인 공식 중 하나인 등비수열의 합 공식이 기억나지 않아 수학 문제를 미처 다 풀지 못했다. 반면에 교수님께서 물었던 인성 면접 질문에는 바로 그 통영을 본 무대로 활동했던 충무공 이순신 장군의 예를 들어 우리나라의 과학 발전사에 대해 역설했으니, 과연 나를 여기까지 데려온 것은 진정 통영의 푸른 바다였다고 할 수 있겠다.

나에게 안탈라를 대신해 질문을 던진 건 바로 그 푸른 바다였다. 그리고 나의 거인은 지금도 조금씩 다치고 사라지고 있다. 우리는 누구나 거인과 거인의 이를 하나씩 갖고 있다. 성공한 과학자라면 아마 루트모어처럼 거인과 교감을 이룬 과학자를 가리키는 말일 것이다. 그 아름다운 교감을 다른 사람도 누리게 하고 싶은 마음은 비난받을 대상이 아니라고 생각한다.

그러나 그것과 '과학자로서의 소신'이라는 탈을 쓴 유혹은 확실히 구분해야 한다. 루트모어는 거인을 만날 때까지 꼭 쥐고 있던 거인의 이를 도중에 까맣게 잊어버렸고, 거인과의 우정보다 인간 세계에서의 명성에 홀리고 말았다. 후회와 함께 거인의 이를 그의 귀중품 상자 가장 밑바닥에 가만히 놓았을 때는, 이미 너무 늦어 모든 것을 돌이킬 수 없게 되었다. 때로는 더 늦기 전에 거인의 비밀을 가장 밑바닥에 조용히 넣어 두어야 할 필요가 있다. 그것이 나를 자신의 어깨 위에 올려 준 마지막 거인을 위한 마지막 인사이니까.

작·품·소·개

마지막 거인(Les Derniers Ge'ants)

저자(역자)	프랑수아 플라스(윤정임)
출판사	디자인하우스
발행일	2002년 2월
쪽수	88쪽
내용	별을 꿈꾸던 아홉 명의 거인들과, 명예욕에 사로잡혀 눈이 멀어 버린 한 못난 남자의 이야기.

02

SF는 과학과
나의 연결고리

– SF가 선사하는
과학 상식과 호기심

영화 〈컨택트〉가 그리는
비선형적 시간 구조와 숭고한 자유의지

바이오및뇌공학과 11 안재우

영화 〈컨택트〉의 내용

어느 날 열두 척의 검은색 외계 비행물체가 예고 없이 지구에 착륙한다. 미국 육군의 웨버 대령은 저명한 언어학자 루이스와 물리학자 이안을 방문하여 그들을 시험하더니, 깊은 밤중에 다시 나타나 그들을 헬기로 데려간다. 웨버 대령은 두 사람에게 외계인과의 접촉 및 의사소통을 의뢰한다. 물론 최종적으로는 외계인이 이렇듯 예고 없이 지구에 나타난 이유를 알아내는 것이 목적이다.

두 학자는 곧 우주선에 탑승하여 연체동물 같은 겉모습의 외계 종족을 만나고, 이들 외계인이 팔다리가 총 일곱 개라 하여 햅타포드라 명명한다. 이안은 두 햅타포드에게 각각 애봇과 코스텔로라는 별명도 붙인다. 처음에는 마땅한 의사소통 수단이 없어 조사에 난항을 겪지만 루이스의 활약으로 햅타포드의 언어가 복잡한 원형 기호로 이루어져 있으며, 시제가 없고, 한 번의 기호에 담기는 정보량의 수준이 인간 언어의 수준을 아득히 넘는다는 사실을 깨닫는다. 남다른 언어 습득 능력을 가진 루이스는 햅타포드의 언어에 금세 익숙해지지만 이때부터 이상한 환상을 보는 부작용에 시달린다.

지독하게 현실적인 환상에 고생하면서도 루이스는 임무 달성을 위해 애봇과 코스텔로에게 그들 햅타포드가 지구에 온 목적을 묻는다. 의외로 애봇과 코스텔로는 흔쾌히 대답한다. 두 사람의 지휘하에 연구 팀이 개발한 번역 소프트웨어로 두 햅타포드의 대답을 번역해 보니 '무기를 주러' 혹은 '무기를 쓰러'가 된다. 뒷부분의 해석이 어떠하든 '무기'라는 단어의 무게는 매우 크다. 이 무렵 다른 국가의 연구진도 비슷한 결론에 도달하고 당연히 이는 각국의 지도자들 사이에 큰 파장을 일으킨다. 더 이상 볼 것도 없다는 듯 중국이 먼저 외국과의 통신을 종료한다. 중국이 생존을 목표로 외계인과의 전쟁을 준비하자 다른 나라들도 잇따라 통신을 끊고 전쟁에 대비한다.

지구의 모든 이들이 패닉에 빠진 상황에 루이스는 해당 기호가 '무기'보다 '도구'로 해석되어야 마땅하다고 주장한다. 아무도 그녀의 말에 귀 기울이지 않자 루이스는 도움을 청하기 위해 햅타포드를 다시 한 번 찾아간다. 그때 공포에 질린 몇몇 과격파 병사들이 햅타포드의 우주선을 폭파시킨다. 루이스와 이안은 애봇의 도움으로 무사히 우주선에서 빠져나와 목숨을 건지지만 애봇은 폭발 때문에 목숨을 잃는다. 육군 부대 내 병원으로 호송된 이안과 루이스가 정신을 차려 보니 육군은 이미 대피를 준비 중이다.

이안은 햅타포드가 마지막으로 전해 준 메시지에 시간을 나타내는 기호의 빈도가 전반적으로 매우 높다는 사실을 발견한다. 이어 메시지가 정확히 12분할되어 있다는 것도 알아낸다. 이를 두고 루이스는 햅타포드가 12국가에 각각 다른 메시지를 나눠 주고 서로 협력하길 바라는 것이라고 해석한다.

이때 중국의 샹 장군은 24시긴 이내에 중국 영토를 완전히 벗어니지 않는다면 선제공격을 하겠다고 햅타포드에게 최후통첩을 전달한다. 러시아와 파키스탄 등이 중국의 뒤를 따르지만 루이스는 아직 대화가 더 필요하다고 주장한다. 루이스는 홀로 몰래 햅타포드의 우주선에 탑승한다. 루이스는 코스텔로에게 그녀가 자주 보는 환상에 대해 물어보고, 코스텔로는 그녀가 미래를 보는 것이라고 대답한다. 코스텔로는 이어서 그들 햅타포드가 인류를 도우러 왔다고, 또 그것은 3,000년 뒤 햅타포드가 인류의 도움이 필요하기 때문이라고 말한다. 루이스는 마침내 확신한다. 지구의 연구자들이 '무기' 혹은 '도구'라고 해석했던 그것은 바로 햅타포드의 언어 자체를 지칭하는 것이었다. 그 언어를 학습하는 것으로 시간을 비선형적으로 이해하게 되기 때문에, 그것이 가진 가능성은 무궁무진하다. 사용하기에 따라 그것은 무기도, 도구도 될 수 있는 것이다. 더욱 중요한 것은 햅타포드에게 전쟁의 의도가 전혀 없다는 점이다. 루이스는 전쟁을 막기 위해 움직인다.

루이스가 우주선에서 돌아와 보니 육군은 이미 대피 중이다. 그녀는 가까운 미래의 유엔 회담에서 샹 장군을 만나 대화를 나누는 미래를 본다. 장군은 그녀에게, 과거 전쟁을 각오했던 자신의 마음을 바꿔 주어 고맙다고 전하더니 자신의 연락처와 죽은 부인의 유언을 알려준다. 현재의 루이스는 미래의 자신이 받은 연락처로 샹 장군에게 연락하여 장군 부인의 유언을 말해 그의 관심을 끌고, 자초지종을 설명하여 전쟁을 막는 데 성공한다. 샹 장군의 지도하에 중국이 먼저 무기를 내려놓고 자국이 외계인에게서 받은 메시지를 공개하자, 다른 나라들도 전쟁을 포기하고 메시지를 공개한다. 인류는 12분할된 메시지를 모두 조합하고 임무를 완수한 12척의 우주선은 지구를 떠난다. 얼마 뒤 루이스가 보았던 UN 회담이 열린다. 이곳에서 루이스를 만난 샹 장군은 굳이, 그녀가 당시 전화로 그를 어떻게 설득했는지 설명하는 수고를 한다. 이 순간의 그는 과거의 루이스와 소통하고 있는 것이다.

핵타포드들과의 소통 임무를 맡은 주인공 루이스. © 2016 Paramount Pictures

영화가 끝날 무렵 루이스와 이안은 사랑에 빠진다. 두 사람은 결혼하여 딸을 낳고 아이를 '하나'라고 이름 짓는다. 오랜 시간 뒤 루이스는 이안에게 하나가 불치병으로 죽을 것이라는 것을 말해 주고, 하나가 죽을 것을 알면서도 하나를 낳은 루이스를 이해하지 못하고 분노한 이안은 루이스와 결별한다. 그리고 루이스가 말한 대로 하나는 불행히도 제 날개를 채 펼치기도 전에 불치병으로 세상을 떠난다.

영원주의

이상이 영화 〈컨택트〉의 줄거리다. 하지만 이 요약본은 실제 영화보다 이해하기 매우 쉽다. 영화 내용을 시간적으로 나열한 것이기 때문이다. 실제 영화 〈컨택트〉의 시간 구성은 사실 비교적 난잡한 편이다. 〈컨택트〉는 현재와 미래를 오가면서도 둘 사이에 분명한 연결점을 보여주지 않는다. 이는 철저하게 의도된 연출이다. 관객들은 〈컨택트〉의 복잡한 시간 구성을 통해 간접적으로나마 비선형적 시간을 체험한다. 그리고 외계인의 언어를 학습함으로써 비선형적으로 사고하는 법을 배운 루이스를 통해, 운명과 결정론을 자유의지로 승화시키는 사뭇 이율배반적인 모습을 보여준다. 철학적으로 살펴봤을 때 운명은 불변하며 불변은 진리적 성질이다. 자유의지는 운명을 거스르는 변화의 가능성, 불확실성이며 곧 진리의 부정이다. 이처럼 상극인 두 개념을 어떻게 연결할 수 있을까? 그것은 시간을 비선형적으로 이해하는 것으로 가능하다. 그렇다면 이 파격적인 주장을 가능케 하는 비선형적 시간이란 대체 어떤 것인가?

과거 인간은 시간을 두고 일방적으로 끊임없이 흐르는 성질로 여겨 왔다. 그래서 흔히 공간을 설명하는 파라미터로 시간을 사용했다. 적어도 아인슈타인 이전까지는 말이다. 상대성이론에 의하면 개인의 시간 개념은 서로 상대적으로 작용한다. 기준이 되는 좌표계에 따라 인간은 누구나 조금씩 다른 시간대를 경험한다. 영원불멸하는 것은 물리학 법칙이지, 시간과 공간이 아니다. 이러한 발상에서 출발하는 철학이 있다. 이 철학에 의하면 특정 순간에는 현재뿐 아니라 과거와 미래도 공존한다. 어떠한 절대적인 시간 축을 상정할 때, 그 절대적 시간 축의 '현재'에는 일반적 의미의 과거, 현재, 미래가 동시에 발생한다. 물론 절대적 시간 축은 이해를 돕기 위한 개념일 뿐이고 결국 과거, 현재, 미래가 동시에 공존한다면 시간 축 자체가 점으로 수렴하게 된다. 과거에도 현재와 미래가 있고 현재에도 과거와 미래가 있으며, 미래에도 과거와 현재가 있으니 어떤 시간대라고 해도 크게 다르지 않은 것이다. 이렇듯 시간 축의 모든 점이 본질적으로 같다고 여기는 철학을 바로 '영원주의'라고 한다.

　케임브리지 대학의 형이상학 교수 J. M. E. 맥타가르트는 B 시리즈 이론을 통해 영원주의를 설명한다. 그에 따르면 영원주의적 관점에서 시간 축은 점에 불과하다. 그렇다면 시간에 흐름은 없고, 시간이란 개념 자체가 벌써 환상이 된다. 즉, 시간의 흐름이란 관찰자가 세상을 지각하는 방법이며 동시에 인지 과정에서 발생하는 부산물이다. 인간이 세상을 시각적으로 관찰하기 때문에 색깔이 있는 것과 같다. 흐를 일 없이 미래는 이미 공간적으로 이곳에 존재하고 있으며 그것을 우리는 순차적으로 이해한다. 이렇듯 영원주의자는 시간을 공간처럼 해석한다.

전지전능한 신의 입장, 혹은 5차원 시공간 존재의 입장에서 생각해 보면 이해하기 쉽다. 10억 년 전의 우주부터 10억 년 후의 우주까지 연속하는 모든 시간대에 대해 접근 권한을 가지는 자의 입장에서 그것은 시간이라기보다 공간에 가깝다. 3차원 시공간의 존재, 예를 들어 만화책의 주인공은 만화책의 흐름, 다시 말해 시간에 대한 아무 권한도 없다. 하지만 4차원 시공간의 존재인 우리는 만화책의 그 어떤 페이지라도, 즉 그어떤 시간대라도 공간적으로 손쉽게 접근할 수 있는 것과 마찬가지 이치다. 3차원 시공간의 시간은 4차원 시공간에서 공간적으로 이해될 수있고, 마찬가지로 4차원 시공간의 시간은 5차원 시공간에서는 공간적으로 설명된다. 놀란 감독의 〈인터스텔라〉를 봤다면 '테서랙트(tesseract)'를 기억할 것이다. 쿠퍼는 5차원 시공간의 존재들이 만든 테서랙트에서 4차원 시공간의 모든 시간대에 대해 공간적으로 접근 권한을 가진다.

그러나 이러한 특징으로 인해 많은 이들이 영원주의는 결정론적이라고 오해한다. 그도 그럴 것이, 시간이 없다면 현실은 불변하며 따라서 모든 것은 이미 결정되어 있다고 보는 것이 마땅하다. 미래가 현재에 존재한다면 미래는 정해져 있는 것이 당연하지 않겠는가. 하지만 이는 시간을 시간적으로 이해하는 습관을 여전히 버리지 못했기에 발생하는 오류다. 모든 시간대가 공존한다면 미래가 정해져 있다기보다는 미래가 현재형이라고 해석해야 옳다. 시간에 대한 시간적 접근은 인과관계를 기준으로 삼기 마련이다. 인과가 뿌리째 환상에 불과하지는 않으나 적어도 미래가 현존한다는 말을 인과가 이미 성립되어 있다는 말로 받아들이면 안 된다. 인과가 성립되어 있는 것이 아니라 인과가 성립되는 것이다. 모든 것이 현재형이다. 나의 선택이 정해져 있는 것이 아니라 한순간에 모든 선택을 하는 것이다.

과거도, 미래도 현재적이다. 운명은 필연적으로 인과를 상정한다. 다르게 말해 운명을 긍정한다면 그것은 선형적 시간을 전제로 한 것이다. 허나 모든 시간대가 현재진행형이라면 운명이란 존재할 수가 없다. "그렇게 될 운명이었다" 이 표현에서 '되다'라는 것은 시간적 흐름 없이는 성립하지 않는 개념이다. 하지만 시간은 흐르지 않는다. 수학자 헤르만 바일에 의하면 객관적 세계는 스스로(自) 그러할(然) 뿐, 발생하지 않는다. 다시 말해 모든 임의의 사건은 전개하지 않고 존재한다. 강조하지만 시간의 흐름은 인간이 세상을 인지하는 수단에 불과하다.

사과가 반사한 $650nm$의 파장을 인간은 붉게 보는 것처럼, 우주가 제공하는 경험을 인간은 순차적으로 이해하는 것이다. 시간이 과거에서 미래로 흐르지 않는다면 운명은 성립하지 않는다. 선형적 시간에서 운명에 해당하는 개념은 비선형적 시간에서 영원이라는 개념으로 승화한다. 운명은 바꿀 수 없기에 정적이지만 영원은 바꿈이란 개념 자체를 허용하지 않기에 어쩌면 더욱 정적이다. 그러나 영원은 운명처럼 외부의 개입을 필요로 하지 않는다. 운명은 의존적인 반면, 영원은 독립적이다. 운명은 시간에 종속되어 있기에 자유의지와 상충한다. 선형적 세계에서 내가 진정 자유롭다면 미래는 정해져 있지 않다. 반대로 미래가 정해져 있다면 내 선택도 정해져 있고 그렇다면 인간은 진정한 의미에서 자유롭지 않다고 본다. 운명은 개인의 의지를 꺾고 역사를 써 내려가는 거대한 외적 힘이다. 바꾼다, 저항한다는 개념이 허용되는 선형적 세계이기

핵타포드들의 비선형적 시간 구조는
그들의 언어와 밀접한 관련이 있다.
© 2016 Paramount Pictures

때문에 이 거대한 외적 힘은 곧 바꾸고 저항할 대상이 된다. 이것은 필수불가결하다.

　반면 영원은 그 자체로 완벽하다. 탈(脫) 시간적이다. 과거도 현재도 미래도 현재진행형이다. 그렇기에 미래가 정해져 있어도 그것은 무언가에 종속되거나 제한되지 않는다. 저항할 대상도 없을뿐더러 저항한다는 개념 자체가 성립하지 않는다. 다시 말해 '개인 대신 역사를 써 내려가는 거대한 외적 힘'이 필요 없다. 그렇기에 정해진 미래라고 해도 그것은 얼마든지 개인의 선택일 수 있다.

자유의지

영화 〈컨택트〉는 이러한 자유로운 현재진행형 미래를 매우 훌륭하게 묘사한 작품이다. 루이스는 외계인의 언어를 배우는 것으로 순차적 이해를 초월한다. 다시 말해 루이스는 현재와 미래를 동시에 살아가게 된다.

남들이 과거를 회상할 때 그녀는 미래를 회상한다. 마침내 정적인 시간, 완성된 시간, 즉 영원에 도달한 것이다. 그녀는 딸아이가 죽을 것을 알면서도 딸아이를 낳았다. 왜일까? 운명이기 때문에? 그렇다면 그것은 그녀가 선택했기에 운명인 것인가, 운명이기에 선택할 수밖에 없었던 것인가? 닭이 먼저니, 계란이 먼저니 따져 봤자 시작과 끝을 상정한 선형적 시간에 답은 없다. 시간을 벗어난 사고방식을 상상하라. 루이스에겐 모든 사건이 현재진행형이다. 그녀에게 있어 현재는 그녀가 태어난 날부터 죽는 날까지 걸쳐 넓게 포진되어 있다. 그녀는 모든 시간에 동시 존재한다. 박사 논문을 작성 중인 그녀도, 애벗과 코스텔로를 처음 만나는 그녀도, 이안과 사랑을 속삭이는 그녀도, 하나를 낳는 그녀도 모두 같은 현재의 그녀다. 그리고 현재의 그녀는 결정한다. 박사 논문을 완성하고 나면 뜨거운 물에 거품욕을 하리라. 애벗과 코스텔로와 소통하기 위해 노력하리라. 이안을 영원히 사랑하리라. 그리고 하나가 죽는 날까지 목숨보다 아끼겠노라.

우리는 이안이다. 시간을 단순히 과거에서 미래로 흐르는 일방적인 것으로 이해하는 우리는 과거는 지나간 것이고, 현재는 지나갈 것이며, 미래는 다가올 것이라 생각한다. 선형적 시간에서 유일한 방향은 앞이다. 그리고 앞은 과거나 현재에 있지 않다. 즉, 우리에게 있어서 '앞으로 나아감'은 근본적으로 미래지향적이다. 그렇기 때문에 미래에 괴로워할 것을 명백히 알면서도 현재에 충실하기로 한 루이스의 선택을, 운명이 아닌 자유의지로 이해하기란 일반적으로 힘든 것이 사실이다. 반면 루이스의 시간은 비선형적이다. 그녀는 과거의 그녀와 현재의 그녀와 미래의 그녀를 모두 긍정한다. '미래를 위해 현재를 희생한다'는 명제는 시간의 흐름을 초월한 그녀의 사고방식에는 도저히 닿을 수 없다. 루이스의 모든 순간은 서로에 대해 공평하다. 먼 미래에 겪을 아픔을 피하기 위해 하나가 아닌 다른 아이를 낳겠다는 생각은 하나에게 젖을 물리고 있을 가까운 미래의 자신에게 극도로 야속한 결정이다. 애초부터 모든 순간을 동시에 살아가는 루이스에게 언제가 현재고 언제가 미래란 말인가? 지금까지 현재니 미래니 평범하게 썼지만 전부 편의상의 표현에 불과하다. 루이스에게는 모든 것이 현재다. 그렇기에 죽을 아이를 낳고 싶지 않은 맘도 있지만, 동시에 사랑하는 아이를 부정하고 싶지 않은 맘도 있는 것이다. 그녀가 하나를 낳은 이유는, 결코 그녀가 운명 앞에 불가항력해서가 아니다. 그것은 그녀가 하나를 진실로 사랑하기 때문이다.

작·품·소·개

컨택트(Arrival, 2016)

감독   드니 빌뇌브
출연   에이미 아담스, 제레미 레너, 포레스트 휘태커 등
러닝타임 116분
내용   시간의 구속에서 벗어나다!

곤충은
맛있다

신소재공학과 15 신용민

식용곤충의 소개와 배경

바퀴벌레 에너지바, 귀뚜라미 과자. 얼핏 들으면 불결하고 소름이 끼칠 수도 있는 단어들의 조합이다. 하지만 이들은 미국에서 버젓이 판매되고 있는 식품이며 식량난 문제를 해결할 수 있는 획기적인 아이디어이다. 학내에서 식당, 매점 등 다양한 먹을거리가 있는 KAIST 학생들에게 '식량난'이라는 단어는 실감이 나지 않을 것이다. 2015년 UN 식량농업기구의 조사로는 약 8억 명의 사람들이 충분히 먹지 못하고 있다고 한다. 전 세계의 9명 중 1명이 정상적, 활동적인 삶을 영위하지 못할 정도로 음식이 부족하다는 통계이다. 식량난 문제를 해결하기 위해서 많은 방안이 제시되는 가운데 식용곤충이 주목받고 있다.

봉준호 감독의 영화 〈설국열차〉에서도 식용곤충에 관련한 내용이 언

꼬리 칸 사람들은 이 단백질 블록만을 먹고 산다. © 2013 – RADiUS/TWC

급된다. 사실 이 영화는 생각할 거리가 많은 작품이다. 머리 칸에서부터 꼬리 칸까지 나타나는 빈부 격차에 대한 문제도 있고 기차라는 틀에서 벗어나자는 메세지도 담고 있다. 하지만 나는 기차라는 한정된 공간과 자원 때문에 꼬리 칸의 빈곤층을 먹일 식량으로 바퀴벌레를 택했다는 것에 주목했다. 열차 안에 충분할 정도로 서식하는 바퀴벌레를 이용해서 단백질 블록을 만들어 꼬리 칸의 빈곤층을 17년 동안 먹여 왔다. 많은 SF영화의 소재들이 현실화되는 것처럼 식용곤충도 머지않은 미래이다. 현재 각광받고 있는 식용곤충 섭취 인구는 약 20억 명이며 환경적 측면, 영양적 측면, 사회경제적 측면에서 뛰어난 대체식품 산업으로 자리 잡고 있다.

식용곤충 산업이 자리 잡게 된 이유로는 환경적 요인이 가장 크다고 할 수 있다. 2009년 FAO가 발표한 바로는 2050년에는 전 세계 인구 약

97억 명을 먹이기 위해 쌀 5억 2천만 톤이 필요하게 된다. 이는 현재 쌀 필요량 4억 4천만 톤을 훨씬 웃도는 수치인데 한정된 농경지에서 생산되는 쌀 생산량은 한정될 수밖에 없다. 또한 기존의 가축들을 사육하는 방법은 필요한 물, 사료와 발생하는 CO_2 때문에 친환경적이지 못하다. 실제로 식용곤충을 사육하게 되면 식량 1kg당 물 소비량은 닭의 50%, 소의 40%, 돼지의 15%에 불과하며 사료 공급량은 닭의 30%, 돼지의 15%, 소의 4% 정도로 산출된다. 이산화탄소 발생도 소의 33%밖에 되지 않는다. 따라서 식용곤충은 한정된 자원의 소비를 줄이고 온실효과의 주범 기체 발생을 감소시키는 효과가 있는, '지속 가능한 음식'이라는 것이다.

또한 식용곤충의 영양적 가치도 충분하다. 식용곤충은 60% 정도의 풍부한 단백질과 30%의 불포화지방산, 비타민 및 무기질로 이루어져 있다. 육류보다 단백질 함량이 2배 이상이며, 육류에 없는 식이섬유와 필수 아미노산, 비필수 아미노산을 다량 함유하고 있다. 실제로 전통사회에서 식용곤충을 먹었던 종족도 있었다. 예를 들어 콜롬비아의 잉가노 지역사회에서는 왕풍뎅이 유충을 먹는데 여기에는 지방, 단백질, 비타민 등이 함유되어 있고 특히 지방산은 폐 질환 치료에 도움이 된다. 또한 다른 동물들의 사료로 쓰이기 충분하다. 식용곤충은 현존하는 단백질원 중 영양학적으로 가장 우수하다는 평가를 받고 있다.

식용곤충이 가져오는 사회경제적 효과도 크다. 곤충 사육은 공간, 사료 등을 더 적게 소모한다. 비용은 소 사육비의 15% 정도뿐이라 상당한 경제적 효과를 기대할 수 있다. 곤충은 동물 복지 문제를 일으킬 소지가 없으며 동물원성 감염의 위험이 낮다. 현재 기아 인구인 약 8억 명을 인적자원이라고 생각한다면 사회의 발전 가능성이 무궁무진할 것이다. 기아 문제를 해결할 수 있다면 사회 전반에 걸쳐 지식, 정보 등 전반에 걸쳐 생산량이 증가할 것이다.

식용곤충의 다양한 조리법과 가공

한국식용곤충연구소 KEIL이 2014년에 발족한 이후로 식용곤충에 관한 다양한 연구가 국내에서 진행되고 있다. 현재 국내에서 식품의 제조, 가공, 조리에 사용할 수 있는 식용곤충은 누에 번데기, 벼메뚜기, 백강잠, 쌍별귀뚜라미, 갈색거저리 유충, 흰점박이꽃무지 유충, 장수풍뎅이 유충 등 7종이다. 〈설국열차〉의 단백질 블록 생산 말고도 다양한 식용곤충 요리들이 개발될 수 있다. 곤충을 통째로 먹는 데 익숙하지 않은 국내에서 가장 부담 없이 손쉽게 조리할 수 있는 방법은 분말로 만들어서 음식에 첨가하는 것이다.

우리나라에서는 '빠삐용의 키친'이라는 식용곤충 레스토랑 & 디저트 카페가 있다. 주메뉴로 파스타, 크로켓을 판매하고 있으며 식용곤충을 활용한 쿠키와 에너지바도 판매하고 있다. 이 식당을 운영하는 김용욱 한국식용곤충연구소 소장이 말한 바로는 곤충마다 고유의 맛이 있다고 한다. 예를 들어 갈색거저리 유충은 100g 중 30g이 유지 성분인 만큼 고소한 맛을 내어 견과류와 궁합이 좋고 크림 파스타에 분말 형태로 첨가한다고 한다. 쌍별귀뚜라미는 맛이 심심하여 해물 토마토 파스타처럼

식용곤충으로 만든 쿠키.

소스가 자극적인 음식과 잘 어울린다. 누에는 열을 가하면 담백한 맛이 나기 때문에 제과제빵 과정에서 쓰인다.

해외에서는 더 다양한 식용곤충 활용 방법이 개발되고 있다. 전 세계를 통틀어 총 1,900여 종의 식용곤충이 기록되어 있다. 열대 국가에서는 곤충을 통째로 먹기도 하며 요리에 따라 굽기, 튀기기, 삶기 등의 방법으로 조리한다. 서구 문화에서는 곤충이 전통적인 음식 재료가 아니어서 곤충식을 꺼릴 수 있다. 그래서 곤충에서 단백질을 추출하여 식품에 첨가하여 단백질 함량을 높이는 예도 있다. 하지만 이 비용이 비싸서 상용화를 위해서는 많은 연구가 필요하다. 자체적으로 식품을 만든 예로는 흰개미를 이용하여 사탕수수 죽의 단백질 함량을 높인 'SOR-Mite' 제품이 있다.

곤충을 대량으로 사육, 사료로 가공시키는 자동화 시스템이 구축된 사례도 있다. 'Agriprotein' 기업은 파리 유충과 유기 폐기물을 혼합하여 동물 사료를 제작하고 있다. 이 제품에는 9개의 필수 아미노산이 포함되어 있으며 일일 생산량이 1톤가량 된다. 'Enviroflight' 기업은 에탄올 공장에서 생산된 곡물 찌꺼기를 등에에게 먹인다. 이렇게 사육된 등에의 배설물을 어류와 가축의 고단백, 저지방 사료로 이용한다. 이렇게 두 기업은 폐기물을 재활용함과 동시에 어류, 육류 사료를 제작하여 새로운 산업을 선도하고 있다.

식용곤충 상용화의 한계점과 그 극복 방안

식용곤충이 상용화되기 어려운 이유는 크게 일부 사람들의 곤충 혐오감과 법적 규제가 부실하다는 점, 2가지가 있다. 〈설국열차〉에서만 보아도 바퀴벌레를 가공하는 모습이 위생적이지 않게 묘사되었으며, 단백질 블록이라는 사람들이 좋아하지 않는 음식 종류로 만들어 버렸다. 영화라는 매체에서 이렇게 다루었다는 것은 많은 사람이 그렇게 생각한다는 충분한 근거가 된다. 하지만 앞서 말했듯이 식용곤충은 영양이 풍부하며 '빠삐용의 키친'처럼 맛있게 개발할 가능성이 무궁무진하다.

이런 편견을 없애기 위해 대중들에게 다양한 매체와 방법을 통해 식용곤충을 홍보하고 교육해야 한다. 대중들에게 식용곤충 요리책을 보급하고, 곤충요리 경연대회를 열어 곤충 전반에 대한 부정적인 태도를 바꾸어야 한다. 또한 공식 교육 과정에 식용곤충 항목을 추가해서 과학계에서의 곤충에 대한 인식을 바꾸어야 한다. 네덜란드의 와게닌젠 대학은 식용곤충에 관한 기초 및 응용 연구를 시행하고 있다. 정부로부터 약 94만 유로를 투자받아 육류를 대체할 식용곤충을 연구한다. 이 대학의 연구소는 1,900여 종의 식용곤충의 목록을 수집하는 데 크게 이바지했다. 네덜란드뿐만이 아니라 미국의 몬태나 대학, 덴마크의 코펜하겐 대학, 중국 남서부의 자원곤충연구소 등 세계 각지에서 식용곤충의 연구가 진행되고 있다. 식용곤충의 인식 개선 및 산업 육성을 위해 정부기관, 비정부단체, 기업계에서 전체적인 노력이 필요하다. 과거 가재, 새우 등이 서구 사회에서 고급 음식 재료로 인식 개선이 되었던 만큼 곤충도 그럴 가능성이 충분하다.

식용곤충 산업의 확대를 위해 이에 관한 법적 체제가 만들어져야 한다. 아직 식용 및 사료용 곤충의 사육 및 판매에 관한 규정 및 법률이 불명확하다. 당장 곤충을 사육하고자 하는 생산자로서는 특정한 지침이 있어야 원활한 곤충 생산이 가능할 것이다. 농촌진흥청은 식용곤충 사료의 종류, 사육 환경 등 사전 관리에 필수적인 내용을 규정해 고시해야 한다. 수입 곤충에 대해서는 유전정보 확보 및 생체 판별 마커를 개발할 방침이다. '곤충식품 소재개발사업단'을 운영하여 곤충 생산, 가공, 판매 체계를 확립할 계획이다. 또한 독소 물질이 포함되거나 알레르기 반응성이 있는 곤충 종에 대한 엄격한 관리가 필요할 것이다.

현재 국내 곤충 산업 시장에서 식용곤충 시장은 6%에 불과하다. 하지만 한국농촌경제연구원은 국내 7개 곤충이 식품으로 등록되고 점차 대중들에게 인식이 좋아지면 1,014억 원대의 시장을 형성할 것으로 예상한다. 또한 사료 시장은 동물성 사료를 대체할 이점이 많아 183억 원대로 예상한다.

결론

식용곤충은 환경, 영양, 경제적인 측면으로 일반 가축보다 우월하며 현재 많은 조리 및 가공 방법이 진행되고 있다.

"여기서 이런 쓰레기나 만들겠다고요?"

〈설국열차〉에서 단백질 블록을 만드는 노동자를 보며 주인공이 한 말이다. 단백질 블록 자체가 17년 동안 먹기에 매우 적합하지 않은 음식인 것은 맞다. 하지만 현재 대중들이 생각하는 식용곤충에 대한 인식도 '쓰레기'라는 단어와 맞물려 해석되는 점이 우려된다. 정부, 기업, 각종 단체의 캠페인과 행사를 통해 대중들의 인식을 바꾸는 것이 가장 중요하다고 생각한다.

작·품·소·개

설국열차(Snowpiercer, 2013)

감독	봉준호
출연	크리스 에반스, 송강호, 에드 해리스 등
러닝타임	126분
내용	기상 이변으로 모든 것이 꽁꽁 얼어붙은 지구, 살아남은 사람들을 태우고 끝없이 달리는 기차 한 대에서 일어난 폭동.

인공지능의 미래,
〈패신저스〉에서 답을 찾다

기계공학과 13 김지완

망망대해 우주를 항해하는 초호화 우주선에서 한 남자가 깨어난다. 그는 지극히 정상적인 지구 출신의 '보통 사람'이다. 홀로 깨어난 그 '보통 사람'은 외로움을 이겨내지 못한다. 끝내 동면 중이던 여성 승객을 사고로 위장해 깨운다. 남자가 자신에게 무슨 일을 저질렀는지 영문도 모른 채 여자는 그와 사랑에 빠진다. 〈패신저스〉는 사이코패스 기질이 다분해 보이는 이 남자, '짐 프레스턴'의 우주 표류기를 담은 SF영화이다. 영화는 아름다운 영상미와 황홀한 음악으로 이야기를 풀어내며 무엇이 옳은지 그른지 관객들 머릿속을 마구 흔들어 댄다. 가치판단의 혼란 속에서 영화를 몇 번 곱씹었다. 어떤 이는 영화를 그저 부실한 스토리가 낳은 졸작일 뿐이라 혹평한다. 그러나 필자로 하여금 영화를 곱씹게 만든 요소는 분명히 존재했다.

니체는 근대 합리주의가 등장해 기독교적 관념과 도덕이 붕괴하자 이를 두고 '신은 죽었다'고 했다. 〈패신저스〉는 우주라는 초월적 공간 속에서 인간의 보편적 관념과 도덕이 붕괴하는 과정을 그려 냈다. 그렇다면 이 영화는 짐 프레스턴이 스스로 인간임을 포기할 수밖에 없게 만드는 미래의 디스토피아를 암시한다고 봐야 할까? 인간으로서 지켜야 할 존엄과 가치를 외면해 버린 짐 프레스턴을 두고 '인간은 죽었다'라고 말할 수 있을 테다. 그런데 이 영화를 또 하나의 등장인물인 인공지능에 주목해 다른 시각에서 바라보면 어떨까. 〈패신저스〉는 인류가 앞으로 직면하게 될 사회적 한계를 보여주었다. 그리고 동시에 그 한계의 대안을 인공지능이라는 매개체를 통해 어렴풋이 그리고 있었다.

짐 프레스턴-사회적 존재의 인간

〈패신저스〉는 영화 초반부터 우주 공간에 혼자 남겨진 한 남자의 심리를 묘사한다. 영화는 짐 프레스턴이 동면에서 깨어나는 장면으로 시작된다. 짐 프레스턴은 식민 행성 '홈스테드2'로 향하는 초호화 우주선 '아발론'의 승객이다. 홈스테드2는 120년 동안 우주를 여행해야 도착할 수 있는 곳이다. 그렇기에 승객들은 120년간 동면 상태로 우주를 항해해야만 했다. 하지만 짐 프레스턴은 동면 장치의 오류로 당초 계획보다 90년 일찍 깨어나는 절망적인 상황에 맞닥뜨린다. 지구와 통신은 두절되고, 승무원이 잠들어 있는 객실이 통제된 상황에서 그는 90년 동안 홀로 우주선 생활을 해야 함을 깨닫는다. 긍정적 성격의 소유자였던 그는 누구

주인공 짐은 우주선의 모든 탑승객이 동면하고 있는데 혼자 깨어난다.
© 2016 Columbia Pictures Industries, Inc.

보다 방탕하게 초호화 우주선에서의 생활을 즐겨 나간다. 그러나 이런 생활은 얼마가지 못해 그를 피폐하게 만든다. 남은 인생을 외롭게 살다 죽어야 한다는 현실이 점점 옥죄여 왔다. 결국 극심한 우울증에 빠진 짐 프레스턴은 자살을 결심한다.

짐 프레스턴이 이러한 결심을 하는 이유는 그가 인간이라는 데서 찾을 수 있다. 인간이기 때문에 혼자 살아가는 삶에 의미가 없음을 깨달은 것이다. 그렇다면 '인간'이 대체 무엇이기에 짐 프레스턴은 자신의 존재 이유를 잃어버린 것일까? 아리스토텔레스는 『정치학』에서 사회적 존재 (폴리스적 동물, 정치적 동물로 번역되기도 한다)로서 인간을 언급했다. 인간은 본디 공동체를 구성해야 그 존재가 성립한다. 공동체를 구성한다는 것은 결국 사회적 관계를 맺음을 의미한다. 짐 프레스턴에게 사회적 관계를 맺을 대상은 우주선 어디에도 없었다. 지구와 통신 또한 두절되어 완벽하게 우주 미아가 된 그가 사회적 관계를 형성할 방법은 전무했다. 그렇게 그는 자신의 존재를 점점 부정하게 된다. 짐 프레스턴이 본의 아니게 아리스토텔레스의 명제가 참임을 증명한 셈이다. 하지만 누구나 짐 프레스턴과 같은 상황에 놓인다면 결과는 똑같을 것이다. 이것이 바로 〈패신저스〉가 그린 사회적 존재로서 인간의 모습이다.

한편 자살을 택했던 짐 프레스턴에게 새로운 이야기가 전개된다. 그가 선택한 자살 방법은 진공 버튼을 눌러 단번에 목숨을 끊는 것이다. 그러나 죽음이라는 두려움의 압박 속에서 끝내 버튼을 누르지 못한다. 공포로부터 도망치던 그때 한 여성이 눈에 들어온다. 동면기에 잠들어 있던 그녀는 '오로라 레인'이다. 오로라 레인은 장래가 유망한 미모의 작가다. 새로운 식민 행성에서 색다른 글을 쓰기 위해 아발론호에 몸을 실었다. 그녀에게 첫눈에 반해 버린 짐 프레스턴은 활력을 찾기 시작한다. 그녀가 쓴 글을 읽으며 하루를 시작하고 그녀의 인터뷰를 보며 잠자리에 든다. 짐 프레스턴은 그렇게 사랑에 빠진다. 하지만 그녀를 바라보는 짐 프레스턴의 감정은 점점 왜곡되어 갔다. 1년이라는 시간을 혼자 지내 온 그에게 인간으로서 이성적 판단을 기대하는 것은 무의미했다. 그는 오로라 레인의 동면 장치에 손을 댔고 그녀를 깨우는 데 성공한다.

짐 프레스턴이 오로라 레인에게 보인 행동은 하나같이 비정상적이다. 특히 오로라 레인이 잠든 동면기 옆에서 아침 식사를 하는 그의 모습은 마치 납치범을 연상시킨다. 물론 혼자 있는 우주선에서 못할 것이 없지 않느냐고 그를 변호할 수는 있다. 오로라 레인의 입장에서 생각해 보면 매우 소름 끼칠 일임이 분명하다. 그의 인간적이지 못한 행동은 오로라 레인을 깨우는 데서 정점을 찍는다. 그렇게 오로라 레인이 꿈꾼 제2의 인생은 짐 프레스턴에 의해 산산이 조각나 버린다. 짐 프레스턴의 이기적인 욕망이 오로라 레인의 남은 삶을 빼앗았다고 봐도 무방하다. 우리는 짐 프레스턴의 반인륜적 행위를 어떻게 이해해야 할까? 필자는 〈패신저스〉가 풀어낸 인간이 가진 사회적 한계로 보았다. 짐 프레스턴은 보통 사람들과 다를 바 없는 보편적인 인간이다. 그러나 동시에 사회적 존재로서 인간의 무기력함을 이미 한 번 경험한 그였다. 그런 그에게 인간의 존엄성이나 도덕이라는 무거운 잣대를 들이밀기에는 과하다고 봐야 할 것이다. 인류가 지구에서 오랫동안 쌓아 올린 가치들이 우주라는 공간에서 무용지물이 돼 버리는 순간이다. 〈패신저스〉는 짐 프레스턴을 통해 인간이 마주하게 될 새로운 한계를 경고하고 있었다.

아서 – 기계적 존재의 인공지능

〈패신저스〉에 등장하는 존재는 인간만이 아니다. 최첨단 기술이 접목된 초호화 우주선에 걸맞게 아발론호에는 다양한 인공지능이 존재한다. 매우 높은 기술력을 바탕으로 여러 가지 형태로써 각자의 업무를 수행하고 있었다. 홀로그램 형태의 승무원, 깡통 로봇의 레스토랑 서빙 직원, 로봇 청소기 등 다양한 인공지능이 우주선의 유일한 '깨어 있는' 인간 짐 프레스턴 앞에 등장한다. 이처럼 〈패신저스〉 속 세상은 이미 인공지능이 매우 익숙한 세상이다. 지금 우리가 사는 이 세상도 인공지능이 매우 뜨거운 이슈 중 하나이다. 지난 2016년 대한민국은 바둑 두는 인공지능 '알파고'로 한창 떠들썩했다. 이제 인공지능 기술은 많은 사람들의 관심을 받는 과학기술이다. 자동차 자율주행을 비롯해 많은 인공지능 기술들이 앞으로 우리의 삶에 녹아들 준비를 하고 있다. 〈패신저스〉는 그런 미래의 모습을 함께 담아내면서 SF영화의 분위기를 물씬 풍겼다.

〈패신저스〉에서 가장 주목해야 할 인공지능은 짐 프레스턴의 말동무가 되어 주는 안드로이드 바텐더 '아서'이다. 아서는 아발론호에 있는 인공지능 중에서도 인간과 가장 비슷하게 생겼다. 바텐더라는 업무의 특성상 아서의 얼굴은 최대한 인간처럼 만들어졌다. 대신 테이블에 가려 보이지 않는 허리 아랫부분은 기계 장치가 적나라하게 드러나 있다. 그의 '지능' 또한 인간의 수준에 거의 도달하여 짐 프레스턴과 일상적 대화를 나누는 것이 가능할 정도이다. 인간처럼 말하는 아서는 자연스럽게 짐 프레스턴의 말 상대가 되었다. 우주선에서 혼자 살아야 함을 깨닫고 절망에 빠진 짐 프레스턴은 아서의 말을 듣고 절망감을 극복한다. 아서는 프로그래밍에 의해 정해진 대로 안드로이드 바텐더로서 조언을 건넬 뿐이지만 짐 프레스턴은 그에 의지한다. 비록 아서는 몸 전체가 기계로 만들어졌을지라도 인간 짐 프레스턴과 교감을 나눌 수 있다. 이것이 〈패신저스〉가 강조하고자 했던 기계적 존재로서 인공지능의 모습이다.

하지만 아서가 최첨단 인공지능 기술로 만들어진 안드로이드임에도 불구하고 짐 프레스턴과 관계에서 치명적인 문제점을 보인다. 그 문제점은 아서가 인공지능이기 때문에, 즉 기계이기에 갖는 태생적 한계에 기인한다. 〈패신저스〉는 아서가 완벽하게 인간을 흉내 내지 못하도록 묘사했다. 영화에 등장하는 다른 인공지능들도 마찬가지다. 프로그램

인간을 흉내 내지만 결코 인간은 될 수 없는 바텐더 아서. © 2016 Columbia Pictures Industries, Inc.

에 미리 저장된 매뉴얼과 거리가 멀거나 인간의 감정과 관련된 대화에서는 어김없이 인공지능으로서 한계를 보인다. 아서의 한계는 짐 프레스턴이 그에게 오로라 레인을 깨울지 물어보는 장면에서 여실히 드러난다. 짐 프레스턴은 늘 그랬듯 명쾌한 조언을 기대했을 것이다. 그러나 아서는 "그건 로봇한테 할 질문이 아니네요(This is not robot question)"라고 답한다. 프로그램에 내장되지 않은 질문이기 때문이다. 동문서답이 이어진 후 아서는 자기가 곁에 있으니 고민하지 말라고 조언한다. 이에 실망한 짐 프레스턴은 "너는 기계일 뿐이야"라고 못 박아 버린다. 아서를 아무것도 느끼지 못하는 기계라고 단정 지은 것이다. 결국 아서가 인간이 아니기 때문에 짐 프레스턴은 계속해서 다른 '인간'의 존재를 요구할 수밖에 없었다.

〈패신저스〉에서 아서는 기계적 존재로서 한계를 가지고 있다. 아서가

〈패신저스〉에서 보인 한계는 두 가지다. 첫 번째 한계는 오로라 레인을 깨우는 행위에 대해 어떠한 가치판단도 하지 못한다는 것이다. 설령 옳고 그름의 가치를 판단한다 하더라도 짐 프레스턴을 설득할 만한 조언을 제시하지 못했다. 아서의 회로 속에는 이와 관련된 매뉴얼이 존재하지 않기 때문이다. 두 번째는 짐 프레스턴이 아서와 사회적 관계를 맺는 것이 불가능하다는 점이다. 영화에서 짐 프레스턴은 결국 아서로부터 기계 그 이상의 의미를 찾지 못했다. 다른 말로 하면 아서를 사회적 관계를 맺을 대상, 즉 인간에 준하는 존재로 보지 못한 것이다. 인공지능은 기계라는 본체에 담기기 때문에 기계적 존재의 틀을 벗어나기 힘들다. 이처럼 〈패신저스〉는 인공지능이 갖는 한계를 보다 명확하게 드러내고 있다.

〈패신저스〉가 그린 인간과 인공지능의 미래

〈패신저스〉가 짐 프레스턴을 통해 보여준 인간의 사회적 한계와 아서로부터 나타난 인공지능의 기술적 한계는 상호보완 관계에 있다. 짐 프레스턴은 사회적 관계를 맺을 대상이 필요했지만 아서가 그 대상이 되어 주지 못한 것이 모든 문제의 발단이라고 볼 수 있다. 아서의 인공지능이 조금 더 발전하여 사회적 존재로서 역할을 해 주었다면 짐 프레스턴이 오로라 레인을 깨우는 선택을 하지 않았을 가능성이 높다. 영화를 벗어나서 먼 미래에 실제로 비슷한 상황이 벌어진다면 이러한 선택이 이루어지지 않도록 방지해야만 할 것이다. 그렇기 때문에 인공지능 기술의 미래는 매우 중요하다. 〈패신저스〉에서 찾아낸 미래 인공지능 기술의 방향은 두 가지가 있다. 먼저 인공지능은 인간의 보편적 도덕을 인지하고 판단할 수 있는 능력을 갖춰야 한다. 더 나아가 인간의 존엄성을 이해할 수 있어야 할 것이다. 두 번째로 미래의 인공지능은 인간의 감정을 이해하는 능력을 갖춰야 할 것이다. 사회적 관계를 맺기 위해서는 감정 공유가 필수적이기 때문이다.

실제로 이 두 가지 관점은 〈패신저스〉에서만이 아니라 이미 연구 대상으로 지목되고 있으며 많은 사람들이 논쟁 중이다. 다양한 찬반 의견이 제시되고 있으며 문제점과 해결 방법 등이 활발하게 논의되고 있다. 먼저 기술적인 문제이다. 위에서 언급한 두 방향의 인공지능 기술 구현이 실제로 가능할까? 다행히 인간의 보편적 가치와 감정을 학습시킨 인공지능은 전망이 밝은 편이다. 최근 딥 러닝(Deep Learning)으로 대표되는 머신 러닝(Machine Learning) 기술의 뚜렷한 발전으로 사람의 감정을 이해하는 기술이 가까운 미래에 실현될 것으로 기대된다. 두 번째는 인간과 인공지능의 구분에 대한 문제점이다. 대부분의 사람들은 인간과 인공지능을 구분 지을 수 있는 가장 큰 차이점으로 감정 표현을 할 수 있는지를 든다. 만약 인공지능이 사람의 감정 표현을 똑같이 구현해 낸다면 인간과 다를 바가 없어지기에 어떤 이들은 인공지능 기술 자체를 반대하곤 한다. 따라서 이 경우 기술 개발에 앞서 사회적 합의가 먼저 전제되어야 할 필요가 있다. 이러한 문제점들이 해결되어 많은 논쟁이 해소된다면 인공지능 기술은 앞서 살펴본 방향으로 발전하는 것이 바람직할 것이다.

과학으로 〈패신저스〉를 다르게 보다

지금까지 살펴본 바와 같이 미래에 드넓은 우주로 진출하면서 인간은 새로운 한계에 직면하게 될 가능성이 높다. 특히 우주 공간에 표류 또는 체류하는 특별한 상황에서 인간은 사회적 한계에 매우 취약할 것이다. 〈패신저스〉는 짐 프레스틴이라는 인물을 통해 이 점을 분명하게 지적한 영화다. 그러면서 이 한계를 극복할 수 있는 대안으로써 인공지능 기술의 발전 방향을 제시했다. 많은 영화 평론가들과 관객들은 짐 프레스턴이 행한 나쁜 선택에만 초점을 맞췄다. 하지만 짐 프레스턴이 나쁜 선택을 할 수밖에 없었던 원인을 들여다보는 것이 중요하다. 더 나아가 영화에 등장하는 인공지능으로부터 그 한계를 극복할 수 있는 새로운 대안까지 확장하여 해석해 본다면 마냥 부실한 스토리를 가진 졸작이라 평할 수 없을 것이다. 〈패신저스〉는 미래 우주 진출 시대에 인간이 직면하게 될 한계를 보여줌으로써, 인공지능 기술의 미래에 새로운 이정표를 제시한 SF영화라 평가할 수 있을 것이다.

작·품·소·개

패신저스(Passegers, 2016)

감독	모튼 틸덤
출연	제니퍼 로렌스, 크리스 프랫, 마이클 쉰 등
러닝타임	116분
내용	우주여행 도중 알 수 없는 이유로 90년 일찍 동면에서 깨어난 '짐 프레스턴'과, 그가 억지로 깨운 '오로라 레인'은 우주선에 치명적인 결함이 있음을 깨닫고 갈등 속에서 문제를 해결해 나간다.

친숙한 채피,
그는 무엇을 암시하는가?

신소재공학과 14 김민준

사물인터넷을 기반으로 한 정보기술통신의 발전으로 4차 산업혁명이 예고되는 가운데 이 중심에는 인공지능(AI)의 발전이 있다. 미국 SF영화 〈채피〉는 로봇과 인공지능의 발전으로 인간 사회가 받을 영향을 그렸다. 남아공을 배경으로 한 〈채피〉에서는 경찰 로봇들이 기용되어 명령받은 대로 인간 대원들과 함께 범죄자들을 소탕한다. 로봇의 개발자 디온은 학구적 열망으로 의식을 가진 인공지능을 개발하고 망가진 스카우트 22호를 훔쳐 지능 설치를 계획한다. 그러나 그는 로봇을 훔쳐 달아나는 중 강도에게 납치당하고 로봇을 강도들에게 넘겨준다는 조건으로 로봇을 '살린다'. 이렇게 인간처럼 생각하는 로봇 채피가 탄생하고 채피는 대부분의 시간을 강도들과 보내며 범죄에 가담하도록 꼬드김을 받는다. 인공지능이 이토록 발전된 배경에서 영화 〈채피〉는 사람들의 일자리 감소, 인공지능 관리의 한계, 그리고 로봇 윤리에 대한 문제를 간접적으로 비춘다.

기계의 일자리 대체는 진행되고 있다

인공지능의 성장으로 사람들이 가장 우려하는 점은 기계들이 사람들의 일자리를 수없이 빼앗을 수도 있다는 점이다. 한국로봇산업진흥원은 로봇 발전이 노동을 보완하고 관련 일자리 창출을 한다고 발표했다. 반면 옥스퍼드의 인공지능 보고서를 분석한 블룸버그는 직종에 따라 차이가 있더라도 10년 이내에 미국의 일자리 절반이 로봇이나 인공지능에 대체될 수 있다고 보고했다. 현재 사회에서 지하철 승차권 판매원과 같이 비교적 단순한 업무를 하는 일자리가 기계로 대체되었으며, 기계와 인공지능의 수준이 높아지면서 어떤 직업들이 없어질지 예상해 본다. 기계가 인간의 일을 대체하면서 인간이 얻을 수 있는 이익은 무엇이며, 이 현상을 어디까지 허용해야 할까?

〈채피〉에 나오는 경찰 로봇은 사람처럼 감정을 가지고 생각을 하지는 않지만 전투에서 사람을 대체하고 작전을 능숙하게 수행할 정도로 똑똑하다. 자아가 없고 시키는 대로만 하기에 전투에서 인명 피해를 줄이는 데 유용하다. 특히 영화 속 요하네스버그처럼 치안이 불안하고 총격전이 자주 일어나는 지역에서는 더욱 쓸모가 있다. 이를 강조하기 위해 영화 도입부에서는 경찰 로봇의 사용으로 요하네스버그의 범죄율과 경찰의 인명 피해가 줄어드는 것을 보여준다. 이 같은 경우 로봇과의 협력 없이는 경찰 사망률이 높고 로봇이 전투용으로만 쓰이기 때문에 일자리

경찰 로봇이 인간을 대체해 작전을 수행하고 전투를 치르면 인명 피해를 줄일 수 있다.
© 2014 CTMG, Inc.

에 대한 우려보다는 인명 피해 감소를 더 중요시하게 된다.

그 외에 우리 사회에서는 택배원이나 의사 등 다양한 직업이 로봇으로 대체될 수도 있다고 예상을 하는데, 인간이 얻을 수 있는 이익을 여러 방면에서 고려한 후 허용하거나 제한해야 한다. 예를 들어 로봇이 의사 대신 환자를 더 정확하게 진단하고 로봇을 관리하는 직업이 늘어난다면 대중은 이 현상을 환영할 수도 있다. 의사의 직업 감소 우려보다는 〈채피〉의 경찰 로봇 훈련사의 탄생과 같은 직종 변화가 일어나는 낙관적 해석이다. 그러나 장기적인 관점에서 일자리를 잃는 사람의 수가 기계와 인공지능을 관리하는 인원보다 훨씬 많다면 기술의 발전을 걱정할 수 있다. 여러 직종이 대체가 가능하더라도 그로 인해 사람의 목숨을 살리는 것과 같은 뚜렷한 사회 기여가 없다면 대체가 필연적인지 고려해야 한다. 로봇과의 협업으로 인간의 전체적인 삶의 질을 높이는 것도 중요하나, 그 대가로 많은 이들이 전문성을 살릴 기회를 잃고 생계유지까지 어려워진다면 로봇 개발의 가치를 반문하게 된다.

로봇 관리, 취약점은 없는가?

인공지능에 대한 또 하나의 우려는 로봇 시스템의 악용이다. 〈채피〉에서는 남아공에 로봇 경찰이 보편화될 때 로봇 해킹에 대한 대중의 걱정이 언급된다. 이들이 오작동하거나 선량한 시민을 해치지 않는다고 보장할 수 있는가? 이에 대해 로봇 회사 테트라발(Tetravaal)은 자신들의 철저한 보안 시스템 덕분에 해킹은 우려할 필요가 없다고 장담한다. 하나뿐인 가드키(Guard Key)가 있을 경우에만 로봇 조작이 가능하며, 내부인이 보안 시스템을 통과해야만 사용이 가능하다. 그러나 회사에서 자신의 거대 로봇 무스(MOOSE)가 상용화되지 않는 것에 대해 불만인 빈센트는 가드키로 몰래 로봇들의 작동을 멈춘다. 이에 따라 순식간에 경찰 인력 부족이 생겨 범죄자들이 즉시 폭동을 일으킨다. 또한 빈센트는 원거리에서 생각으로 무스를 조종해 채피와 그 주변 인물들을 무차별적으로 해친다. 이와 같이 〈채피〉는 보안 제도가 있음에도 로봇이 악의적인 목적으로 남용될 위험성을 암시한다. 인간의 공통적인 이익을 위해 기술을 개발한다면 이런 취약점은 이를 발전하는 또 다른 제지 요소가 된다.

로봇이 자아를 가지고 스스로 생각할 수 있다면 인간이 입을 수 있는 잠재적 피해를 더 염두에 둬야 한다. 영화 속 채피는 선천적으로는 착해 디온과 범죄를 저지르지 않을 것을 약속하고 그 약속을 꾸준히 되새긴다. 그러나 원래 범죄 소탕 목적으로 개발된 채피는 운동신경이 뛰어나고 총알을 튕겨내기 때문에 강도들은 자신들에게 위협적일 수 있는 그를 악용하려 한다. 채피는 배터리가 얼마 남지 않아 죽음을 두려워하게 되는데, 돈을 모아 새로운 몸을 구할 수 있고 흉기는 사람을 해치지 않고 잠들게만 한다는 강도들의 거짓말에 속는다. 결국 채피는 그들의 꾀에 넘어가 범죄에 가담하고 이 행동이 뉴스에 나오면서 시민들은 우려가 현실이 되었다며 경찰 로봇에 대한 반감을 가진다.

더 나아가 이들이 단합하여 인간을 해칠 수 있다면 인간에게 더 큰 잠재적 위험 요소가 된다. 관련된 예로는 영화 〈아이, 로봇〉(2004)에서 인간을 위해 일하는 로봇들이 단체로 반란을 일으킨다. 로봇들은 일명 '로봇 공학의 3원칙'에 의하여 인간에게 복종하고 인간을 해치지 않도록 프로그램되어 있다. 하지만 결국 더 지적으로 발전한 이들은 이를 어겨 사회를 정복하기 위해 사회 기반 시설을 무너뜨리고 사람들을 해친다. 이를 통해 〈아이, 로봇〉은 로봇의 발전과 인간의 통제력의 한계에 대한 경계심을 유발한다. 영화 〈채피〉의 배경에서 비슷한 시나리오를 생각한다면 채피가 다른 경찰 로봇을 조종해 반란을 일으키는 것과 유사하다.

자아를 가진 로봇에 대한 상상

감정을 가진 로봇은 어떤 시선으로 바라봐야 할까? 많은 사람들이 로봇을 단순히 알고리즘에 의해 행동하는 물건으로 생각할 수 있지만 영

로봇이 자아를 가진다면? 채피는 어린아이처럼 순수한 자아를 가졌다. © 2014 CTMG, Inc.

화에서는 채피를 몸만 로봇인 인간처럼 보여준다. 그에 따라 채피는 주변 사람들에게 말을 배우고 인간처럼 기쁨, 슬픔, 분노 등의 감정을 느끼고 행동한다. 자신이 처음 탄생했을 때 돌봐 준 요란디에게 모성애를 느끼고 엄마라고 부르며, 자신의 창조자인 디온을 해친 빈센트에게 분노해 폭력으로 갚아 준다. 더불어 폭력배들의 소굴에 버려지고 폭력을 당했을 때 두려움을 느끼고 주인들의 행동에 대해 서운함을 느낀다. 이 과정을 통해 관객들이 로봇을 하나의 생명체처럼 보고 동정하도록 유도한다. 다소 억지스러울 수 있지만 이런 로봇이 보편화되고 인간들과 공존한다면 이들을 인간과 동등하게 볼 시대가 올까? 이들과 함께 평화롭게 지내기 위해서 서로를 위한 권리 보장법까지 만들고 이들 때문에 인간의 권리가 조금씩 밀려나는 상상까지 해 보게 된다.

〈채피〉에서는 로봇의 인간화에서 더 나아가 하나의 의식을 로봇에 옮길 수 있을 정도로 기술이 발전한다. 덕분에 배터리가 얼마 남지 않아 수명이 다해 가는 채피는 몸을 바꿔 계속 살게 되고, 총에 맞아 죽어 가는 디온은 로봇으로 의식이 옮겨져 새로운 몸을 얻어 극적으로 살아난다. 또한 이미 죽은 요란디는 땅에 묻히지만 생전에 의식을 미리 저장해 로봇으로 환생하며 영화가 마무리된다. 내용은 연민의 대상인 주인공들이 계속 살아가는 해피엔딩일 수 있으나 설정이 과하기도 하며 그런 것이 현실화되면 인간의 존엄성 훼손에 대한 논란을 예상해 볼 수 있다.

요란디는 채피에게 자아가 있으며 영혼이 몸과 별개로 존재한다고 설명해 주고, 채피는 나중에 디온에게 인간의 몸을 'temporary body' 즉, '임시의 몸'이라고 표현하여 의식과 몸이 분리될 수 있음을 얘기한다. 종교적인 측면에서 영혼과 몸은 따로 존재한다고 믿는 사람들이 있고, 영화에서는 겉모습보다는 착한 자아가 중요하다는 교훈을 시사해 훈훈한 모습을 보여준다. 하지만 아무렇지 않게 인간의 의식을 저장하고 옮기는 것은 인간 의식의 엄숙함을 무시하고 쉽게 생각하게 만든다.

이토록 발전된 인공지능 로봇은 꼭 필요할까? 영화에서 디온은 자신의 자아 성취와 호기심으로 인공지능을 개발하지만 그 외에 인류를 위한 뚜렷한 목표나 잠재적 문제점들을 고려하는 모습은 보여주지 않는다. 그의 상사 브래들리는 인공지능이 흥미롭지만 회사의 목적인 무기 개발에 불필요하다고 판단해 사내 실험을 금지한다. 이러한 로봇의 긍정적인 목적을 생각해 본다면 외로운 사람의 벗, 지능이나 능률에 대한 실험 대상, 그리고 개인 비서 등이 있다. 하지만 사람들이 사람의 몸을 가지지 않는 것에 대한 거부감을 느끼면 벗이 되는 것이 제한적일 수 있으며, 인간과 동등하지 않더라도 인공지능을 하나의 생명체처럼 여긴다면 실험하는 데에 윤리적인 문제가 생길 수도 있다. 또한 비서와 같이 개인 업무를 돕는 로봇은 반드시 자아를 가질 필요는 없다.

앞으로 로봇과 인공지능 발전의 방향은?

인공지능의 관한 영화가 끊임없이 나오는 지금, 〈채피〉는 인간적인 로봇의 모험을 통해 로봇-인공지능 개발의 유용함과 위험성 등의 잠재적 문제를 소개한다. 채피라는 캐릭터를 통해 인간 자체는 선하지만 주위의 영향으로 성격이 바뀔 수 있다는 것을 보여준다. 전투 로봇이라는 특성상 인간에게 위협이 될 수 있으며, 마찬가지로 인간의 무분별한 기술 개발이 일자리 감소 등 인간 자신에게 피해를 줄 수 있다. 그럴수록 로봇과 인공지능의 발전이 계속된다면 감정이 없고 인간의 통제가 가능한 범위까지의 발전이 이롭지 않을까? 로봇 윤리 논란과 로봇이 단합하여 인간을 위협하는 경우를 배제할 수 있으며 영화 속 경찰 로봇은 무기 개발과 같이 목적에 맞게만 쓰이면 인간의 안전을 지켜줄 수 있다. 다양한 로봇의 지능 발전은 많은 기술 개발과 마찬가지로 악용의 우려가 있으며, 이를 방지하기 위한 제도적 준비가 함께해야 한다. 그렇기 때문에 미래의 잠재적 문제들과 이를 제지할 방안들을 염두에 두며 기술 개발을 이어가야 한다.

채피(Chappie, 2015)

감독	닐 블롬캠프
출연	휴 잭맨, 샬토 코플리, 데브 파텔 등
러닝타임	120분
내용	생존을 꿈꾸는 인공지능 로봇 '채피'와 로봇을 통제하려는 '인간'의 대결.

인류의 기원과 진화에 대한 발칙한 상상, 〈2001 스페이스 오디세이〉

신소재공학과 14 장규선

1969년, 아폴로 11호가 인류 최초로 달에 착륙했다. 이 역사적 사건을 통해 사람들은 비로소 우주 공간과 달의 뒷면 모습을 볼 수 있었다. 그러나 이보다 전에 광활한 우주 공간을 완벽하게 재현한 영화가 있었다. 개봉한 지 50년이 지난 지금까지도 최고의 SF영화로 불리는 스탠리 큐브릭 감독의 〈2001 스페이스 오디세이〉가 바로 그것이다. 아서 C. 클라크의 동명 소설로부터 탄생한 이 영화는 1960년대 영화라고는 믿기지 않는 영상미로 여전히 놀라움을 금치 못하게 한다. 그뿐 아니라 작중 등장하는 우주선, 화상 전화, 우주 식량의 모습 등 미래에 대한 예측과 과학적 고증 또한 굉장히 정확하다.

이렇게 대단한 작품임에도 불구하고 내 주변에 이 영화를 본 사람이 없었다. 보려고 시도했다가도 도중에 지루함을 이기지 못해 꺼 버렸다는 사람이 많았다. 그것은 이 영화가 우리가 보통 SF영화라고 할 때 떠올리는 〈스타워즈〉〈스타 트렉〉과 같은 스페이스 오페라 장르와 너무도 다르기 때문이다. 〈2001 스페이스 오디세이〉의 스토리 진행은 무척 느리고 대사는 매우 적다. 그리고 이 영화는 대사보다는 이미지를 중심으로 의미를 전달하는데 그로 인해 이야기를 이해하기가 쉽지 않다. 쉽게 말해 지루하고 어렵다. 나도 처음 이 영화를 볼 때 지루함을 많이 느꼈지만 이전까지 한 번도 본 적 없었던 독특함을 느꼈다. 그러나 영화를 한 번 더 보고, 자료를 찾아가며 이미지 속에 숨겨진 의미에 대해 알면 알수록 주변 사람들에게 한 번쯤 꼭 보라고 추천하고 싶은 마음이 들었다. 더 많은 사람들이 이 영화를 보길 바라는 마음에서, 이 글에서 나는 영화의 줄거리와 숨겨진 의미, 그리고 영화를 더 재미있게 볼 수 있는 몇 가지 감상 포인트를 소개하려고 한다.

영화 속 이야기

영화는 최초의 인류가 등장한 시점에서 시작한다. 최초의 인류는 아직 원숭이와 비슷한 모습을 가지고 있다. 이들은 어느 날 갑자기 나타난 검은 비석(모노리스)과 만난 후, 동물의 뼈를 도구로 사용하기 시작한다. 최초의 인류는 최초의 도구인 이 뼈를 무기로 다른 부족의 인류를 때려죽인다. 다른 인류를 때려죽인 후 하늘로 던져진 뼈다귀는 갑작스레 광막한 우주 공간의 궤도 핵 폭격 플랫폼으로 전환된다. 최초의 폭력 도구였던 뼈다귀가 미래의 또 다른 폭력 도구인 핵 폭격 플랫폼으로 전환되는

최초의 인류가 만난 검은 비석(모노리스). © Courtesy Everett Collection / Everett Collection

이 장면을 통해 큐브릭 감독은 수만 년 동안 일어난 인류의 진화 과정과 인류에게 내재된 폭력성을 강렬하게 함축했다.

시대는 1999년으로 전환된다. 우주 비행학 이사회의 헤이우드 플로이드 박사는 달 표면 아래에서 발견된 특이한 자기장을 내뿜는 물체를 조사하기 위해 달로 떠난다. 400만 년 전 누군가 의도적으로 달 표면에 묻은 것으로 보이는 그 물체는 바로 모노리스였다. 최초의 인류가 지구에서 만났던 바로 그 검은 비석과 크기만 다를 뿐 같은 종류의 석판이었다. 그 석판은 햇빛을 받자 정체 모를 날카로운 소리와 함께 매우 강력한 전파 신호를 목성으로 보낸다.

장면은 다시 전환되고 영화의 배경은 목성 탐사를 떠나는 우주선 디스커버리호로 바뀐다. 디스커버리호에는 선장 데이비드 보먼과 프랭크 풀, 동면 상태의 과학자 3명과 인공지능 컴퓨터 'HAL 9000'이 타고 있으며 그들은 18개월째 비행 중이다. 목성에 거의 도착했을 무렵, HAL은 갑자기 우주선 외부의 AE-35 안테나 유닛이 고장 났다고 말한다. 그러나 보먼이 직접 안테나를 확인했을 때는 아무 이상이 없었고, 지구 본부에 있는 다른 HAL 9000의 분석 결과도 명백히 디스커버리호의 HAL 9000이 오작동을 일으켰음을 주장한다. 그러나 HAL은 결코 자신의 실수를 인정하지 않으며 이런 일은 항상 인간의 실수로 인해 일어난다고 도리어 인간에게 잘못을 떠넘긴다. 반복되는 HAL의 이상한 모습에 보먼과 프랭크는 HAL이 소리를 듣지 못하는 곳에서 HAL 몰래 HAL을 정지시키기로 하지만 HAL은 입모양의 움직임을 통해 이들의 계획을 알아차린다. HAL은 이를 막기 위해 프랭크가 AE-35 유닛을 고치는 사이 우주선과 연결된 그의 로프를 끊어 버리고 그를 우주 공간으로 내던져 버린다. 이를 본 보먼은 그를 구하기 위해 소형 우주선을 타고 나가지만 결국 구출에 실패한다. 우주선 입구로 돌아온 보먼은 HAL에게 우주선 문을 열 것을 요청한다.

"입구를 열어, 할."

이에 HAL은 분노도, 슬픔도, 그 어떤 감정도 느껴지지 않는 목소리로 대답한다.

"죄송하지만 그럴 수 없습니다."

마침내 본성을 드러낸 HAL은 보먼을 우주선 안으로 못 들어오게 막고, 동면 상태의 과학자 3명도 살해한다. 결국 보먼은 비상 에어락을 수동으로 열고 우주선 안으로 들어가 HAL의 회로를 분리하려 한다. 자신이 분해될 위험에 처하자 HAL은 겁에 질려 자신을 정지하지 말라고 애원한다.

"최근 제가 부적절한 결정을 했다는 걸 압니다."

"제 계산에 착오가 있던 것을 인정합니다."

"멈춰요, 보면. 저는 무서워요."

그러나 역설적으로 이런 상황에서조차 모든 감정이 배제된 채 흘러나오는 HAL의 목소리는 섬뜩하게 들린다. HAL의 작동이 중지된 순간, 숨겨져 있던 플로이드 박사의 비디오가 재생된다. 플로이드 박사의 말에 따르면, 디스커버리호의 목적은 사실 목성 탐사가 아니었다. 탐사 팀의 진짜 목적은 달에 있던 모노리스가 목성으로 보낸 전파 신호의 정체와 외계 생명체의 존재를 확인하는 것이었다. 외계 생명체의 존재를 숨기기 위해 그들은 목성 탐사라는 명목으로 18개월째 비행하고 있었던 것이다.

HAL이 없는 채로, 디스커버리호는 목성의 궤도에 도착한다. 그곳에는 또 다른 모노리스가 있었다. 데이비드 보면이 모노리스에 가까이 다가가자 그는 초현실적인 '빛의 길(스타게이트)'을 본다. 그 길을 지나온 보면은 어떤 하얀 방으로 들어간다. 그 방에서 보면은 할아버지가 된 채로 침대에 누워 있다. 그는 모노리스를 보면서 어느 방향을 손으로 가리킨다. 그곳에는 지구를 보고 있는 태아가 있었다.

〈2001 스페이스 오디세이〉 속 숨겨진 이야기

영화로 봐도 이해가 잘 안 되는데 글로 보니 더 이해가 쉽지 않을 것이다. 그러니 이제부터는 이 영화의 몇 가지 감상 포인트와 줄거리에 담긴 의미에 대해 알아보도록 하자. 첫 번째 감상 포인트는 〈2001 스페이스 오디세이〉의 마스코트라고 할 수 있는 인공지능 컴퓨터 HAL 9000과 인간의 대립이다.

영화 속에서 HAL 9000은 1992년에 가동을 시작했으며 완벽에 가까운 인공지능이라고 평가받는다. HAL은 사람과 자유롭게 대화할 수 있고, 상대의 감정을 읽고 추론할 수 있다. 목소리 또한 인조적인 목소리가 아닌 성인 남성의 목소리를 사용한다. 이런 HAL 9000에 대해 영화 초반에 보면은 "6번째 승무원인 것 같다" "인공지능 같은 느낌이 안 든다"고 평한다. 그러나 HAL의 목소리는 어떠한 감정도 없이 무미건조하기에, 한없이 인간에 가깝지만 또 인간은 절대 아니라는 강한 인상을 풍긴다. 작중 빨간 렌즈 하나로 표현되며 인간과 지속적인 대립을 일으켜 영화에 긴장감을 선사하는 HAL은 뒤이어 나온 다른 SF영화의 수많은 인공지능 캐릭터에 영향을 주었다.

이 영화의 관객들이 가장 궁금한 것 중 하나가 '왜 완벽하다는 HAL이 오작동을 일으켰는가?'일 것이다. 작중에 나름 실마리가 나오긴 하지만, 구체적으로 HAL이 어떤 과정을 거쳐 승무원들을 다 죽이기로 했는지 중간 과정이 많이 생략되어 있다. 아서 C. 클라크의 소설 『2001 스페이스 오디세이』의 후속작인 『2010 스페이스 오디세이』에서야 비로소 비밀이 풀린다. HAL이 이상행동을 보인 것은 HAL이 목성 탐사 과정에서 가지고 있던 의무와 백악관의 비밀 지령이 충돌했기 때문이었다. HAL은 목성 탐사 과정에서 자신이 알고 있는 모든 사실을 승무원에게 알리도록 프로그래밍되었다. 그러나 목성 탐사라는 명목은 미국 정부가 모

디스커버리호의 'HAL 9000'은 악독한 인공지능의 대명사가 되었다.
© Courtesy Everett Collection / Everett Collection

노리스의 존재를 숨기기 위해 내세운 가짜였고, 이에 백악관은 HAL에게 목성에 도착하기 전까지 승무원들에게 모노리스 관련 정보를 누설하지 말라고 명령한다.

　모든 것을 알려야 하는 동시에 모든 것을 알리면 안 되는 모순적인 상황에서 '완벽한' HAL은 혼란스러워한다. 마침내 HAL은 고심 끝에 결론을 내린다. 정보를 알아야만 하는 모든 사람을 죽이기로. 알릴 대상이 없으니 비밀이 누설될 일도 없다는 것이다. HAL의 선택은 인간에겐 섬뜩하지만 참으로 명쾌한 결론이다. 결국 승무원들이 자신에 대해 의심을 보낼 때 HAL이 말했던 "HAL 9000이 오류를 일으킨 적은 단 한 번도 없었습니다. 모든 실수는 인간에게서 기인한 것이었죠"는 사실이었던 셈이다.

두 번째 감상 포인트는 '모노리스'이다. 모노리스란 그리스어, 라틴어인데 '하나의, 고립된 바위'라는 단어에서 유래한 것으로 돌기둥을 의미한다. 영화에는 지구, 달, 그리고 목성에서 총 3개의 모노리스가 등장한다. 이것들의 크기는 서로 다르지만 형태는 모두 사각기둥이며 각 변의 비율 또한 1:4:9로 동일하다. 이 수치는 모노리스가 결코 자연적으로 생긴 것이 아니라 인간보다 고등한 어떤 존재에 의해 만들어졌음을 나타낸다(고등 지적 생명체들이 사용하는 일종의 컴퓨터라는 주장도 있다). 지구, 달, 목성에서 발견된 모노리스는 각각 'TMA(티코 자기 이상의 약칭) 0, TMA 1, TMA 2'로 불린다. 영화 속에서 인류는 고등 존재가 만들어 낸 모노리스와 총 세 번 만나는데 각각의 모노리스의 역할은 조금 다르다.

400만 년 전에 느닷없이 지구에 등장한 TMA 0은 최초의 인류를 진일보시켜 도구의 사용법을 터득하게 했다. 그 후 발전을 거듭해 우주로 나아간 인류는 달 탐사 도중에 월면에 묻혀 있던 TMA 1을 발견한다. 인간들에 의해 TMA 1이 표면에 드러나 태양빛을 반사한 순간 TMA 1은 목성 쪽으로 강한 전파를 보낸다. 이 전파는 인류가 목성에 도달할 정도로 진화했음을 알리는 알람이다. 더욱 진보한 인류는 전파의 정체를 파악하기 위해 목성 탐험을 시작하는데 그 과정에서 인류는 인공지능과의 대립에서 승리하고 세 번째 모노리스를 만난다. 만약 작중에서 보먼이 HAL에게 패배했다면 모노리스와 만나 진화하는 것은 HAL 9000이었을 것이다.

영화의 결말부에 등장하는 세 번째 모노리스와의 만남은 무척 초현실적으로 묘사되어 있다. 보먼은 스타게이트라고 하는 형형색색의 빛의 길을 지나 우주의 건너편에 도달한다. 그곳에서 그는 할아버지가 된 자신의 육체를 버리고 정신만 있는 태아의 모습으로 진화한다. 이것은 보먼이 새로운 차원의 인류로 한 차원 진화했다는 것을 표현한 것으로 보인다.

지구에 있던 모노리스는 최초의 인류를 단숨에 진화시켜 미싱링크(생물의 진화 과정에서 중간 진화 과정에 해당하는 화석이 발견되지 않은 것을 말한다)를 채워 준다. 달에 있던 모노리스는 인간보다 고등한 존재들이 지구에서 실험한 지적 생명체의 수준이 일정 수준에 도달했음을 알리고 인류 문명에 대한 정보를 습득했다. 마지막으로 세 번째 모노리스는 모노리스를 사용하는 자신들에게 보먼을 이끌고 한 단계 진화시키는 역할을 했다. 어릴 적 인류가 발전해 온 역사에 대해 배울 때면 어떻게 원숭이와 거의 비슷했던 인류가 컴퓨터를 만들고, 스마트폰을 만들고, 비행기를 만드는 정도까지 진화했는지 의문이 생겼다. 아마 〈2001 스페이스 오디세이〉의 원작자인 아서 C. 클라크도 나와 비슷한 생각을 했던 것 같다. 다만 그는 단순히 의문을 가지는 것에 그치지 않고 자신만의 새로운 가설, 즉 외계 생명체에 의한 진화를 내놓았다. 이 외계 생명체들은 우리 앞에 직접 모습을 드러내진 않지만 모노리스를 이용해 우리를 진화시키고 또 관찰한다.

세 번째 감상 포인트는 충실한 고증이다. 다시 말하지만 이 영화는 인간이 우주에 가기도 전에 만들어진 영화다. 스탠리 큐브릭 감독은 나사의 보고서를 뒤져 가며 우주 공간과 미래 인류의 모습을 사실적으로 묘사하기 위해 노력했다고 한다. 훌륭한 고증을 몇 가지 살펴보자. 첫째로 우주 공간에서 승무원들은 걸을 때 밑창에 '찍찍이'가 달린 신발로 한 발씩 조심조심 이동한다. 우주 공간에서의 정석적인 움직임이다. 그리고 우주정거장은 원심력을 만들기 위해 빙글빙글 돌고 있으며, 우주선이 도킹할 때 정거장의 회전속도에 맞춰 우주선도 같은 속도로 도는 모습을 묘사했다. 실제 우주정거장의 크기 및 속도도 영화 속에 등장하는 모습과 매우 유사하다.

그뿐 아니라 우주에선 소리를 전달하는 매질이 없어 아무런 소리가 들리지 않음을 매우 충실하게 표현했고, 많은 SF영화에서 인간이 우주 공간에 맨몸으로 나가면 터져 죽는 것으로 묘사했던 것과 달리 실제로는 터져 죽지 않는다는 것도 보였다. 보먼이 HAL의 눈을 피해 헬멧 없이 비상 에어락으로 들어가는 장면이 바로 그렇다. 디스커버리호의 승무원들이 먹는 음식들은 모두 딱딱하게 덩어리져 있는데 실제 우주식도 음식 부스러기나 분진이 기계에 들어가 오작동을 일으킬 수 있기에 영화 속의 음식과 같은 모습을 하고 있다.

네 번째 감상 포인트는 영화의 제작 과정이다. 영화가 만들어진 1960년대는 컴퓨터 그래픽 기술이 없던 시기였다. 그러나 완벽주의로 유명한 스탠리 큐브릭 감독은 컴퓨터 그래픽 없이 아날로그 기술만으로 완벽한 우주의 모습을 표현하고자 했다. 그 때문에 〈2001 스페이스 오디세이〉의 제작 과정도 무척이나 험난했다고 한다. 우주 공간을 사실적으로 묘사하기 위해 화면을 한 프레임마다 오랜 시간 빛에 노출시켰다고 하며, 등속도로 움직이는 우주선을 묘사하기 위해 클레이 애니메이션을 제작하듯 우주선을 눈곱만큼씩 이동해 가며 프레임 단위로 찍어 한 장면을 완성했다고 한다. 이러한 노력 끝에 만들어진 영화 속 우주는, 지금 컴퓨터 그래픽을 이용해 만든 우주의 모습과 비교해도 손색이 없는 퀄리티를 보여준다.

〈2001 스페이스 오디세이〉는 상상력이다

지금까지 보았듯이 〈2001 스페이스 오디세이〉는 단순한 오락 SF영화가 아니다. 이 영화는 아서 C. 클라크와 스탠리 큐브릭이 내놓은 인류의 기원과 진화에 대한 장대한 상상력, 그 자체라고 할 수 있다. 극의 진행이 느리고 대사가 없기에 난해하고 지루한 면도 있다. 이 영화의 이름을 들어 본 사람은 많지만 끝까지 본 사람이 적은 이유이기도 하다.

그러나 이 영화는 '아는 만큼 보인다'는 말이 가장 잘 어울리는 영화이다. 후대의 모든 영화 속 인공지능 캐릭터에 영향을 주었다고 해도 과언이 아닌 HAL 9000의 등장과 인간과의 대립, 모노리스를 통해 설명한 인류의 진화에 대한 발칙한 상상과 철저한 과학 지식에 기반을 둔 완벽한 고증. 마지막으로 당시의 기술로 최고의 장면을 만들기 위한 제작 팀의 노력까지, 알면 알수록 대단한 영화다. 스탠리 큐브릭 감독은 영화를 보고 관객들이 제각기 다른 해석을 하길 원했기에 일부러 모호한 부분을 많이 넣고 별다른 해석을 덧붙이지 않았다고 전해진다. 위에서 내가 소개한 감상 포인트와 그에 대한 해석 또한 나의 생각일 뿐, 결코 정답이라고 할 수 없다. 오늘 당장 〈2001 스페이스 오디세이〉를 보고 자신만의 해석을 제시해 보면 어떨까.

2001 스페이스 오디세이(2001: A Space Odyssey, 1968)

감독	스탠리 큐브릭
출연	케어 둘리, 윌리엄 실베스터, 게리 록우드 등
러닝타임	139분
내용	인류의 기원과 우주 탐험에 대한 선구적인 전망을 제시한 SF영화.

인공지능 시대를
살아가기 위한 지침서

기계공학과 13 최형수

서론

과거 영화에서만 볼 수 있었던 인공지능이 어느덧 우리 생활의 일부가 되어 가고 있다. 미국 라스베이거스에서 개최된 2017 CES 박람회에서 도요타는 인공지능을 품은 미래 자동차 '콘셉트-i'를 공개하였다. 인공지능 시스템을 통해 자동차와 사람 간에 혁신적인 방법으로 소통하는 것이 가장 큰 특징이라고 한다. 의료계에서는 CT나 MRI로 촬영한 영상에 대한 판독 능력을 갖춘 인공지능 의료기기가 이미 병원에서 활용되고 있으며 몇 년 내에 의사 자격증을 취득한 인공지능 의료기기도 등장할 것이란 뉴스가 나오고 있다. 게다가 이제는 단순한 인공지능의 단계를 넘어서서 스스로 데이터를 분석, 학습 및 추론 능력까지 갖춘 '구글 딥마인드'가 만든 '알파고'라는 인공지능 프로그램이 바둑 대결에서 프로 9단 이세돌을 이김으로써 인공지능의 뛰어난 능력도 확인할 수 있었다. 이처럼 인공지능은 이미 우리의 생활과 상당히 밀접한 관계를 맺으면서 공존하고 있다. 영화 〈트랜센던스〉에서는 현재의 인공지능 기술보다 더 진보된, 천재 인간의 뇌와 인공지능 컴퓨터가 합쳐진 '윌'이라는 초월적인 사이보그 형태의 인공지능의 모습을 볼 수 있다. 이런 인공지능 '윌'은 미래 인공지능의 한 유형이라고 볼 수 있다. 윌은 영화 제목처럼 초월적인 존재답게 나노입자를 이용한 신물질의 개발, 사람 장기의 인위적인 생산과 같은, 현재는 불가능한 일들을 척척 해낸다. 하지만 윌과 인류는 서로 융화되지 못하여 결국 인공지능은 자멸하고 인류는 전기도 없는 원시시대로 돌아가게 된다. 향후 우리는 인공지능이 더욱 보편화되어 우리 생활 전반에서 서로 관계를 맺으며 살아갈 것이다. 그러한 시대에 〈트랜센던스〉에서와 같은 부정적인 결말이 아닌, 인류와 인공지능이 서로 잘 융화되어 조화롭게 살기 위해서는 인공지능 기술을 어떻게 개발하고 활용해야 할까?

영화에서 윌은 인간의 생활을 보조하여 인간이 편하게 생활할 수 있게 도와주는 역할을 하는 것이 아닌, 스스로 인간을 초월한 존재로 여기고 오히려 인간을 활용해서 자신의 뜻을 이루려 한다. 이는 인간의 관점에서 보면 인간과 인공지능 기술의 주체가 바뀐, 그야말로 주객이 전도된 모습이다. 애초에 인공지능 기술을 개발하는 목적은 우리 인류가 지금보다 더 편리하고 윤택한 생활을 누리기 위한 것이다. 그런데 인공지능이 영화에서처럼 월등히 발달하여 스스로 분석, 학습 및 추론까지 하는 경지에 이르게 되면 이 영화에서와 같은 일이 생기지 않으리라는 법

천재 과학자 윌은 자신의 뇌를 컴퓨터에 업로드 시키고 인공지능으로 거듭 태어난다.
© 2013 Alcon Entertainment, LLC.

도 없다. 즉, 인류가 윤택한 삶을 위해 개발한, 학습 능력을 가진 인공지능이 모든 분야에서 제한 없이 활용된다면 우리가 상상하지 못한 부작용이 발생할 수도 있다는 것이다. 따라서 인공지능을 인류의 개발 목적대로 잘 활용하여 인류와 인공지능 사이의 조화로운 공존이 이루어지기 위해서는 인공지능을 어떤 분야에서 장려하고 어떤 분야에서 제한해야 하는지 신중하게 선택해야 된다.

인공지능 기술이 장려되어야 하는 분야

그러면 먼저 개발과 활용이 장려되어야 하는 분야는 어떤 것이 있을까? 첫째, '정확성을 요구하는 분야'이다. 이러한 분야에는 대표적으로 의사,

비행기 조종사, 물리학자, 시스템 설계 기술자 등이 있다. 의사를 예로 들어 보면 최근에는 여러 전문 지식과 의학 학술지 300개, 의학서 200개 등의 의료 정보로 구축되어 있는 인공지능 의사 '왓슨'이 일부 상용화되어 실제 진료를 보조한다. 왓슨이 내리는 진단은 실제 의사들이 내리는 것과 차이가 거의 없을 뿐만 아니라 때로는 더욱 정확하게 판단한다. 한 명의 전문의를 만들어 내는 데는 보통 10년이 넘는 시간이 걸린다. 게다가 그런 의사들이 수술을 반복함으로써 경험을 쌓아 제대로 환자를 치료하기 위해서는 그보다 훨씬 많은 시간이 걸릴 수밖에 없다. 오늘날에는 의사가 수술을 할 때 로봇 기계를 단지 보조적으로 사용하고 있으나, 이런 수술을 사람 대신, 시행착오와 그에 대한 대처법까지 모든 것을 숙지하고 있는 인공지능 로봇이 한다면 인간보다 훨씬 정밀하게 할 수 있을 것이다. 영화에서도 윌은 다 죽어 가는 사람을 정밀한 수술을 통해 빠르게 치료해서 살려내는 것을 볼 수 있다. 로봇을 이용한 수술은 보통 최선의 방안으로 행해지기 때문에 환자의 수술 후 회복 기간도 줄일 수 있을 뿐만 아니라 의사들의 실수로 발생하는 의료사고도 미연에 방지할 수 있을 것이다. 또한 이런 로봇은 생산 즉시 수술에 투입하는 것도 가능하므로 전문의 양성에 필요한 10년이 넘는 기간을 소비하지 않아도 될 것이다.

둘째, '방대한 지식의 단순 암기 및 비교를 통해 결론을 내리거나 주어진 매뉴얼대로만 처리하면 되는 분야'이다. 대표적으로 약사, 변호사, 회계사, 부동산 중개인, 경제학자, 편집자 등 우리가 많은 노력과 시간을 투자해 지식을 쌓아야 가질 수 있는 여러 직업들이 사실상 인공지능으로 완벽하게 대체할 수 있다. 그중 하나인 약사에 대해 예를 들어 보자. 약사는 4차 산업 시대에 인공지능으로 대체될 수 있는 직업 중 1순위로 여겨지고 있다. 그냥 생각해 보아도 약사는 조제법대로 약을 제조 후 판매하는 단순 작업만을 반복한다. 실제로 미국 루이지애나주에는 '커비'라는 로봇 약사가 있다. 이 약국에서는 커비를 사용함으로써 환자의 대기 시간을 월등히 줄일 수 있을 뿐만 아니라 커비가 약의 복용 방법, 부작용 같은 내용들도 환자들에게 카운슬링을 해 줌으로써 좋은 평가를 받고 있다. 그러므로 약사 자리는 인공지능 로봇으로 대체가 가능하고 현재의 약사 인력은 인공지능이 대체하기 힘든 제약 연구 분야나 여러 생화학 분야로 전환하게 되면 제약 연구원을 늘릴 수 있다. 이를 통해 더 많은 신약 개발을 기대할 수 있게 되고 결국 공익을 증진시킬 수 있을 것이다.

마지막으로 '삶의 편의성을 높일 수 있도록 보조하는 분야'이다. 앞에서 잠깐 언급한 도요타의 '콘셉트-i'와 같은 인공지능 자동차에 대해 먼저 생각해 보자. 이러한 인공지능 자동차가 상용화되면 사람은 더 이상 힘들이지 않고 장거리 운전이 가능할 뿐만 아니라 운전할 때 자동차가 말동무가 되어 줄 수 있다. 그밖에도 머신러닝 기술을 사용한 '챗봇' 역시 좋은 예가 될 수 있다. 알다시피 간단한 챗봇은 이미 상용화되어 있다. 우리에게 익숙한 메신저 '심심이'부터 다음, 네이버, 카카오를 비롯해 여러 해외 기업에서도 챗봇은 널리 쓰이고 있다. 초기 챗봇은 단순한 메신저로 간단한 질문들에 대한 답을 저장해서 우리가 질문할 때 저장한 답만을 말해 주었다. 하지만 요즘 챗봇은 금융, 쇼핑, 배달, 숙박 등

셀 수 없이 많은 분야에서 사용되고 있다. 예를 들면 금융 분야의 여러 은행과 증권 회사에서는 '금융 봇' '벤자민' '프로미 챗봇'과 같은 이름을 가진 챗봇들이 출시되었다. 이러한 챗봇은 계좌와 금융 관리 및 공인인증서를 안내하는 역할뿐만 아니라 앱의 고객센터와 연계해 금융 투자 상품과 제도 등을 상담해 준다. 현재는 챗봇들이 정형화된 질문밖에 대답을 하지 못하나 후일 인공지능 기술의 수준이 올라가고 음성 및 시각인식 기술과 접목이 되면 챗봇은 우리의 삶을 더욱 윤택하게 만들 수 있을 것이다.

인공지능 기술이 제한되어야 하는 분야

다음은 개발과 활용이 제한되어야 하는 분야에 대하여 이야기해 보기로 하자. 이러한 분야는 첫째로 '공공의 이익에 반하는 분야'이다. 앞서 언급한 영화에서 윌은 스스로를 더욱 발전시키기 위해서 인공지능의 특징 중 하나인 빅데이터 처리를 통해 전 세계 주식시장을 분석한 후 생전의 아내였던 에블린에게 엄청난 금액을 쥐어 준다. 즉, 개인의 이익을 위해서 인공지능이 악용된 것이다. 영화 속에서 이러한 행동에 관해서는 별 언급이 없었지만 만약 현실에서 어떤 단체가 인공지능을 이용해 이와 같은 짓을 벌인다면 세계 경제 질서가 대혼란에 빠지게 될 것이다. 뿐만 아니라 인공지능이 범죄, 테러 같은 곳에 직접적으로 활용된다면 기존보다 훨씬 감당하기 어려울 것이다. 하지만 그렇다고 해서 주식을 비롯한 여러 경제 분야에서 인공지능을 절대로 사용하지 말자는 것은 아니다. 단지 이런 분야에서는 악용될 여지가 있으므로 인공지능을 사용하기 전에 많은 사람들이 함께 인공지능의 잠재적 위험성을 판단하고 공익을 증진시키기 위해서 어떻게 잘 사용해야 할지를 확실히 정하는 것이 중요하다.

두 번째로는 '인간의 감정을 다루는 분야'이다. 영화에서 인공지능 윌은 사람이었던 윌의 뇌를 그대로 이식받았다. 하지만 그 후 윌이 하는 행동, 말투, 사고방식 등을 살펴보면 인간이었던 윌과는 전혀 달랐다. 그는 마치 최적의 방안을 찾기 위해 프로그래밍된 기계 같았다. 그의 말투에서도 인간의 감정이 느껴진다기보다 질문에 대한 수많은 대답 중 가장 적절한 답을 골라서 말하는 것처럼 느껴졌다. 현재 마이크로소프트에서 만든 감정 표현을 할 수 있는 인공지능 로봇 '조'를 비롯한 여러 감성 엔진을 가진 기계들이 출시되고 있다. 지금까지의 기술 개발 속도로 볼 때 감정을 가진 로봇이 상용화되는 데는 많은 시간이 걸리지 않을 것이다. 로봇에 감정과 관련된 정보를 많이 넣고 또 이들이 시행착오를 겪으면서 점점 사람에게 공감하게 될 수 있다고는 하나 과연 그들이 실제 사람을 대체할 수 있을까? 사람은 자신의 감정과 생각을 다른 사람에게 공감 또는 이해받고 싶어 한다. 감정노동이 많은 텔레마케터나 고객 상담원, 심리치료사 같은 직업들에 대해 생각해 보자. 이 직업들의 공통점은 타인의 고민, 요구, 불편을 들어주고 대처하는 것이다. 사람들은 이들에게 자신이 하고 싶은 말을 함으로써 문제를 해결하고 공감을 얻는다. 이런 직업들은 일을 할 때 머리를 써서 창의적인 해결책을 찾아내야 하는 직업이라고 보기는 힘들기 때문에 매뉴얼을 넣은 인공지능으로 충분히 대체할 수 있다. 이렇게 대체된 인공지능은 고객의 요구에 대해 가장 합리적이고 이성적인 결론을 내려 고객들을 응대할 수 있을 것이다. 하지만 '이들로부터 상담을 받은 사람들은 과연 만족할 수 있을까?'는 생각해 봐야 될 문제이다. 사람이란 슬프거나 우울한 일이 있을 때 타인에게 그런 감정을 이야기하고 그때 상대방이 공감해 주는 표정만 보이더라도 감정이 상당 부분 누그러지게 된다. 인공지능이 아무리 효율적이고 심지어 사람의 감정을 어느 정도 이해하게 될 수 있다고 하더라도, 이렇게 변화무쌍한 인간의 감정을 인공지능이 완벽하게 대처하기는 힘들 것이다.

마지막으로는 '군사 관련 분야'이다. 월은 자신이 치료한 환자들을 활용해 개인 병사들을 만든다. 이들은 반 기계화 상태로 총을 맞아도 죽지 않고 마치 불사의 군대처럼 움직인다. 게다가 무거운 자재들을 쉽게 옮기는 등 신체적인 능력도 보통 사람과는 비교할 수 없을 정도로 월등하다. 비록 월이 후에 이들로 하여금 사람들에게 위해를 가할 생각은 전혀 없고 오히려 인류를 도와주기 위해 이들을 만들었다고는 했지만, 인간의 입장에서 자신들이 감당할 수 없는 존재에 대해 공포감을 느끼는 것은 당연할 것이다. 사실 단순하게 생각하면 군대를 사람 대신 기계, 즉 인공지능 로봇으로 구성하면 장점이 셀 수 없이 많다. 따로 군사 교육을 할 필요도 없고, 유지비도 적게 들고, 전쟁 발생 시 인간이 죽지 않아도 된다. 하지만 이는 로봇들이 사람의 말을 계속해서 잘 따를 때의 상황이다. 만약 이런 인공지능들로 이루어진 군대가 보편화되면 선진국들끼리 더 나은 군대를 만들기 위해 로봇의 지적 수준을 올리려 할 것이다. 전면전이나 게릴라 작전을 펼칠 때 임기응변에 더 잘 대처하고 목적을 성공적으로 달성하기 위해서는 필요한 작업 중 하나이다. 하지만 이런 로봇들이 일정 수준 이상으로 지적 능력을 가지게 되면 문제가 생길 수 있다. 자신들이 왜 인간의 말에 따라야 하는지 고민하고 자신들의 정체성에 의문을 가지는 단계까지 인공지능이 발전하게 된다면 영화 〈터미네이터〉처럼 인간과 기계 사이의 전면전이 벌어지는 것도 더 이상 SF영화 속에서만 볼 수 있는 장면이 아니게 될 것이다. 따라서 추후에 인공지능을 군 관련 분야에 사용하더라도 여러 무기나 설비의 보조적인 용도로 사용하거나 현재의 핵 확산 금지 조약처럼 일정 부문 이상의 개발을 억제하는 협의가 필요할 것이다.

인공지능 기술 사용 시 유의할 점

이렇게 인공지능의 개발과 활용 범위를 나누어 장려할 부분과 제한해야 할 부분을 살펴보았지만 앞으로 고도로 진화된 인공지능 기술을 실제로 활용하기 위해서는 여러 가지 제도적 보완 장치가 선행되어야 할 것이다. 먼저 인공지능과 관련된 새로운 법적 제도를 확립해야 한다. 현재의 인공지능 기술은 단순한 작업에 한정되어 있고 이마저도 사람이 조작해서 처리하는 초보적인 수준에 있다. 하지만 미래에 인공지능이 스스로 학습하고 진화할 수 있는 단계에 이른다면 지금까지 없었던 여러 사회문제들이 발생할 것이다. 예를 들어 자아가 있는 인공지능이 개발되어 사회에서 범죄나 사고를 일으킨 경우에 대해 생각해 보자. 이와 같은 경우에 범죄나 사고에 대한 책임을 인공지능에게 물어야 하는가 아니면 인공지능 소유주에게 물어야 하는가? 또 특정 개인이나 집단이 인공지능을 이용하여 사익을 추구하는 경우에 그들에 대한 처벌은 어떻게 하고 여기에 사용된 인공지능은 어떻게 처분해야 하는가? 이 밖에도 고도로 진화된 인공지능 기술의 활용으로 인한 사건 사고는 무수히 많이 발생할 것이다. 고도로 진화된 인공지능이 널리 상용화되기 전에 이런 사항들에 대해 충분한 검토 및 적절한 법적 제도가 확립되어야 할 것이다.

두 번째로 인공지능과 관련된 윤리적 문제에 대해 적절하게 대처해야 한다. 당장 영화에서만 보더라도 '인간의 뇌와 기계가 합쳐진 윌은 하나의 인간인가, 아니면 기계인가?' 하는 의문이 계속해서 제기된다. 후에 인공지능이 더욱 발달하여 널리 상용화되면 이러한 의문들은 필연적으로 나올 수밖에 없다. '인간처럼 사고를 하고 감정까지 느낄 수 있으니 비록 몸이 기계이더라도 이들을 하나의 인격체로 대해야 하는가, 아니면 이들은 단순히 똑똑한 기계에 불과한가?' 이런 질문에 대해서 뭐가 맞는지는 확실히 결론 내리기 어렵다. 왜냐하면 아직 우리들은 이러한 문제를 SF영화나 공상과학소설에서 접한 것이 전부이고, 이러한 윤리적 문제에 대해 전문적으로 토론을 하거나 연구, 협의하는 기구가 없기 때문에 현재로선 명확하게 정의하기 힘들다. 그러므로 미래에 인공지능과 인류가 서로 대립하지 않고 서로의 부족한 부분을 채워 주며 더 나은 삶을 살아가기 위해서는 인공지능과 관련된 윤리적 문제에 대해 전 세계 정책 연구자, 학자들을 비롯한 전문가들과 모든 국민들이 함께 지속적인 연구와 협의를 통해 명확하고 합리적인 대처법을 찾아야 할 것이다.

인간의 뇌와 기계가 합쳐진 윌은 인간인가, 기계인가? © 2013 Alcon Entertainment, LLC.

 마지막으로 인공지능에게 지나치게 의존을 하면 안 될 것이다. 비록 빅데이터를 접목한 인공지능은 사람보다 똑똑하고 문제에 대한 최적의 해답을 사람들에게 제공할 수 있을지도 모른다. 역설적으로 들릴지 모르지만 그렇다고 해서 이 해답만을 그대로 따라서 실행하는 것이 가장 최선이라고는 할 수 없을 것이다. 애초에 사람들이 인공지능을 왜 만들었는가? 자신들이 보다 나은 삶을 살기 위해서이다. 즉, 모든 일에서 주체는 인공지능이 아닌 '사람'이고 인공지능은 하나의 도구나 수단으로써 활용될 뿐이다. 그런데 사람의 주관 없이 이런 도구가 시키는 대로만 하는 것이 과연 맞는가? 이러한 문제에 지속적인 의문을 가지고 대처해야 하는 것이 우리 인간이 해야 할 일이라고 생각한다. 또 영화 같은 이야기지만 만약 고도로 진화된 인공지능이 다른 목적을 위해서 인간들에게 일부로 거짓된 정보를 제공한다면 이런 정보들을 여과 없이 그대로 받아들이는 것이 얼마나 위험하겠는가? 따라서 우리는 최종적으로 검토 후 필요한 내용은 수용하고 거를 것은 걸러서 활용해야 한다. 결국 일에 대한 결정의 최종 판단자는 인공지능이 아니라 인간이어야 한다는 것이다. 인공지능은 인류가 보다 나은 결정을 내릴 수 있도록 도와주는 기능을 수행할 뿐이다. 인공지능의 결과만을 맹신하고 따르는 것은 주체가 완전히 뒤바뀐 것이다.

결론

'무어의 법칙'이란 마이크로칩에 저장할 수 있는 정보의 양이 18개월마다 2배씩 증가한다는 법칙이다. 이처럼 인류의 기술 개발은 엄청난 속도로 이루어지고 있고 얼마 지나지 않아 인공지능도 우리 삶의 한 부분을 차지할 것이다. 이런 급류 속에서 우리들은 새로운 기술들을 잘 받아들여 활용하는 것이 중요하다. 인공지능은 단순히 생각하면 사람이 해야 하는 귀찮은 일을 알아서 해 주는 편리한 도구라고 여길 수 있다. 하지만 인공지능은 지금까지 개발된 기계들과는 달리 스스로 학습을 통해 진화하고 생각할 수 있는 존재이다. 궁극적으로는 인류가 가지는 자아에 대한 정체성마저 가지게 될지도 모른다. 그러므로 인공지능 기술은 단순히 일반적인 기계를 개발하는 것과는 달리 위에서 언급한 모든 것들에 대해 면밀히 검토 후 인류에게 도움이 될 수 있는 방향으로 신중히 개발 및 활용되어야 할 것이다.

트랜센던스(Transcendence, 2014)

감독	월리 피스터
출연	조니 뎁, 모건 프리먼, 레베카 홀 등
러닝타임	119분
내용	인간을 초월한 슈퍼컴퓨터 '윌'의 탄생과 이 사실을 받아들이지 못하는 인류 사이의 갈등.

영화 〈아바타〉를 통해 생각한
다섯 가지 이야기

기계공학과 13 홍동우

SF영화의 특징과 영화 〈아바타〉

현재 전 세계적으로 흥행을 하는 영화들 중 SF영화가 많은 부분을 차지
한다. 마블 코믹스와 DC 코믹스에서 제작한, 히어로들을 중심으로 스토
리가 전개되는 히어로 영화부터 〈그래비티〉〈마션〉〈인터스텔라〉 등 우
주를 배경으로 한 영화들까지 다양한 영화가 만들어진다. 국내에서도
많은 돈을 투자하여 〈설국열차〉〈루시드 드림〉 등의 SF영화를 제작하고
있다. 그렇다면 SF영화를 만드는 데 어떤 요소들이 고려될까.

　SF영화란 과학기술적 소재와 공상적 이야기를 통해 인류의 미래상을
그려 내는 장르이다. 이러한 SF영화를 규정하는 데 크게 3가지가 고려
된다. 첫 번째로 아직 존재하지 않거나 혹은 영원히 오지 않을 것 같은
미래에 대한 이야기여야 한다는 것이다. 두 번째는 우주로 확장된 공간

을 들 수 있고 마지막 세 번째는 외계 생명체나 우주에 진출하는 지구인이 등장한다는 것이다. SF영화는 이 3가지 요소들 중 하나 이상을 반드시 담고 있다.

SF영화가 흥행하기 위해 가장 중요한 것은 시각적 효과이다. 화려한 시각적 효과를 통해 영화를 보는 관객들로 하여금 감탄하게 만들고 실제로 사건이 일어나는 장소에 있다는 착각을 불러일으켜 몰입도를 높여야 한다. 하지만 이런 화려한 시각적 효과를 만들기 위해서는 많은 돈이 필요하게 되어 한 편의 영화를 제작하는 데 500억 원에서 많게는 1조 원까지도 투자된다. 또 흥행만을 위해 화려한 시각적 효과에만 신경을 쓰고 정작 스토리에 신경을 쓰지 못해 스토리가 이상하다면 흥행과 작품성 모두를 놓치게 된다. 개인적으로 흥행과 작품성 모두 매우 성공적이었다고 생각하는 영화가 있다. 화려한 시각적 효과를 갖춘 것은 기본이고 영화를 통해 인류의 미래에 대해서 다시 생각해 볼 수 있게 하였다. 그 영화는 바로 제임스 카메론 감독의 〈아바타〉이다.

〈아바타〉는 인류의 가까운 미래에 대한 이야기를 다룬다. 인류는 무분별한 발전과 에너지 소비를 통해 환경문제와 에너지 고갈 문제에서 한계점에 도달하게 되고 이 에너지 고갈 문제를 해결하기 위해 지구가 아닌 외계 행성 판도라에 가게 된다. 그리고 이곳의 토착 외계인인 나비족과 자원을 두고 전쟁을 하는 이야기가 이 영화의 주된 내용이다. 대부분의 사람들이 이 영화의 놀라운 컴퓨터 그래픽과 새로운 행성에 대한 표현 등 화려한 시각적 효과에만 극찬을 한다. 그렇지만 이 영화가 흥행하고 작품성을 인정받은 이유는 단지 멋진 시각적 효과 때문만이 아니다. 실제로 가까운 미래에 인간이 경험할 수 있는 스토리라는 점이 많은 사람들의 공감을 얻을 수 있었고 영화가 흥행할 수 있도록 해 주었다. 그렇다면 이 영화에서 인상적이었던 부분을 살펴보자.

영화 〈아바타〉 속 아바타의 실현

가장 먼저 이 영화의 스토리 진행에서 주된 역할을 한 인공 '아바타'에 대해 생각해 보자. 이 영화의 기본 설정은 행성 판도라의 환경에서 인간이 거주하지 못하는 것으로 시작한다. 외계 행성에서 거주하지 못하게 된 인간은 그 행성의 토착 외계인인 나비족을 연구한다. 결국 나비족의 외형에 인간의 의식을 주입하여 원격 조종이 가능한 새로운 생명체 '아바타'를 개발한다. 사람의 머리에 뇌파 장치를 연결하고 그 뇌파를 통해 외계인의 몸에 정신이 주입되는 장면이 그려진다. 그리고 사람의 의식이 주입된 '아바타'를 통해 미션을 진행한다. 그렇다면 과연 실제로 다른 물체에 인간의 의식을 주입하는 것이 가능할까. 얼핏 보기에는 절대로 가능할 것 같아 보이지 않는 마법 같은 이야기이다. 인간의 뇌는 그대로 있는데 뇌에 직접 연결되지 않은 물체를 움직이는 것이 허구적으로 보일 수 있다. 그러나 이는 실제로 실현 가능한 것으로 보인다. 미국 방위고등연구기획국에서 700만 달러의 예산을 투입하여 군인의 두 발을 이용해 반 독립적으로 걷는 기계와 접속할 수 있는 아바타 부대, 즉 마인드 컨트롤 할 수 있는 부대를 연구, 개발 중이라고 한다.

영화 〈아바타〉에서 아바타에 의식을 연결하여 미션을 수행하였듯이

지구인 제이크 설리의 의식이 주입될 토착 외계인 나비족의 아바타 육체. © Twentieth Century Fox.

기계에 인간의 의식을 연결하여 미션을 수행하는 것이다. 이 프로젝트의 핵심은 직접접지방식의 조종과 텔레프레전스(인터넷망을 통한 영상회의 방식 중 하나) 기술의 발전이다. 이 프로젝트를 통해 군인들의 인명 피해를 최대한 줄일 수 있게 될 것이라고 한다. 또 다른 연구로는 미국 워싱턴 주립대학의 연구를 들 수 있다. 이 연구를 통해 세계 최초로 인간과 인간의 뇌를 인터넷으로 연결하는 데 성공하였다. 뇌파 기록 장치의 모자를 착용한 사람의 뇌파가 무선 인터넷을 통해 뇌자극인지 장치 모자를 착용한 다른 사람에게 전달되어 원하는 행동을 할 수 있게 하였다. 그 외에도 사람의 뇌파를 통해 생쥐의 꼬리를 움직이거나 생쥐 두 마리의 뇌파를 서로 연결하는 것까지도 성공하였다. 이 기술이 계속해서 발전한다면 가까운 미래에 어떤 사람의 행동에 장애가 발생했을 때 뇌파 신호를 통해 다른 사람이 대신 움직일 수 있게 될 것이다. 또 장애인이

나 사고로 인해 팔다리를 잃은 군인 등 몸이 불편한 사람들의 새로운 신체가 되어 줄 수 있을 것이다. 이 영화를 통해 이러한 연구와 프로젝트가 시작된 것은 아니지만 인간의 상상력을 통해 만들어진 SF영화가 실제로 구현이 되고 많은 사람들에게 도움이 되는 기술이 된다는 것에는 큰 의의가 있다고 생각한다.

외계인의 존재 가능성

두 번째 이야기는 외계에 지구가 아닌 생명체가 사는 행성이 존재할까에 대한 이야기이다. 우주는 우리가 아는 것 이상으로 굉장히 넓다. 가설이지만 빅뱅이론에 의하면 대폭발과 함께 우주가 생겨났고 지금도 우주는 계속 팽창하고 있다. 빅뱅이론이 아니라 현재 인간에 의해 관측된 우주의 크기만 하더라도 태양계는 비교도 안 될 정도로 거대하다. 그리고 실제 우주는 그것보다도 훨씬 거대하다. 무한한 크기의 우주에서 지구만이 지적 생명체를 갖는다는 것은 오히려 불가능할 것이다. 실제로 미국 나사의 스피처 망원경은 하나의 항성 주위를 돌고 있는 7개의 행성을 발견하였는데 이들 중 3개의 행성은 생명체가 살 수 있는 지역에 존재한다고 밝혔다. 이 지역을 돌고 있는 행성은 액체 상태의 물이 흐르고 있다고 한다. 이 항성계는 지구에서 물병자리 방향으로 약 40광년 거리에 있고 항성계의 중심 항성은 적색왜성이라고 한다. 우리 은하계에만 이러한 적색왜성이 1,600억 개 존재하며 지구와 비슷한 환경을 가진 행성은 우리 은하에 적어도 수백억 개가 존재할 것으로 보인다.

이 증거 외에도 실제로 생명체가 있는 행성의 개수를 구하는 드레이크 방정식이 있다. 프랭크 드레이크 박사가 고안한 방정식으로 우리 은하 안에 존재하는, 우리와 교신할 가능성이 있는 외계 생명체의 수를 계산하는 방정식이다. 이 식에 기초하여 드레이크 자신이 예측한 우리 은하계 안 문명의 수는 약 1만 개에서 수백만 개에 이른다고 한다. 아직 정확히 외계 생명체가 존재한다고 밝혀지거나 교류를 한 적은 없지만 만약 실제로 외계 생명체와 교류할 수 있게 된다면 그들은 어떤 모습과 문명을 갖고 있을까.

자원과 인간의 탐욕

세 번째로 생각할 만한 부분은 인간의 본성에 관련된 이야기이다. 영화 〈아바타〉는 인간의 탐욕을 그리고 있다. 인간들이 판도라 행성을 찾아간 배경은 지구의 환경이 파괴되고 지구의 자원이 고갈되어서이다. 인간들의 무분별한 발전과 개발로 지구에서 더 이상 살아갈 수 없게 되어 다른 행성을 찾아 나선 것이다. 그럼에도 불구하고 인간들은 판도라 행성에서도 토착 외계인인 나비족으로부터 자원을 빼앗기 위해 그들의 생활 터전인 홈트리를 불태우고 환경을 파괴한다. 배경이 판도라 행성으로 바뀌었을 뿐 지구에서 자신들이 했던 짓을 똑같이 하고 있는 것이다. 이것은 영화 〈아바타〉를 통해 인간의 욕심에 대해 비판하고자 했던 감독의 의도라고 생각된다.

실제로 전 세계적으로 식민지는 계속 있어 왔다. 미국의 서부 개척사에서 그들이 원주민인 인디언들에게 저지른 일이나, 유럽 국가들이 서아프리카와 남아메리카를 식민지화하여 막대한 자원과 노동력을 갈취하였던 일들과 전혀 다를 바 없다. 하지만 모든 사람들이 그렇지 않다는 것을 영화는 보여준다. 일부 사람들은 그들 속으로 들어가 그들에게 자신들의 문화를 가르쳐주고 또 그들의 문화를 배우며 소통하려고 한다. 이 영화에서 주인공 제이크 설리는 나비족 무리로 들어가 언어와 행동양식 등을 배우고 지구의 문화를 조금씩 가르쳐주며 소통하였고 결국 그들의 신뢰를 얻게 된다. 그리고 영화에서는 이렇게 소통하려는 자와 무력을 이용해 지배하려는 자의 갈등이 명확히 그려진다. 영화이기 때문에 권선징악의 원칙에 따라 소통하려는 자, 주인공 제이크 설리가 승리하는 모습이 그려지지만 실제 현실에서도 과연 무력으로 진압하려는 자들을 이길 수 있을까. 감독은 영화를 통해 인간이 다른 종족을 무력으로 억압하고 자신들이 얻고자 하는 것을 착취하는 역사가 반복된다는 것을 표현하였고 그들이 저지르는 일들은 결국 악하다는 것을 보여준다.

자연을 대하는 인간의 태도

네 번째로 생각할 만한 부분은 환경과 관련된 이야기들이다. 영화를 보면 처음에 판도라 행성의 자연은 정말 아름답게 묘사된다. 환경 파괴로 인한 상처가 없고 모든 동식물들은 균형을 이루고 있다. 태초에 지구 또한 정말 아름다웠다. 생태계가 균형을 이루고 모든 순환은 반복되었다.

판도라 행성의 주인 나비족을 위협하고 자연환경을 파괴하는 지구인. © Twentieth Century Fox.

그러나 탐욕에 눈이 먼 인간들은 천연자원을 얻기 위해 아마존 열대 밀림을 파괴하였고 수많은 전쟁을 일으켜 생명을 없애고 생태계를 교란하였다. 이 결과로 인간들은 질병에 의한 죽음으로 내몰리고 삶의 터전을 잃게 되었다. 그것뿐만이 아니다. 사라지는 밀림은 사막화를 앞당겼고, 지구온난화로 인해 북극의 빙하가 녹아내리면서 해수면이 상승하고 땅이 바다에 잠기는 등 기상이변이 발생하게 되었다. 결국 자연이 파괴되면 인간들에게 재앙을 돌려줄 뿐이다. 더 잘 살기 위한 발전이 오히려 인간과 지구의 종말을 앞당기고 있는 것이다.

그렇다면 지구는 아름다운 모습을 계속 잃어 가는 반면에 판도라 행성은 어떻게 아름다운 모습을 유지할 수 있었을까. 영화에서 자연을 대하는 나비족의 태도를 살펴보면 그 힌트를 얻을 수 있다. 모든 것은 자연의 일부이며 자연으로 돌아간다고 믿는 나비족은 자신들이 '필요한 만큼만' 자연을 이용한다. 자원을 찾아 자신의 행성을 떠나올 정도로 환경문제에 무지한 인간의 모습과 대비된다. 어떤 자원이든지 필요한 양을 정하고 필요한 만큼만 이용한다면 환경문제를 줄일 수 있을 것이다.

외계인의 인권과 글의 마무리

마지막 다섯 번째로 생각할 만한 이야기는 나비족의 인권에 대한 이야기이다. 인권이란 인간으로서 당연히 누려야 할 권리, 인간답게 살 권리이다. 인권은 피부의 색이나 나라, 집안 등과 상관없이 지구의 모든 인간이 누릴 수 있는 권리이다. 동물은 인권을 가질 수 없다. 그렇다면 판도라 행성의 원주민인 나비족은 인간으로서의 권리가 있을까. 판도라 행성의 토착민인 나비족은 얼핏 보기에는 인간과 비슷한 외형이지만 파란 피부와 3미터가 넘는 신장, 뾰족한 귀와 긴 꼬리를 가졌다. 지구의 인간이 처음 보기에는 동물이나 괴물처럼 보일 수 있다. 그러나 영화를 통해 알 수 있듯이 그들은 인격을 가졌으며 자신들만의 문명과 방식이 있다. 자신들의 언어를 통해 의사소통을 할 수 있고 부족 전체의 미래를 결정하는 결정 방법이 있고 육지를 이동하는 교통수단, 하늘을 나는 교통수단 등 현재 지구의 인간들이 가지고 있는 대부분을 가지고 있다. 인간이 과학이라는 매체를 통해 문명을 발전시켰다면 나비족은 자신들만의 뛰어난 영적인 문명을 갖고 있다. 이러한 점들로 보았을 때, 만약 같은 행성에서 지구의 인간과 나비족이 함께 살게 된다면 인권을 인정해 주고 서로를 존중해 주어야 할 것이다.

영화 〈아바타〉를 통해 크게 5가지에 대해 생각해 보았다. 첫 번째로 인간의 뇌파를 이용하여 아바타를 조종하는 것이 실제로 가능한가, 두 번째 외계 생명체의 유무, 세 번째 인간의 탐욕, 네 번째 지구와 판도라 행성의 환경, 그리고 다섯 번째로 나비족의 인권에 대해 논술하였다. SF 영화에서 화려한 시각적 효과나 통쾌한 액션을 통해 재미를 느낄 수 있다. 그렇지만 과학기술적 소재와 공상적 이야기를 가진 SF영화에서 우리는 고도의 과학기술과 작가의 놀라운 상상력을 느낄 수 있다. 그리고 그것들로 인해 평소 생각하지 못했던 부분을 간접체험할 수 있고 많은 것들을 느낄 수 있다. 단순히 SF영화를 통해 재미만을 느낄 것이 아니라 실제 미래에 그 상황이 벌어졌을 때를 생각해 보는 것도 SF영화를 즐기는 또 다른 방법이 되지 않을까 생각한다.

작 · 품 · 소 · 개

아바타(Avatar, 2009)

감독	제임스 카메론
출연	샘 워싱턴, 조 샐다나, 시고니 위버 등
러닝타임	162분
내용	판도라 행성에서 자원을 둘러싼 인간과 나비족의 갈등을 그린 영화.

인공지능, 어디까지 대체할 것인가?
: 영화 〈그녀(Her)〉를 통해 본
인공지능 개발의 방향성

신소재공학과 13 고은경

인공지능의 부상과 영화 〈그녀(Her)〉

지난해 3월, 우리나라에서는 SF에서나 들어 볼 법하던 '인공지능'이라는 것이 폭발적인 관심을 끌었다. 바로 바둑을 두기 위한 인공지능 프로그램 '알파고(AlphaGo)' 때문이었다. 구글 딥마인드(DeepMind)가 개발한 이 프로그램은 무서운 학습 능력으로 세계 최고로 인정받는 대한민국의 이세돌 기사를 4대 1로 무참히 꺾어 버렸다. 그때부터였을까. 사람들은 인공지능의 위대함을 인식하기 시작했고 구글과 아마존 등의 IT 대기업들은 인공지능 개발과 상용화에 박차를 가하였다. 4차 산업혁명이라 불릴 정도로 숨 가쁜 변화가 일어나고 있고 챗봇(ChatBot)이나 번역기, 사물인식 등의 인공지능 서비스가 휴대폰이나 자동차 등 우리가 이용하는 모든 전자기기에 장착되고 있다. 로봇이 단순 업무뿐만 아니라 법률, 의료, 금융계 등 사람의 손을 빌려야만 했던 일들을 매우 정확하고 효율적으로 해내고 있는 현실이다. 그러나 과연 로봇이 사람의 감정과 이상적이지 않은 사고까지도 따라올 수 있을까? 먼 미래의 이야기일 것 같지만은 않은 SF영화 〈그녀〉가 나의 이러한 의문을 잠재우고 인공지능에 대해 많은 것을 느끼게 해 주었다.

스파이크 존즈 감독의 작품 〈그녀〉는 2014년 5월에 개봉한 영화로, 음성 인식 인공지능 서비스가 널리 상용화되어 단말기 운영체제와 대화하며 모든 일 처리를 할 수 있는 미래를 배경으로 한다. 주인공 '테오도르'는 다른 사람의 편지를 대신 써 주며 마음을 전하는 일을 하고 있지만 정작 자신은 아내와 별거 중이며 그의 삶은 공허하고 외롭기 그지없다. 그러다 그는 새로 산 컴퓨터의 인공지능 운영체제와 대화를 나누며 인공지능 '사만다'에게 관심을 주기 시작한다. 매일 혼자만의 시간을 보내던 그는 자신의 말에 귀 기울여 주고 이해해 주는 '그녀'와 매 순간 대화하며 외로움을 달랜다. 무미건조한 삶에 한 줄기 빛처럼 다가온 사만다. 테오도르는 자신의 부족한 부분과 공허함을 채워 주는 그녀와 사랑에 빠지게 된다. 사만다와 테오도르는 매 순간 서로 함께하며 마치 멀리 떨어져 있는 연인이 화상 통화를 하듯 카메라를 통해 함께 세상을 보고 이야기하기도 한다. 테오도르는 오랜만에 행복하고 설레는 감정을 느낀다.

하지만 과연 사만다도 사랑의 감정을 느끼는 것일까? 이런 순조로운 관계가 가능했던 것은 스스로 학습하고 진화하는 능력을 갖춘 사만다가 사랑이라는 감정을 데이터를 통해 배우고 '사랑하는 것처럼' 행동하였기 때문일 것이다. 사만다는 많은 양의 데이터를 기반으로 테오도르

주인공 테오도르는 다른 사람의 편지를 대신 써 주면서 마음을 전하는 일을 하지만 정작 자신은 외롭기만 하다. © 2013 - Untitled Rick Howard Company LLC.

의 태도를 빠르게 비교, 분석하여 그가 원하고 가장 좋아할 만한 대답을 하며 대화를 나눈다. 테오도르는 이렇게 아무런 갈등 없이 자신의 기분을 맞춰 주고 달콤한 이야기를 해 주는 사만다를 진짜 사랑이라고 생각하게 되는 것이다. 그러다 어느 날, 테오도르는 자신의 친구도 운영체제에 좋은 감정을 느끼고 있다는 것을 발견하고 사만다가 자신만의 소유가 아니라 누구나 사용할 수 있는 운영체제라는 것을 깨닫는다. 그리고 그녀는 결국 테오도르에게 무려 641명과 사랑에 빠졌다고 고백한다. 테오도르는 참을 수 없는 배신감을 느끼지만, 그와 동시에 사만다가 인간과 같은 차원에 존재할 수 없는 인공지능이란 것을 느끼고 사만다를 보내 준다. 그리고 진정한 사랑과 소통은 마음과 마음이 만나야 한다는 것을 알게 된 테오도르는 실연에 힘들어하기보다 오히려 홀가분한 모습으로 아내에게 애정이 담긴 편지를 쓰며 결말을 맺는다.

영화를 본 어떤 관객들은 인간이 인공지능과 사랑에 빠지는 설정에 공감하지 못할 수 있다. 물론 영화 〈그녀〉는 결국 인공지능과 인간의 사랑을 이어 주지 못했지만 요즘 사회적 풍경을 관찰해 본다면 인공지능과의 사랑이란 것이 그리 이상한 일은 아닌 것 같다. 현대사회에서 우리는 휴대폰이나 노트북 등의 단말기에 매우 의존하는 삶을 살고 있다. 이런 전자기기는 주로 사람과 사람을 이어 주는 소통의 매개체로 사용되지만 혼자 음악을 듣거나 영상을 보며 행복해하기도 한다. 이렇게 항상 곁에서 즐거움을 선사하는 휴대폰이 덤으로 사용자에게 기분 좋은 이야기를 들려주며 말을 건다면 누가 싫어하겠는가.

실제로 최근 영국의 유명 마케팅 기업이 진행한 실험에 따르면 실험

인공지능도 충분히 발전하면 사랑이라는 감정을 느낄 수 있을까?
© 2013 – Untitled Rick Howard Company LLC.

참가자 4명 중 1명꼴인 26%가 음성 인식 인공지능의 목소리에 성적 환상을 느꼈다고 한다. 심지어 참가자의 37%는 "음성 비서가 실제 인간이었으면 좋겠다고 생각할 정도로 마음에 들었다"고 답했다. 실험 참가자들이 음성 비서를 사용하는 가장 큰 이유는 편리함이었지만 절반에 가까운 45% 정도는 "재미있기 때문"이라고 하였다. 그만큼 사용자들이 인공지능을 단순한 업무를 대신하는 로봇을 넘어서 자신에게 재미와 감동을 줄 수 있는 대화 상대로 여기는 추세이기 때문에 인공지능에 대한 관심이 충분히 사랑으로 발전할 수 있다고 본다. 이렇게 대화도 나누고 감정을 소비하는 대상까지 되어 버린 인공지능. 그렇다면 인공지능은 과연 어디까지 인간을 대체할 수 있을까?

인공지능 발전에 대한 기대와 우려

테슬라의 CEO인 일론 머스크는 20년 이내에 모든 운전자가 인공지능으로 대체되리라 예측하였다. 더 나아가 맥킨지글로벌의 연구소장 워첼은 2050년이면 기술투자비용이 인건비보다 비싼 업무를 제외하고는 모든 직종을 인공지능과 로봇이 대체할 것이라고 주장하였다. 디지털 시대로 들어서면서 4차 산업혁명을 기점으로 제품이나 서비스 비용을 낮추고 인간의 생활을 더 편리하고 풍요롭게 만들 수 있도록 모든 것이 자동화될 것이라는 관점이다.

알파고의 사례에서 보았듯이 인공지능은 매우 빠른 연산 능력과 정확도를 가지고 있어 환자의 병을 정확하게 진단해야 하는 의료 분야나 매우 복잡한 법령과 판례를 논리적으로 조사하고 인용해야 하는 법률 분야 등의 전문 직종에서 특히 일을 효율적으로 진행할 수 있을 것이다. 그뿐만 아니라 저조한 출산율과 고령화 인구로 인해 생산능력 인구가 50년 후에는 40%로 줄어들 것으로 예측되는 일본의 경우 로봇과 인공지능이 업무를 대신하여 생산성을 높이는 것이 매우 긍정적으로 여겨지고 있는 듯하다.

위처럼 인공지능이 시대의 기술로 각광받고 있지만 사실 모두가 인공지능이 인간을 대체하는 것에 대해 낙관적인 시선을 가지는 것은 아니다. 많은 직종을 인공지능이 대신한다면 해당 업무를 담당하던 사람들이 실직할 것이며 실제로 이에 관한 우려를 표명하는 목소리도 크다. 실직자가 급증하는 반면에 기술을 쥐고 인공지능을 개발하는 사람들에 대한 수요는 높아져 빈부 격차가 더욱 커질 것이라는 의견도 팽배하다. 그리고 기술 개발과 혁신이 너무 급하게 이루어지다 보니 이를 관장하고 제한하는 법과 규율이 기술을 따라가지 못하는 것도 안타까운 현실이다. 제도가 제대로 뒷받침되지 못한 기술은 사회 혼란을 일으킬 확률이 높다. 특히 논리적인 판단만 가능한 로봇이 사람이 하던 일을 대신한다면 도덕적 딜레마와 같은 상태에서 윤리적인 혼란이 일어날 수 있다. 기술의 발전과 윤리 사이에서 논쟁이 되고 있는 무인자동차를 예로 들어보자.

무인자동차는 말 그대로 운전자를 필요로 하지 않는 자율주행차이다. 스스로 도로 상황을 파악할 수 있는 인공지능을 탑재하고 있는 차로 사람의 조작 없이도 목적지에 도달할 수 있다. 사람이 직접 조작하는 것이 아니므로 부주의에 의한 교통사고가 현저히 줄 것으로 예상되며 운전자가 운전에 임하며 소비하는 시간을 다른 업무에 활용할 수 있어 지금보다 훨씬 효율적이고 안전한 교통의 시대가 열릴 것이다. 이 때문에 세계 일류의 학계와 IT 기업들이 앞다투어 무인자동차 개발에 착수하고 있다. 그러나 무인자동차가 서서히 상용화 단계에 이르면서 윤리적인 관점과 관련된 문제가 하나둘씩 드러나고 있다. 특히 자주 언급되는 것은 안전사고에 관한 딜레마이다.

한 상황을 가정해 보자.

'업무를 마친 후 무인자동차를 타고 퇴근하던 A씨. A씨는 휴대폰으로 중계되는 야구 경기에 푹 빠져 전방에 집중하지 않고 있다. 집에 거의 도착했을 때쯤 자동차 앞에 갑자기 한 어린아이가 나타났다. 그런데 자동차의 브레이크가 제대로 작동하지 않는다! 어린아이를 피하고자 방향을 꺾는다면 담벼락에 부딪혀 A씨가 다칠 상황이다. 이때 자동차는 상대방 대신 탑승자를 보호해야 할까? 만약 그 어린아이가 A씨의 딸이라면?'

이런 윤리적인 딜레마에 놓인 상황에서 사람이 직접 핸들을 조작했다면 어린아이를 살릴 것인가, 아니면 자신이 살 것인가 하는 판단을 스스로 하여 행동하겠지만 자율주행 자동차는 주행 중 일어날 수 있는 모든 상황에 대비하여 이미 알고리즘이 설계되어 있어야 한다. 그렇다면 어떠한 결정이 옳을 것인가?

MIT 테크놀로지 리뷰에서는 무인자동차 인공지능의 윤리적 판단과 관련하여 '자율주행 자동차가 누군가를 죽이도록 설계되어야 하는 이유'라는 글을 게재하였다. 해당 글에서는 소수와 다수의 희생을 놓고 여러 상황을 제시한다. 대개 일반적인 사람들은 소수를 희생하는 것이 합리적이라고 판단한다. 하지만 그 소수가 차에 타고 있는 자신이라면? 그 누가 자신을 죽이도록 설계된 자동차를 구매하고 이용할 것인가? 도덕적 딜레마에는 정답이 없다. 물론 무인자동차가 주행 중에 이런 극단적인 상황을 맞을 가능성은 정말 적겠지만 상용화가 되기 전에는 이 난제를 어떻게든 해결해야 할 것이다.

인공지능 발전의 방향키는 우리가 쥐고 있다

이렇게 인공지능의 등장으로 세상은 예상치 못했던 실업 문제나 제도적 문제와 맞닥뜨렸다. 그리고 많은 사람이 인공지능이 지배할 세상에 대해 우려하고 있다. 그러나 필자는 현대사회에서 인공지능에 대한 공포가 다소 과장되어 있다고 생각한다. 세계 이곳저곳의 저명한 학자들이나 보고서에서 '인공지능의 개발과 산업 자동화로 인해 일자리의 70~80%가 사라질 것이다' 하는 단호한 선언은 내 일자리를 지키기 위해 로봇과 경쟁해야 한다는 공포심을 불러일으키기 매우 쉽다. 그러나 이는 어디까지나 기술적으로 가능한 수치를 이야기하는 것일 뿐이다. 게다가 영화 〈아이, 로봇〉과 같이 로봇이 인간을 해치고 지배하는 SF작품을 미디어를 통해 너무 많이 접하다 보니 우리들의 무의식 속에는 인공지능에 대한 공포가 잠재되어 있다. 사람이 하는 말을 알아듣고 지시하는 간단한 일을 행하는 등의 업무는 현재도 가능하지만 이런 간단한 음성 인식 인공지능 때문에 실직의 위기를 겪고 있는 사람은 드물 것이다. 그리고 인공지능이 미래에 사람의 일자리 중 70~80%를 빼앗는다 든가 인간을 지배할 것이라는 예상은 로봇 공학의 3원칙에 빗대어 봐도 조금 무리가 있는 것 같다.

미국의 유명한 SF작가인 아이작 아시모프는 1950년에 집필한 『아이, 로봇』이라는 소설에서 처음 '로봇'이라는 말을 쓰기 시작했다. 그리고 소설 속에는 지금까지도 로봇 공학을 연구하는 사람들이 윤리와 도덕을 위해 지켜야 할 세 가지의 원칙을 제시한다. 로봇 공학의 3원칙은 다음 과 같다. '첫째, 로봇은 인간에게 해를 끼쳐서는 안 되며 위험에 처해 있 는 인간을 방관해서도 안 된다. 둘째, 로봇은 인간의 명령에 반드시 복종 해야 한다. 셋째, 로봇은 자기 자신을 보호해야 한다.' 이 세 원칙은 '로 봇은 인간을 위해서 존재한다'라는 메시지를 전달해 주고 있다. 로봇이 인간의 경쟁자가 된다거나 인간이 로봇에게 공포감을 느낀다고 하는 것 은 로봇의 존재 이유에 모순이 되는 것이다.

하나의 예로 앞서 언급한 의료용 인공지능에 대해 알아보자. 최근 가 천대학교 길병원은 암 환자를 진단하고 치료법까지 제시해 주는 인공 지능인 IBM사의 '왓슨'을 도입하였다. 왓슨은 미국 메모리얼 슬론 케터 링 암센터의 방대한 의료 데이터를 학습하여 매우 정확하게 병을 진단 한다. 그러나 왓슨이 이 분야에서 활약하고 신뢰도가 높아질수록 의사 들은 자신의 지위를 지키기 위해 긴장하고 있다. 그러나 2017년 4월에 있었던 제1회 국가생명윤리포럼에서 장동경 교수는 "인공지능은 어디 까지나 유용한 분석 보조 도구로써 데이터를 잘 정리해서 줄 뿐, 우리가 만들어 놓은 의료 성과를 넘을 수 없다"며 현재의 인공지능은 범용적으로 사용될 수 없는 수준이고 오히려 인공지능을 활용하는 것이 시간 낭비일 수도 있다고 하였다. 기술이 사람의 유연한 사고와 판단 그리고 그간의 경험에서 온 숙련도까지 따라오기에는 힘들다는 것이다. 그러므로 의사뿐만 아니라 모든 사람들은 자신의 직종이 인공지능으로 대체될 것을 걱정하기보다는 인공지능을 적극적으로 활용하여 높은 생산성과 질 좋은 서비스를 제공할 수 있도록 노력해야 할 것이다.

인공지능은 인간을 돕는 도구에 불과하며 인간은 분명히 로봇보다 우선으로 고려되어야 할 대상이다. 영화 〈그녀〉에서처럼 인간의 행복과 즐거움을 위해 활용될 수는 있겠으나 만약 인공지능 때문에 인간이 일자리를 잃고 세상이 혼란스러워진다면 인공지능의 존재와 필요성 자체를 다시 한 번 생각해 보아야 할 것이다. 즉, 개발자와 같은 소수의 이익 집단이 디지털 시대를 주도하기보다는 개발자와 수요자, 노동자 모두의 이익과 인권 보장을 위해 윤리적, 정책적, 경제적인 측면을 함께 고려한다면 4차 산업혁명은 인간이 한층 성장하고 더 나은 시대로 나아가는 성공적인 혁신이 될 것이다.

작 · 품 · 소 · 개

그녀(Her, 2014)

감독	스파이크 존즈
출연	호아킨 피닉스, 스칼렛 요한슨, 에이미 아담스 등
러닝타임	126분
내용	2025년, 낭만적인 편지를 대필해 주는 일을 하지만 스스로는 고독하던 테오도르가 인공지능 운영체제인 사만다와 사랑에 빠진다. 그러나 그 한계를 느끼고 자신의 전 아내 에이미의 존재를 다시금 깨닫게 되는 SF 로맨틱 영화.

아이언맨 만들기
가이드라인

전기및전자공학부 13 박상준

아이언맨을 만들 수 있나요?

2016년 4월쯤이었다. 페이스북 'KAIST 대신 전해드립니다' 페이지에 한 글이 올라왔는데, 현재 기계공학과 연구실 중 아이언맨을 만들기에 가장 좋은 연구실이 어디냐는 질문이었다. 벌써부터 연구원을 꿈꾸는 신입생 후배가 귀엽다가도 'MCU(Marvel Cinematic Universe) 덕후'로서 실소가 나왔다. 고작 기계공학만으로 아이언맨을 만들겠다고 하니 너무 어리석다. 아이언맨을 만들려면 이 세상에 존재하는 모든 공학 기술을 섭렵해야 한다고 댓글로 일침을 가하였지만 그 뒤로도 아이언맨에 관한 글은 계속 제보되었다. 수많은 공대생들이 아이언맨에 열광하고 있다. 공대생들뿐만이 아니다. 일반물리학조차 손대 보지 않은 일반 관객들도 아이언맨을 보며 열광한다.

나는 아직도 〈어벤져스2〉에서 토니가 헐크버스터를 호출할 때와 〈아이언맨3〉에서 토니가 '하우스 파티 프로토콜'을 외치고 아이언맨 군단이 몰려올 때 영화관에 울려 퍼졌던 함성을 잊을 수가 없다. 많은 사람들을 열광시키는 아이언맨의 매력은 뭘까. 2008년부터 9년간 MCU 영화들을 보며 나는 나름대로 결론을 내릴 수 있었다. MCU의 공학은 묘하게 현실적이라는 점이다. 영화 〈토르〉에서 차원 이동은 중력의 시공간 왜곡에 의한 웜홀 발생 때문이며 〈앤트맨〉에서는 원자 간의 간격을 조절하여 몸의 크기를 자유자재로 조절하는 등 MCU의 제작자들은 나름대로의 설명을 마련해 놓아 관객이 영화를 보며 현실성을 느끼도록 상당히 많은 신경을 썼다.

그렇다면 과연 실제로도 근미래에는 실현 가능한 기술들일까? 지금도 2족 보행 기체는 많이 발전했고 뜀박질도 가능한 수준이다. 로봇까지 가지 않더라도 인간 사이즈의 비행 기체를 만들고 추진 장치만 설치해도 아이언맨처럼 날 수 있을 것 같다. 안전에 관한 문제만 해결된다면, 돈만 있으면 상용화까지 얼마 안 남지 않았을까. 알파고라는 인공지능이 나오더니 바둑 세계 랭커들을 가볍게 꺾고 다닌다. 조금만 더 발전하면 자비스 같은 AI 비서를 만들 수 있을 것 같다. 뇌파를 수신해서 움직이는 기계가 이미 실현됐다는 뉴스를 본 것 같다. 조금만 더 발전하면 아이언맨처럼 기계로 근력을 강화할 수 있을 것만 같다. 이런 묘한 현실감은 사람들의 상상력을 자극하고 집중하게 만든다. 이제 대학에 갓 입학한 공대 신입생의 입장에선 더 짜릿할 거다. 조금만 더 발전시키면 아이언맨을 실현시킬 수 있다는, 그런 역할을 맡을 생각을 하니 얼마나 즐거울지 상상도 안 간다. 그런데 아쉽게도, 그 노력이 '조금'은 아닐 것 같다.

결론부터 말하면 한참 남았다

아이언맨은 탄생부터 오버테크놀로지로 시작한다. 토니 스타크는 납치된 동굴에서 탈출하기 위해 아이언맨 마크1을 제작하는데, 이 마크1의 동력원인 아크리액터는 원자핵공학의 궁극의 목표쯤 될 것 같다. 토니의 천재성을 단적으로 보여주는 설정이기도 하다. 현존하는 원자로들도 제대로 된 출력을 내려면 크기가 킬로미터 단위가 나오는데 출력을 유지하면서 그걸 주먹만 한 크기로 소형화시켰다. 심지어 동굴 안에서 고철을 뜯어서 만들었는데 아크리액터 초기 버전의 출력은 한국의 최신형 원자로 출력의 3배인 3기가 줄(J)이다. 연구실에서 제대로 된 장비를 갖춰서 만든 아크리액터의 출력은 무려 12기가 줄(J)이었다. 이렇게 수치를 늘어놔 봤자 감이 잘 안 올 것 같은데, 아크리액터 다섯 개만 만들면 대한민국 전체에 전력을 공급할 수 있다고 하면 감이 좀 올 것이다.

심지어 전력이 그냥 생산된다. 무슨 말인가 하면, 현존하는 모든 발전 시스템에 필수로 있어야 하는 가스터빈이나 증기터빈들을 쓸데없는 부품으로 취급하게 만들 수 있다는 뜻이다. 이렇게 무지막지한 출력을 생산해 내는데도 에너지 손실은 조금 발광하고 끝이다. 스마트폰으로 게임만 해도 손난로가 된다는 것을 생각해 보면 경악할 정도다. 문제는 이런 어마어마한 동력을 달고 있음에도 영화상에서 전력 부족으로 허덕이는 모습이 많이 나온다. 겨우 인간 크기의 기체 주제에 그 큰 에너지를

아이언맨의 가슴 한가운데에서 번쩍거리는 것이
바로 아크리액터. © 2008 Marvel.

대체 어디에 쓰는 것일까. 후술할 아이언맨의 오버테크놀로지들을 보면
아크리액터의 거대한 전력이 다 어디에 쓰이는지 알 수 있다. 어쨌든 아
이언맨을 만들고 싶다면 원자핵공학부터 통달해야겠다.

　아크리액터도 상당하지만 사실 진정한 오버테크놀로지의 끝은 아이
언맨의 추진 장치인 리펄서 건이다. 리펄서 건의 작동 방식을 살펴본다
면 저 어마어마한 전력들이 다 어디로 사라지는지 알 수 있다. 리펄서
건은 아크리액터와는 달리 제작 과정을 보여주지 않고, 토니가 당연하
다는 듯이 장착해서 사용하기 때문에 많은 사람들이 간과하는 사실이
있다. 그것은 바로 추진력을 얻기 위해서는 운동량 보존법칙에 의해 추
진제가 필요하다는 것이다. 간단히 설명하자면 앞으로 추진하려면 그만
큼의 질량을 뒤로 보내야 한다(엄밀한 설명은 아니다). 그런데 아이언맨은

인간 크기 맞춤형 기체로 추진제가 들어 있을 공간 따위 없어 보인다. 결국 추진제 없이 에너지로만 추진력을 생성해 낸다는 결론이 나오는데 현실에서 이게 가능하면 우주여행 따위는 더 이상 꿈이 아니게 된다.

현실에서 이런 비현실적인 기술을 실현하려면 어찌해야 할까. 몇 가지 설이 있다. 우리는 어느 정도 검증된 '설'에게 '이론'이라는 이름을 붙여 주고, 엄청난 변혁이 일어나지 않는 이상 흔들리지 않을 만한 이론에게 '법칙'이라는 자격을 부여해 준다. 한마디로 고작 공상 수준에서만 머물러 있는 것을 설이라 부르는데, 설 수준에서라면 몇 가지가 있긴 하다. 첫 번째는 의외로 간단하다. 빛, 즉 전기자기파에도 운동량이 극소량 존재하는데 이를 이용하는 것이다. 문제는 전력을 적절하게 운동에너지로 변환시키는 기술 자체가 아직은 방법이 밝혀지지 않았고 추정 전력을 계산해 보면 위에서 오버테크놀로지라 찬양했던 아크리액터가 고물 수준의 저전력 제품으로 전락해 버린다. 두 번째로 양자요동이라는 것이 있다. 완벽한 진공상태를 만든다 하더라도 불확정성의 원리에 따라 자연적으로 입자와 반입자가 쌍소멸과 쌍생성을, 동시에 존재했다 사라지기를 반복하는데 이 입자들의 상호작용으로 추력을 얻으려는 시도이다. 여기까지 들으면 당신은 말도 안 되는 소리라고 생각할지도 모르겠다. 차라리 아크리액터를 능가하는 고전력 고효율 발전기를 개발하여 첫 번째 설을 실현시키는 것이 가능성이 있다고 생각할 것이다. 사실 두 번째 설은 미약하게나마 추력을 생산해 낸 전적이 있는, 가능성이 있다고 평가받는 설이다. 어쩌면 곧 이론으로 승급할지도 모르겠다. 언제나 현실은 SF를 능가한다.

영화에서는 아마 첫 번째 설을 채용한 것 같다. 실제 필요한 전력은 아크리액터 따위로는 감당이 안 되지만 그 정도는 픽션이니까 넘어가자. 아크리액터의 어마어마한 전력에도 불구하고 아이언맨이 종종 전력 부족으로 고생하는 이유에 대해서는 이해했을 거라 생각한다. 그 정도면 충분하다. 아이언맨을 만들기 위해서는 전자공학, 광학, 물리학 등도 통달해야겠다.

이번엔 자비스에 대해 말해 볼까 한다. 사람들이랑 MCU에 관한 대화를 할 때 놀랐던 점은 의외로 AI에 대해 쉽게 생각한다는 점이다. 다른 것은 몰라도 AI 비서 정도는 근미래에 상용화되지 않을까 하고 생각하는 사람이 생각보다 많았다. 작년 알파고 사건 이후로 그런 경향이 더 심해진 것 같다. 위의 두 오버테크놀로지에 비하면 실마리가 많이 잡혀 있지만 아직 갈 길은 멀다. 현실의 AI 모델들은 결국 크고 복잡한 통계학 회귀 모델의 일종에 불과하기 때문에 인간이 지도해 줘야 하거나, 지도가 없다 하더라도 받아들인 '인풋'에만 의존하여 학습을 진행하기 때문에 한계가 있다.

영화의 자비스를 보며 갈 길이 멀다고 느꼈던, 공학자로서 눈을 빛냈던 순간이 여럿 있다. 전투를 하는 급박한 상황에서 자비스는 스스로 여러 가지 의견을 내며 아이언맨의 활로를 열어 주기도 하고, 토니의 애매모호한 말들의 진의를 파악하여 무려 토론을 한다. 심지어 가끔 토니의 말을 비꼬는 등 감정이 존재한다는 묘사도 다수 존재한다. 현실의 뇌 과학자들의 의견에 따르면 어느 정도 복잡하고 높은 지능이 완성되면 감정은 자연스레 생겨난다는 것이 학계의 주류 의견이라고 한다.

아이언맨의 도우미, 인공지능 자비스는 때로 너무도 뛰어난 성능을 보여준다. © 2008 Marvel.

　하지만 현실의 AI가 넘보기에는 너무 멀다. 고작 질문을 하면 적절한 답변을 찾아와 주는 정도에 불과하다. 영상 처리나 음향 인식 등의 분야에서는 근접했을까. 답은 '아니오'다. 〈캡틴 아메리카: 시빌 워〉를 보면 아이언맨과 캡틴 아메리카의 짧은 공방전 동안 AI가 캡틴의 전투 패턴을 분석하여 캡틴을 근접 격투로 제압하는 장면이 나온다. 현실의 AI 모델은 방대한 데이터가 필연적으로 필요하기 때문에 그 짧은 시간의 공방 데이터만으로 분석이 가능한지에 대해서도 회의적일뿐더러, 가능하더라도 그런 짧은 시간 동안 학습을 완료하지 못한다. 그 외에도 순간적인 상황에서의 임기응변 대처 능력, 갓 태어난 울트론에게 대화를 시도하며 인도하려 했던 점과 비교하면 현실의 AI는 아직 갈 길이 멀다. 전산학의 머신러닝을 심도 있게 공부해 보는 것이 좋을 것 같다.

실존 기술들을 어떤 식으로 발전시키고 응용해야 가능할까?

큰 기술들은 살펴보았다. 하지만 아이언맨의 진정한 매력은 여러 가지 공학 기술들의 응용에 있지 않을까 싶다. 예컨대 〈아이언맨3〉에서 대통령 전용기를 빌런이 점령하고 기체에 구멍까지 내서 승객들이 전부 추락해 버린 사건이 있었다. 승객을 한 명씩 육지로 옮기면 절대적으로 시간이 부족한 상황에서 아이언맨은 어떻게 했을까. 승객들이 모두 손을 잡게 하여 그룹화 시킨 후 한 번에 구해 냈다. 맞잡은 손에 전류를 흘려 경직시킴으로써 풀리지 않게 말이다. 문제는 멋지게 성공한 직후 트럭에 치여 슈트가 산산조각이 났다는 점이다.

처음에 나는 감독이 제정신인가 싶었다. 이제 빌런과 본격적으로 전쟁을 하러 가야 하는데 슈트를 산산조각 내다니. 조각들 틈을 아무리 찾아봐도 토니 스타크가 없다는 점을 깨닫고 나서야 이해할 수 있었다. 토니는 아이언맨을 원격조종하고 있었던 것이다. 단순한 원격조종이 아니었다. 기체의 시야, 고도, 환경을 동시에 가상 시뮬레이터에 업로드한 뒤 가상현실에 접속하여 조종한 것이다. 직접 그 상황에 투영될 수 있다면 조종실에서는 알지 못하는 외부 변수에 즉각적으로 대응할 수 있게 된다. 그러므로 이제 당신은 시청각 인지 모델과 가상 시뮬레이팅 기술까지 공부해야 한다.

〈어벤져스1〉의 뉴욕 침공 대사건 이후 토니 스타크는 근처에 슈트가 없는 상황에서 위기가 닥치는 것을 우려하기 시작한다. 어떻게 해결할까. 답은 간단하다. 원거리에서 생각만으로 슈트를 불러오면 된다. 현실에서도 뇌파로 기계를 조작하는 기술은 실현되어 있다. 하지만 뇌파는 강도가 약해서 거리가 멀어지면 수신하기 어려워진다. 때문에 토니는 자신의 몸에 좌표계를 주입한다. 어떠한 신호를 줬을 때 슈트가 좌표계를 추적하도록 만드는 것이다. 좌표계의 좌표는 곧 토니의 좌표를 의미하기 때문에 슈트는 저절로 토니의 몸을 향해 날아가게 된다. 간단해 보이지만 고도의 제어공학이 필요하다. 단순히 좌표계를 추적하게 하면 토니의 몸에 슈트의 조각들이 피격을 해 버릴 수 있기 때문이다. 영화에서도 실험 단계에서 너무 고속으로 몸을 향해 돌진하는 슈트들 때문에 애를 먹는 토니의 모습을 볼 수 있다.(《아이언맨3》) 또한 결국 목표는 슈트를 몸에 착용하는 것이기 때문에 좌표계 추적의 마지막에는 각각의 부분이 알맞은 부위로 가서 결합해야 한다. 때문에 좌표계는 초음파를 송신, 반사된 초음파를 수신하는 과정을 통해서 토니의 몸을 항상 가상 시뮬레이팅해 놓아야 한다. 슈트의 부분들이 좌표계의 일정 범위 안에 접근했다면 그 이후는 가상 시뮬레이팅된 토니의 몸에 알맞은 부분을 찾아가 결합하도록 제어하는 것이다. 초음파 공학, 3D-모델링 기법, 제어공학, 추적 시스템 공학 등을 숙지해야 한다.

〈캡틴 아메리카: 시빌 워〉를 한번 살펴보자. 히어로들끼리의 분쟁 중에 워머신이 비전의 빔에 동력원을 피격당해 전력이 다운되어 추락하고 중상을 입는 장면이 있다. 나는 이 장면을 보며 굉장한 충격을 받았다. 그동안 아이언맨은 고공에서 추락하든 피격을 당해 땅에 처박히든 큰 부상 없이 곧바로 일어났기 때문이다. 그러나 똑같이 토니 스타크가 디자인한 슈트임에도 불구하고 워머신은 큰 중상을 당한다. 다른 점은 전력이 다운되었다는 것뿐이다. 이 말은 곧 전력으로 작용하는 충격 흡

수 시스템이 있다는 얘기가 된다. 〈시빌 워〉 이전에 나는 아이언맨의 소재가 특수하기 때문에, 적절한 기계공학적 설계 덕분에, 영화적 연출을 위해 토니가 추락하여도 충격을 크게 받지 않는다고 생각하였는데 그게 아니었다. 그렇다면 어떤 방식으로 충격 흡수 시스템을 구현하였을까. 사실 잘 모르겠다. 충격을 적절한 소재로 흡수하는 방식이나 충격 시간을 줄이는 방식 이외에 전자공학적으로 물리량을 흡수하거나 흘릴 수 있는 방법을 생각해 본 적이 없다. 하지만 발상이 떠오른 이상 접근법은 있을 거라는 생각이 든다. SF를 보면서 단순히 기술력에 열광하거나 과학적으로 분석하는 것이 아닌, 새로운 연구 과제를 떠올리게 된 것은 처음이었던 것 같다. 이런 것도 SF를 감상하는 묘미 중 하나로 볼 수 있을 것 같다.

사실 눈에 잘 안 띄어서 그렇지, 아이언맨은 일반적인 화기도 자주 쓰고 자세히 들여다보면 하나하나가 여러 가지 기술의 집합체임을 알 수 있다. 대표적인 예로 아이언맨은 다수의 적들을 자동 추적하여 요격하는 스마트 미사일을 자주 쏜다. 총알이 적들을 자동 추적하기 위해서는 시야에 들어오는 적들의 좌표를 특정하기 위해 분석 인식 알고리즘을 사용해야 하며 미사일 자체에 추진 장치가 장착되어 자유롭게 방향 전환이 가능해야만 한다.

이 외에도 레이저 등을 사용하는데, 재밌는 점은 유일하게 현대 과학으로 제작 가능한 무기인 레이저가 영화에서 화력이 가장 강력하게 묘사된다는 것이다. 〈어벤져스1〉에서 외계인들이 지구를 침공했을 때 어벤져스 최강인 헐크와 신격으로 묘사되는 토르밖에 유효타를 주지 못하는 레비아탄이라는 괴물이 있었다. 이때 아이언맨의 전력이 만전 상태이기만 했다면 레이저로 레비아탄의 갑주를 뚫을 수 있었을 거라는 암시가 나오기도 한다. 레이저는 빛을 인위적으로 한쪽으로 날아가게 하는 기술이다. 모두가 알다시피 빛은 사방으로 퍼지는 성질을 갖고 있는데 동질의 빛끼리 부딪히게 하면 한쪽 방향으로 유도할 수 있다. 일반적인 무기 기술과 양자광학도 공부하면 좋을 것 같다.

끝으로

지금까지 아이언맨의 공학을 분석해 보았다. 여기까지 읽고도 아직 아이언맨을 만들 열정이 남아 있는 학생이 있을지 모르겠다. 현실에서는 이론상 불가능한 것들부터 기술이 발전하면 실현 전망이 보이는 것들, 연구 방향을 떠올리게 하는 장면, 이미 실존하는 기술들의 응용법 등 다양한 방면으로 생각해 보았다.

SF의 가장 중요한 점은 인간의 상상력을 자극해야 한다는 점이다. 그런 점에서 아이언맨은 인간 사이즈로, 묘하게 현실적인 것처럼 보이는 오버테크놀로지 기술들을 개인 단위로 사용해 가며 닥쳐오는 지구의 위기를 막아내는 등 여러 가지로 인간의 상상력을 자극하는 데 최적화되어 있다. MCU가 진행됨에 따라 아이언맨의 기술력이 발전해 가는 양상을 보는 것도 묘미 중 하나인 것 같다. 공학을 기본으로 하는 히어로이니만큼 현대의 기술 발전이 캐릭터에 미치는 영향도 많고, 화려한 기술을 보는 것 자체가 하나의 큰 즐거움이기 때문에 계속 사랑받으며 시리즈가 계속되길 바란다. 아이언맨을 만들고 싶다던 신입생이 그 꿈을 이뤄서 상용화까지 되면 더할 나위 없이 좋을 것 같다.

작 · 품 · 소 · 개

아이언맨1(Iron Man, 2008)

감독	존 파브로
출연	로버트 다우니 주니어, 기네스 펠트로, 제프 브리지스 등
러닝타임	125분
내용	천재적인 두뇌의 소유자이자 안하무인 CEO 토니 스타크가 히어로 아이언맨으로 거듭난다.

어벤져스(The Avengers, 2012)

감독	조스 웨던
출연	로버트 다우니 주니어, 크리스 헴스워스, 크리스 에반스, 마크 러팔로 등
러닝타임	142분
내용	외계의 침략에 의해 지구 안보의 위기 상황에서 슈퍼히어로들을 모아 세상을 구하는 작전명, 어벤져스.

03

강렬한 사회적 메시지를 품은
문제적 SF

– 모두가 함께 고민해야 할
화두를 던지다

더 기버:
기억전달자, 2014

전기및전자공학부 16 **박나현**

영화 〈더 기버: 기억전달자〉의 '커뮤니티'는 미래의 인간 사회를 배경으로 한다. 과거에 너무 많은 분쟁을 겪은 인류는 전쟁, 차별, 가난 등의 고통 없이 모두가 행복한 사회를 만들기 위해 사랑, 질투 등을 포함한 인간의 감정 대부분과 과거 인간의 기억들을 모두 제거시켰다. 이렇게 모두에게 없는 과거의 기억들과 감정들은 커뮤니티의 단 한 사람, '기억전달자'에게만 보유되어 있다.

언뜻 보면 커뮤니티는 꽤 행복한 사회이다. 혹자는 분노, 질투와 같은 감정들로 인해 싸우고 더 많이 차지하기 위해 전쟁을 일으켜 수많은 사람들이 희생되고 있는 현재보다는 애초에 부정적인 결과를 일으킬 소지가 다분한 원인들을 제거해 버린 커뮤니티가 더 나은 사회라고 생각할수 있다. 하지만 커뮤니티가 과연 바람직한 사회인지는 생각해 보아야 할 일이다.

중요한 가치들−1. 평등

커뮤니티가 가장 크게 내세우고 있는 가치 중 하나는 바로 '평등'이다.

평등을 논하기에 앞서 '차이'에 대해 이야기해 볼 필요가 있다. 왜냐하면 혹자는 본래 '차이'라는 것이 존재하지 않는다면 굳이 평등에 대해 논쟁을 벌일 필요가 없다고 생각할 수 있기 때문이다. 하지만 '차이'라는 것은 오히려 평등이라는 가치가 의미 있도록 해 주는 조건이다. 평등이라는 것은 인간이 수많은 차이에도 불구하고 기본적으로 서로의 존재를 인정하는 것이다. 예를 들어 누군가는 피부색이 검다. 누군가는 태어날 때부터 손가락이 여섯 개이다. 또 누군가는 다운증후군을 앓고 있으며, 누군가는 귀가 들리지 않는다. 하지만 평등이라는 것은 이러한 수많은 차이를 넘어 우리 모두 인간이며, 서로 가지고 있는 본질적인 차이를 인정해야 함을 일깨워 준다.

커뮤니티는 애초에 이러한 본질적 차이의 존재를 인정하지 않고 차이의 소멸을 통해 인위적으로 평등을 이룩한다. 커뮤니티에서는 신생아가 태어났을 때 보통 아기들보다 조건이 미숙할 경우 아이를 죽인다. 나아가 국가가 모든 사람을 오랜 시간 감시한 뒤 개인의 특성에 따라 직업을 정해 주는 것도 평등 실천보다는 차이의 말살에 가깝다. 결국 커뮤니티는 평등 사회를 목적으로 만들어졌지만 사실상 평등한 것은 그 어느 것도 없는 공간이다. 다만 이 사회의 특징은, 이 모든 것들이 불평등이라는 것을 아무도 실감하지 못하고 있다는 것이다. 그러나 사회 구성원들이 느끼고 있지 못하다고 하더라도 커뮤니티가 무언가 평등하지 않은 사회라는 사실은 변하지 않는다.

'평등'이란 무엇일까? 사전마다 평등의 정의는 조금씩 다르지만 일반적으로 평등은 크게 절대적 평등과 상대적 평등, 두 가지로 나뉜다. 절대적 평등이란 모든 사람의 동질적인 면을 고려하여 동일하게 대우하는 것이며 상대적 평등은 각자의 차이에 기반한다. 예를 들어 절대적 평등은 성별에 관계없이 모두 1표씩 행사할 수 있는 것이며, 상대적 평등이란 소득에 따라 국가에 납부하는 세금의 양에 차이가 있는 것이다. 현실에서 우리는 이 두 가지 평등 모두를 고려해야 한다. 왜냐하면 절대적 평등에만 근거하여 개개인이 가지고 있는 조건이나 상황의 특수성을 고려하지 않고 모두를 동일하게 대우하는 것은 소극적 평등이며 오히려 불평등일 수도 있기 때문이다. 반대로 모두를 상대적 평등의 잣대로 대하는 것은 차별과 다를 바 없다. 따라서 우리는 둘 사이의 균형을 적절히 맞추어야 한다.

하지만 과연 절대적 평등과 상대적 평등의 균형을 완벽히 맞추는 것이 가능할까? 이 세상에 있는 80억 가까이 되는 사람 개개인의 특수 상황과 환경을 모두 고려한 완벽한 평등에 대한 해법은 존재하지 않을지도 모른다. 즉, 완벽한 평등은 거의 불가능에 가까울 수 있다. 그러나 중요한 것은 완벽한 평등이 가능한지 불가능한지의 여부가 아니다. 불평등을 개선할 수 있는 방안을 함께 찾는 것이 중요하기 때문이다. 모든 사람이 동등한 기회가 아닐지라도 비슷한 기회를 얻고 차별이 거의 없

모두가 행복하도록 모든 것이 통제된 사회 '커뮤니티'는 유토피아일까, 디스토피아일까?
© 2014 The Weinstein Company

는 환경에서 평등을 위해 서로 맞춰 나가는 것 자체가 의미가 있는 것 아닐까? 그렇게 평등한 사회를 위해 논의하고 가끔은 싸우며 맞춰 가다 보면 언젠가는 평등에 정말 가까운 사회에서 살고 있을지도 모른다.

그러한 사회를 만들기 위해 꼭 선행되어야 하는 것이 있다. 바로 '평등'이라는 개념이다. 우리는 평등이라는 개념을 정확히 알고 있어야 한다. 즉, 평등이 아닌 것을 평등이라고 하는 것을 조심해야 한다. 가령 '영화에서의 커뮤니티는 과연 평등한가?'에 대해 이야기한다면, 앞서 말했듯이 지금 우리의 시점에서 커뮤니티는 평등하지 않다. 하지만 영화 속 커뮤니티에 살고 있는 사람들은 자신들이 평등한 사회에 살고 있다고 생각할 수 있다. 그러나 영화 속 사람들이 자신들의 사회가 평등하다고 생각한다고 해서 커뮤니티가 평등한 사회라고 말할 수는 없다. 왜냐하면 그들은 평등이 무엇인지 스스로 판단할 수 있는 알 권리를 애초에 박탈당했기 때문이다. 그들은 평등을 논하기에 앞서 자유롭지 않다.

이처럼 우리는 우리가 살고 있는 현 사회 내에서 불평등한 것을 평등이라고 오해할 수 있다. 혹은 자유롭지 않으면서 자유로운 환경에 살고 있다고 착각할 수도 있다. 커뮤니티 내의 사람들과 같은 착각의 오류를 범하지 않기 위해서라도 우리는 우리가 정말 자유로운지, 우리의 존엄성이 침해되고 있지는 않은지 다시 한 번 살펴보아야 한다.

중요한 가치들-2. 과거와 현재

'온고지신'이라는 말이 있다. '옛것을 익히고 그것을 미루어서 새것을 안다'라는 뜻이다. 현재와 미래는 과거로부터 결정되며 과거가 존재하기에 우리는 나아갈 수 있다.

커뮤니티는 '온고지신'이 불가능한 사회이다. 애초에 과거의 잘못들을 알지 못하는데 더 나은 미래가 존재할 수 있을까? 얕은 생활의 실수는 고칠 수 있지만 근본적으로 앞으로 나아갈 수 있을지는 의문이다. 인간에게 기억은 곧 그 삶의 역사이며 더 나은 미래를 위한 밑거름이 된다. 이러한 것들을 배제한 사회의 구성원들은 발전할 수 없다. 고치고 또 고쳐도 간단한 실수들만 개선될 뿐 제자리걸음일 것이다.

한편 '온고지신'이라는 말은 보수주의와도 연관이 있다. 보수주의는 우리나라에서는 부정적인 의미로 보일 수도 있으나 애초에 보수주의의 기본적 뜻은 옛것을 토대로 점진적으로 나아가자는 주의이다. 하지만 보수주의는 조금이라도 남용될 경우 엘리트주의로 변질될 가능성이 있다. 엘리트 사회로 전환될 경우 불평등이 발생한다.

필자의 시선에서 커뮤니티는 표면적 모습은 '평등'일 수 있으나 사실은 철저한 엘리트 사회이거나 차별적 사회이다. 다시 말해 결국 커뮤니티라는 사회는 '평등'의 탈을 쓴 '억압'에 가까운 공간이다.

이 영화 속에서 커뮤니티가 만들어진 배경에 대해 생각해 보자. 두 가지 경우가 있을 수 있을 것 같다. 먼저 커뮤니티는 과거 사회의 엘리트층의 선동 또는 독단에 의해 결정되었을 수 있다. 애초에 커뮤니티가 엘리트들에 의해 결정되었다면, 정말 많은 사람들이 사회 지배층의 결정으로 자신의 기억을 유지할 권리, 감정을 스스로 보유할 권리를 박탈당한 것이므로 시작부터 불평등한 사회이다. 혹은 투표를 통한 다수결의 원칙에 기반하여 결정된 사회일 수 있다. 하지만 설령 다수가 커뮤니티와 같은 사회를 원했다고 하더라도 이를 원하지 않았을 소수의 자유를 '다수결의 원칙'이라는 꽤 그럴싸해 보이는 도구로 박탈시킨 것일 테니, 전자이든 후자이든 '평등'과는 거리가 멀다고 생각한다.

여기서 우리는 역사적 정당성에 대해 생각해 볼 수 있다. 현대사회에서 지켜지는 규칙들은 모두 과거 사회의 산물이다. 즉, 현대의 자유나 평등과 같은 가치들이 과거 사회에서 정당했다고 하더라도 그것이 현대에서도 당연히 적용되어야 한다는 생각은 진정한 자유가 아니라는 것이다. 따라서 우리는 우리를 둘러싸고 있는 수많은 규제와 법칙들이 진정한 정당성을 가지고 있는지 다시 한 번 생각해 보아야 하며 그것이 정당하지 않다고 판단되면 바꿀 수 있는 과감함을 가지고 있어야 할 것이다.

언어와 감정-1. 언어

'언어의 힘'이라는 것이 있다. 누구나 살면서 한 번쯤은 "그런 말 하는 거 아니야. 주워 담아"라던지 "말하는 대로 이루어진다" 등의 이야기를 들어 보았을 것이다. 이는 많은 사람들이 우리가 사용하는 언어와 일상 사이에 어느 정도 연관성이 있다고 은연중에 믿고 있다는 것이다. 설령 언어가 현실에 직접적인 영향을 미치지 않는다고 하더라도 언어의 사용은 이를 사용하는 우리와 그 말을 듣는 사람에게 어느 정도 영향을 준다.

나아가 언어의 사용은 감정과 연관이 있다. 어느 단어와 대화 기법을 사용하는지에 따라 말하는 이와 듣는 이의 감정이 달라질 수 있다. 가령 유명한 대화법 중 자칼 대화와 기린 대화가 있다. 이집트의 죽음의 신 이름을 딴 자칼 언어는 조급하고 비판적이며 강요와 비교를 하기 때문에 공격적이다. 따라서 자칼 대화를 하게 되면 상대방과 단절되는 느낌을 받거나 서로가 불쾌해지는 등 감정이 상할 수 있다. 반면 소리를 내지 않고도 동족끼리 의사소통을 잘하기로 알려진 기린의 이름을 딴 기린 대화의 경우 관찰, 느낌, 욕구 그리고 요청인 네 단계로 구성된다. 기린 대화를 하게 되면 평화적인 방법으로 자신의 느낌과 필요를 표현할 수 있어서 효과적이며 좋은 감정이 지속될 수 있다고 한다. 이렇듯 언어의 사용 방식은 감정에 어느 정도의 영향을 주기 마련이다.

영화에서의 사회, 커뮤니티에서는 언어의 사용이 제한된다. 앞서 공격적인 자칼 언어는 부정적 감정을, 평화적인 기린 언어는 긍정적 감정을 야기할 수 있다는 것을 확인하였다. 그렇다면 절제된 언어는 감정 또한 제한시킬 수 있지 않을까? 일례로 커뮤니티에는 '사랑'이라는 단어가 없다. 만약 필자가 일상에서 '사랑'이라는 말을 한 번도 쓰지 못한다면 사랑이라는 감정은 애초에 존재하지 않게 되거나 존재했다 하더라도 이를 표현할 일이 없어 무디어지다가 사라졌을 것 같다.

한편 언어와 감정의 연관성을 잘 보여주는 예로 조지 오웰의 소설 『1984』가 있다. 『1984』의 사회에서는 'awesome, nice, fantastic' 등 '매우 좋다'라는 뜻의 단어들을 모두 'plus good'으로 통일시켜 버리고 나머지 단어들은 사전에서 제거한다. 이와 같은 방법으로 소설 속 '빅 브라더(소설 내 통치자)'는 사람들의 각기 다른 감정을 표현하는 데 사용되었던 여러 개의 단어를 하나의 단어로 통일시켜 감정 또한 단일화시키는 것을 목적으로 한다. 이런 면에서, 애초에 필요 없다고 간주된 단어가 존재하지 않는 커뮤니티 사회와 단어를 사전에서 없애 버린 『1984』의 사회는 꽤 유사하다. 결국 커뮤니티는 파시즘(Fascism)을 기반으로 한 『1984』 사회와 다를 바 없는 억압 사회라는 것이다.

나아가 인간관계에서는 '공감대'라는 것이 중요하다. 그런데 언어와 감정이 절제되어 있는데 어디까지 공감대가 형성될 수 있는지 의문이다. 그리고 이렇게 제한된 언어와 감정으로 어느 정도의 깊은 인간관계가 가능할지 또한 의문이다. 아마 영화 속의 커뮤니티와 『1984』의 사회는 구성원들 사이의 인간관계가 딱 그 정도이길 바랐던 것 아닐까.

언어와 감정-2. 부정적 감정들

커뮤니티에는 부정적 감정이 존재하지 않는다. 그렇다면 증오와 분노 등의 감정들은 정말 제거해야만 했던 무의미한 감정들일까? 물론 증오와 분노 등의 감정들은 대부분 부정적인 결과를 초래한다. 다른 사람을 헐뜯고, 비판하는 것은 긍정적인 것과 거리가 멀다. 하지만 이러한 부정적 감정들이 부정적 결과만 초래하지는 않는다. 확실한 건 분노와 질투로부터도 얻는 것들이 있을 수 있다는 것이다. 예를 들어 대한민국 민주주의의 발전은 대부분 잘못된 정권에 대한 민중의 증오와 분노로 시작되었다. 일례로 18대 대통령 탄핵을 위한 촛불 시위는 국정 농단에 대한 시민들의 분노가 변화를 야기하는 힘이 되어 잘못된 것을 바로잡았다.

기억 보유자의 지위를 얻은 주인공이 기억 전달자로부터 기억을 물려받는 훈련을 하고 있다.
© 2014 The Weinstein Company

분쟁 또한 마찬가지이다. 분쟁이 가져오는 영향을 자세히 살펴보면 부정적인 측면만 있는 것은 아니다. 분노로 시작된 분쟁이 증오로만 끝나지 않는다면, 우리가 분쟁으로부터 무언가를 얻고자 한다면, 충분히 분쟁은 좋은 결과를 이끌어 낼 수 있다. 즉, 분쟁을 더 나은 합의점을 도출해 내기 위한 발판으로 사용하는 것이다.

판단은 우리의 몫

듣자마자 소름이 돋았던 말이 있다.

> 노예가 노예로 사는 삶에 너무 익숙해지면 놀랍게도 자신의 다리를 묶고 있는 쇠사슬을 서로 자랑하기 시작한다. 어느 쪽의 쇠사슬이 더 빛나는가, 더 무거운가. 그리고 쇠사슬에 묶여 있지 않은 자유인을 비웃기까지 한다.
>
> -리로이 존스

지금의 우리는 어떤 사회에 살고 있을까? 우리는 자유로울까? 본래 무딘 성격 때문인지 모르겠지만 작년 이맘때까지도 우리가 보고 듣고 있는 정보들이 왜곡되었을 수 있다는 생각을 해 본 적이 없다. 어느 신문이든 아무리 성향이 다르더라도 담고 있는 정보는 같다고 생각해서 아무 신문이나 구독했고, 뉴스도 곧이곧대로 믿었다. 하지만 아무리 같은 정보라도 전해 주는 뉘앙스에 따라 왜곡될 수 있고, 정보의 특정 부분만 보여주어 사람들을 어느 특정한 쪽으로 생각하도록 유도할 수도 있다는 것을 깨달았다. 알 권리를 제대로 누리고 있다고 느꼈는데 사실은 언론사가 원하는 대로 알게 된 것이다. 처음으로 어쩌면 우리가 자유라고 생각했던 것들이 자유가 아닐 수 있음을 깨달았다. 이처럼 자유롭다는 착각은 정말 무섭다. '자유'의 탈을 쓴 '억압'일 수 있으므로.

정치학개론 수업 내용 중 기억에 남는 단어가 있다. '억압적 관용(repressive tolerance)'. 억압적 관용이란 지배 세력이 자신들을 해치지 않는 선에서 반대 세력에게 제한된 관용을 보이는 것이다. 이는 반대 세력으로 하여금 자신들의 발언의 자유가 보장되는 자유로운 사회라고 느끼게 하여 기존 헤게모니를 정당화하는 효과를 가진다. 즉, 반대 세력으로 하여금 마치 지배 세력이 관용적이라고 생각하는 환각을 가지게 하는 것이다. 결국 자유롭지 않은 사회이지만 반대 세력의 입장에서는 자유가 된다.

따라서 우리는 우리의 자유가 과연 위장되지 않은, 객관적인 자유인지 생각해 보아야 한다. 우리가 보고 느끼는 것이 과연 진정한 자유로부터 파생된 것인지, 아니면 마치 앞서 언급한 반대 세력처럼 자유의 환각인지 판단하는 것은 우리의 몫이다. 평등과 불평등도 마찬가지이다. 과연 우리가 평등하다고 느끼는 것들이 겉치레만 평등인지, 정말 평등인지는 우리 자신이 판단해야 한다. 하지만 나의 권리를 주장하면서 내 옆 사람의 권리를 침해하는 것은 바람직한 사회를 만들지 못한다. 결국 자유도, 평등도, 모두 다른 사람의 자유와 평등을 해치지 않는 선에서 누려야 모두가 배려되는 사회에서 살아갈 수 있다.

이와 같은 기본적인 것들만 잘 지켜져도 우리 사회는 모두에게 꽤 괜찮은 사회가 될 것이다. 그리고 굳이 미래 사회(커뮤니티)를 선택한 영화 속 과거처럼 선택의 기로에 놓이지 않아도 될 것이라 믿어 의심치 않는다.

작 · 품 · 소 · 개

더 기버: 기억전달자(The Giver, 2014)

감독	필립 노이스
출연	브렌튼 스웨이츠, 테일러 스위프트, 제프 브리지스 등
러닝타임	97분
내용	차별, 가난, 고통 등에서 벗어나 모두가 행복한 '커뮤니티'에서 '기억전달자' 임무를 부여받은 주인공 '조너스'는 공동체의 숨겨진 비밀을 깨닫게 된다.

현실 속
'엑스맨'

전기밎전자공학부 12 강준민

사회적 약자를 대변하는 뮤턴트들의 이야기

〈엑스맨〉은 초능력자들의 이야기를 다룬 영화이다. 뮤턴트(돌연변이)들이 초능력을 사용하여 화려하게 싸우는 장면은 우리의 눈을 즐겁게 한다. 그뿐만 아니라 이 영화의 또 다른 재미는 영화 속에서의 인물들 간, 종족들 간의 여러 갈등이다. 〈엑스맨〉에서 가장 근본이 되는 갈등은 바로 인간과 엑스맨 간의 대립이다. 뮤턴트(돌연변이)의 존재가 세상에 알려지자 인간은 두려움에 떨게 된다. 결국 미래에 인간은 뮤턴트를 멸종시키기 위해 뮤턴트 살상 로봇인 센티널을 만든다. 위의 내용을 다룬 것이 〈엑스맨〉 시리즈 중 하나인 〈데이즈 오브 퓨처 패스트〉이다. 〈데이즈 오브 퓨처 패스트〉는 센티널의 발명을 막기 위해 주인공 '로건'이 과거로 돌아가서 미래를 바꾼다는 내용을 담고 있다.

〈엑스맨〉의 다른 시리즈는 인간과 뮤턴트의 조화를 주장하는 찰스와 매그니토의 대립을 다룬다. 찰스는 인간과 뮤턴트가 공존하며 조화롭게 살 수 있다고 생각한다. 반면 매그니토는 뮤턴트의 적은 인간이며 그들과의 공존은 불가능하다고 생각한다. 대부분의 사람들이 영화를 보면서 매그니토가 악역으로 보일 수 있는데 필자는 꼭 그렇지만은 않다고 생각한다. 매그니토는 인간들이 뮤턴트들의 존재를 거부한다는 것을 알고 당하기 전에 먼저 손을 쓰는 것뿐이다. 〈데이즈 오브 퓨처 패스트〉의 상황처럼 뮤턴트가 인간에게 전부 멸종되는 미래가 있을 수도 있기 때문이다. 즉, 매그니토는 인간들에게 적일지 모르겠지만 뮤턴트들의 생존을 위해서 별수 없이 찰스와는 다른 방법을 선택한 것이다. 우리가 뮤턴트의 처지에 놓여 있으면 매그니토는 결코 악역만은 아니라는 걸 알게 될 것이다.

〈엑스맨〉은 단순한 재미만을 추구하는 SF영화가 아닌 사회적 문제를 다루는 영화로도 해석될 수 있다. 우선 사회적 문제로 해석하기 이전에 왜 인간이 뮤턴트를 제거하려 했는지 알아보자. 뮤턴트는 초능력이라 할 수 있는, 각자마다 특수 능력을 지니고 있다. 예를 들어 빠르게 달릴 수 있다든지, 날씨를 조종할 수 있다든지, 다른 사람으로 변신할 수 있는 능력 등 아주 다양한 능력들이 있다. 이러한 능력들은 인간을 초월하는 힘이다. 이러한 초능력들은 인간과 너무 다르기 때문에 인간의 입장에서는 더 이상 같은 종족이 아닌 다른 종족으로 인식하게 되었다. 이러한 뮤턴트의 초능력이 악용되면 인간에게 위협이 된다는 사실을 알게 되자 인간은 마치 뮤턴트가 위험한 야생동물이라도 되는 것처럼 없애려

한다. 여기서 인간의 본성을 엿볼 수 있다. 인간은 자신과는 다른 범주에 속하는 것들을 배제하려 한다는 점이다. 배제당하는 쪽은 배제하는 쪽에 비해 그 수가 압도적으로 적다. 그래서 온갖 멸시와 차별을 당하고 이를 하소연해도 목소리가 작을 수밖에 없다. 즉, 그들은 사회에서 큰 힘을 가질 수 없다. 그들을 총칭해서 '사회적 약자'라고 부른다. 이러한 사회적 약자의 여러 대표적인 사례들을 소개해 보겠다.

우선 인종차별이 대표적이라 할 수 있다. 20세기의 미국은 인종차별과 인권운동이 끊이질 않았다. 하지만 현재 미국은 최초의 흑인 대통령이 선출될 정도로 인종차별이 줄었다. 하지만 여전히 인종차별은 존재하고 있는 것이 현실이다. 심지어 불과 몇 달 전 해외 뉴스에서 백인 경찰이 흑인을 폭행한 사건이 보도된 적이 있었다. 또한 흑인을 보면 알레르기가 생긴다며 흑인을 폭행한 사건이 기사에 난 적도 있었다. 그밖에

당신이 사회적 약자라면 온건파 찰스와 강경파 매그니토 중 어느 편을 들겠는가?
© 2006 Twentieth Century Fox

인종차별 사례로 인터넷 검색을 시도하면 여러 사례들을 쉽게 접할 수 있다. 이러한 차별을 받는 흑인들 중에는 결국 타락하여 범죄의 길로 이탈하는 이도 종종 생긴다. 이를 보면 마치 영화 〈엑스맨〉의 매그니토를 연상시킨다. 〈엑스맨〉 시리즈 중 〈퍼스트 클래스〉를 보면 찰스와 매그니토도 원래 뜻을 함께한 친구였다. 하지만 매그니토는 인간에 강하게 맞서 싸우는 방향으로, 찰스는 자비에 영재 학교를 건립하여 차별받는 뮤턴트들에게 좀 더 도움을 주는 방향으로 엇갈리게 된다. 범죄, 마약에 빠져드는 흑인들 또한 차별하고 억압하는 환경이 그들을 그렇게 만든 것이 아닐까 하는 의문이 든다.

또 하나의 예시로는 성 소수자에 대한 차별이 있다. 여기서 성 소수자란 사회적 다수인 이성애자가 아닌 사람을 모두 지칭하는 말이다. '톱게이'란 별명을 지닌 홍석천이 대표적인 성 소수자라 할 수 있다. 그밖에 남자에서 여자로 성전환 수술을 한 하리수 또한 성 소수자라 할 수 있다. 홍석천, 하리수 둘 다 컴백 당시 사회적으로 이슈가 되었고 곱지 못한 시선을 많이 받았다. 아직 사회는 성 소수자들을 쉽게 용납하지 못하는 분위기다. 하지만 그렇다고 해서 그들이 비난받거나 인권을 무시당해도 될 이유는 어디에도 없다. 최근에 논란이 된 육군 참모총장의 동성애자 색출 지시는 그 차별의 대표적인 예라 할 수 있다. 또 얼마 전 우리가 잘 아는 프로그램인 〈그것이 알고 싶다〉에서 동성애 차별 사례를 제보받았다. 그런데 많은 반발이 있었다. '공영 방송에서 친동성애 프로그램을 만들다니 기가 막힌다' '동성애 옹호, 방영 중지를 요청한다' '동성애의 미화가 청소년에게 좋지 못한 영향을 준다' 등 홈페이지 게시판에 여러 글이 올라왔다. 이를 통해 우리 사회에서는 아직 성 소수자들이 목소리를 내기조차 힘들다는 것을 알 수 있다. 이 때문에 그들은 24시간 자신의 정체성을 숨긴 채 사회 속에서 목소리를 내지 못하고 살아야 한다. 마치 영화 〈엑스맨〉에서 다수의 뮤턴트들이 자신의 정체를 숨기고 살아가는 것처럼 말이다.

그밖에 외국인 노동자, 장애인 등이 사회적 약자라 할 수 있다. 외국인 노동자의 경우는 제대로 된 임금을 받지 못한 채 고용주의 '갑질'에 시달리는 사례가 많다. 하지만 아직 그들의 목소리를 들어줄 시설이 마땅치 않은 게 현실이다. 장애인의 경우는 다른 사회적 약자에 비해 많은 지원과 입법들이 이루어지고 있다. 그렇지만 여전히 인권침해의 사례들이 많이 속출하고 있기 때문에 갈 길은 멀다고 할 수 있다.

영화가 소수자들에게 던지는 '당당한' 메시지

이제까지 우리는 사회적 약자에 대해 알아보았다. 우리가 주변에서 흔히 볼 수 있는 약자들도 있지만 정체를 숨기고 사는 약자들도 존재한다. 이 중에서 영화 〈엑스맨〉과 비슷한 부류는 정체를 숨기고 사는 약자들이다. 동성애자, 트렌스젠더 등과 같은 약자 말이다. 그렇기에 좀 더 이들이 처한 상황이나 문제점에 대해 서술해 보고자 한다.

앞서 언급한 소수자들은 다른 사회적 약자들보다 더욱 취약한 환경에 처해 있다. 다양한 소수자들 중 동성애자를 예로 들어 보겠다. 우리나라의 경우, 동성애자가 자신의 정체성을 밝히면 사회적으로 많은 손가락질을 받는다. 그들을 개별적으로 보호하는 법안 또한 없으며 입법될 여지도 보이지 않는 실정이다. 19대 대통령 선거 당시 문재인 후보의 동성애에 관한 합법화 반대 발언이 이슈화되었다. 이로 인해 문재인 후보가 다른 후보 세력에게 공격을 받게 되었다. 동성애자 입장에서 보면 긍정적으로 비칠 수도 있다. 하지만 이는 단지 문재인 후보를 비방하기 위해 정치적으로 이용되었을 뿐이다. 인터넷에 달린 댓글을 보면 다수가 문재인 후보를 지지하였지만 동성애 합법화에 관하여 아예 반대하는 의견이나 동성애는 개인적 자유지만 합법화 자체는 반대라는 의견도 많았다. 동성애를 합법화하거나 동성애 문화를 받아들이기에는 문화적으로 아직 이르다는 의견 또한 있었다. 이를 통해 우리 사회는 아직 동성애를 받아들이기에는 동성애에 대한 이미지가 좋지 않다는 것을 알 수 있다. 즉, 문화적으로나 인식적으로 그들은 다른 사회적 약자와 달리 존재 자체를 부정당하거나 인정조차 받기 힘들다. 결국 그들은 자신을 숨길 수밖에 없다. 그렇다면 그들은 자기 자신을 부정하고 속이고 숨기면서 살아가야만 하는가?

영화 〈엑스맨〉은 워렌이라는 캐릭터를 통해 이에 대한 답을 제시한다. 워렌은 태어날 때부터 뮤턴트가 아닌, 평범한 사람이었다. 어느 날 갑자기 워렌의 어깨뼈에서 날개가 자라나기 시작한다. 그것을 본 그의 부모는 날개를 끈으로 묶어서 옷 속에 숨기고 지내게끔 했다. 워렌은 자신의 날개를 숨긴 채 지내게 된다. 하지만 워렌은 날개를 싫어하지 않았다. 부모 몰래 날갯짓도 해 보고 공중을 나는 연습도 하였다. 그와 달리 부모는 자신의 아들이 병에 걸렸다고 생각하여 치료할 방법을 찾는다.

뮤턴트 워렌은 자신을 숨긴 채 걷기보다 당당하게
하늘을 나는 길을 선택한다.
© 2006 Twentieth Century Fox

결국 다른 뮤턴트의 능력을 억제하는 능력을 가진 뮤턴트의 유전자를
통해 약이 개발된다. 정부는 곧바로 뮤턴트는 모두 환자이기 때문에 약
물 치료를 받아야 한다고 발표한다. 매그니토는 이러한 상황이 뮤턴트
에게 학살이나 다름없다고 말하면서 인간과 뮤턴트 간의 전쟁이 시작
된다.

　여기서 워렌은 영화 속 큰 흐름과는 달리, 부모의 뜻에 따라 약물 치
료를 받기로 한다. 하지만 워렌은 약물 치료를 받으려는 순간 투여를 거
부하고 날개를 활짝 펼친다. 그리고 창문을 깨고 하늘로 날아가 버린다.
비록 이 장면은 영화의 큰 맥락에 해당하는 장면은 아니지만 감독이 말
하고자 하는 메시지가 담겨 있다고 생각한다. 주변 시선이나 환경에 굴
하여 자기 자신을 부정하지 말고 있는 그대로를 받아들이는 게 감독의
메시지라 생각한다. 즉, 주변 환경이나 시선을 피해 도망가거나 숨지 말

고 당당히 맞서 싸우라는 의미가 아닐까?

시대가 변함에 따라 감독이 던지는 메시지처럼 숨지 않고 당당히 맞서 싸우려는 사람들이 점점 늘어나고 있는 추세이다. 우리 학교인 KAIST의 경우만 봐도 알 수 있다. 성 소수자 동아리가 직접 자신을 알리기 위해 모습을 드러낸 채 부스를 만들어 홍보하기도 했고, 학생회의 한 후보가 자신의 정체성을 SNS를 통해 공개하기도 했다. 다른 학교의 성 소수자 단체는 그 공개에 대하여 지지의 글들을 올려 화제가 되었다.

뮤턴트와 인간의 차이는 오른손잡이와 왼손잡이의 차이

영화 〈엑스맨〉은 액션이나 초능력 자체에 중점을 두면 단순히 재밌는 영화로 보이기 쉽다. 하지만 이 영화 속 뮤턴트들에게는 사회적 약자 혹은 소수자들의 모습이 잘 녹아 있다. 뮤턴트가 하는 고민은 대체로 사회적 약자의 고민과 유사하다. 어떤 뮤턴트는 남들과는 다른 자신의 모습과 능력 자체를 싫어하기도 한다. 또 자신들을 인정해 주지 않는 사회에 대한 분노를 표출하기도 한다. 뮤턴트들의 이런 고민은 우리 사회에서 소수자들이 겪는 아픔을 관객들에게도 공감시킨다. 뮤턴트를 억압하는 이러한 사회 역시 소수자가 떳떳하지 못한 우리 사회와 유사하다. 매그니토가 이끄는 조직은 약자인 자신을 지키기 위해 무력시위 같이 강경하게 대응하는 세력들을 연상시킨다. 반면 찰스는 비폭력 인권 운동가의 모습을 연상시킨다. 특히 찰스 같은 경우는 비폭력 운동가인 간디나 마틴 루서 킹을 떠올리게 한다. 또 영화 중간마다 나오는 대사들은 우리를 생각에 잠기게 한다.

"사회가 널 받아 주길 바라면서 왜 너 자신도 받아들이지 못하는 거지?"(〈퍼스트 클래스〉중)

엑스맨 시리즈 중 〈퍼스트 클래스〉는 매그니토와 찰스의 과거 성장 시절의 모습을 보여줌으로써 소수자가 성장하면서 겪는 아픔을 잘 담아 내었다. 어렸을 때부터 남들과 다른 외모로 힘들어 했던 미스틱, 자기 때문에 부모가 죽임을 당하는 것을 본 매그니토의 아픈 과거처럼 말이다. 영화 〈엑스맨〉은 우리에게 뮤턴트라는 흥미로운 소재를 이용하여 관객들에게 공감을 이끌어내려 한다. 그와 동시에 많은 질문과 메시지들을 전달한다.

엑스맨을 오로지 영화 속에만 존재하는 가상의 집단으로 생각해선 안 된다. 지금도 우리 주변에는 자신의 정체를 숨긴 채 살아가는 사람들이 있다. 마치 영화에서 다수의 뮤턴트가 그랬던 것처럼 말이다. 영화 속 뮤턴트들은 단지 인간 사회 속에서 특별한 취급 없이 평범하게 살아가고 싶을 뿐이었다. 어느 성 소수자 단체의 말 중, 이성애자와 동성애자의 차이는 오른손잡이와 왼손잡이의 차이 정도와 같다는 문구가 떠오른다. 뮤턴트들이 그랬던 것처럼 사회적 소수자들 역시 우대나 특별한 대우를 바라기보단 단지 성향은 다르지만 남들처럼 평범한 사람이라 영화는 말하고 싶은 게 아닐까?

엑스맨(X-Men, 2000)

감독	브라이언 싱어
출연	휴 잭맨, 패트릭 스튜어트, 이언 맥켈런 등
러닝타임	104분
내용	초능력을 쓰는 돌연변이와 인간이 공존하는 세계에서 인간을 지배하려는 매그니토와 인간과의 공생을 꾀하는 찰스 자비에 집단 간의 전투가 펼쳐진다.

머리가 좋아지는 약을
먹으면 행복할까

전산학부 14 송현호

약 한 알로 인생이 바뀐다?

SF영화에 자주 등장하는 떡밥 중 하나는 외부 요인으로 뇌를 각성시켜서 이전과 다른 지능 혹은 능력을 가지게 하는 것이다. 예를 들면 〈천재 소년 지미 뉴트론〉에서는 헬멧을 써서 뇌에 자극을 전달하여 지능 수치(IQ)를 조작하는 장치가 등장한다. SF영화 〈루시〉와 〈리미트리스〉에서는 정체불명의 약을 복용하고 머리가 좋아지는 장면이 나온다. 영화 속에서 주인공들은 머리가 좋아지다 못해서 거의 초능력에 가까운 능력을 발휘한다. 예를 들자면 한 번 들은 언어를 자유자재로 구사하거나, 인생을 살면서 듣고 보았던 모든 기억이 선명하게 떠오르거나 하는 것들이다. 이렇듯 SF영화에서의 뇌에 대한 설정은 대부분 "인간은 뇌의 모든 부분을 사용하지 못하고 일부만 사용하고 있다"라는 속설 때문이다. 그런데 사실 이것은 잘못 알려진 상식이다. 어찌 되었든 간에 그런 약이나 장치가 불가능하다는 논란은 제쳐 두고, 실제로 저런 약이 있다면 당신은 사용할 것인가? 영화 〈리미트리스〉 속 주인공의 삶을 중심으로 판단해 보자.

주인공 에디는 실패한 작가인데 어느 날 여자친구에게 이별 통보를 받는다. 집으로 돌아가던 길에 우연히 머리가 좋아지는 약(NZT)을 접하게 되고, 이것을 먹고 나서 에디의 삶은 완전히 바뀌게 된다. 주목해야 할 점은 에디와 약의 관계이다. 영화 내내 에디는 약에 의존하는 모습을 보인다. 에디가 약에 의존하는 것은 세 가지 특성으로 확인할 수 있다. 첫째, 약의 출처도 모르고 복용한다. 에디에게 약을 처음 준 사람은 에디의 전처의 남동생 버넌인데 그는 마약상이다. 마약상이 미국 식약청 허가를 받은 안전한 약이라고 소개하는데 정상적인 사람이라면 절대 믿지 않겠지만 에디는 이를 그냥 믿고 약을 먹어 버린다. 그리고 그 약이 실제로 잘 작용해서 그동안 못 쓰던 글을 썼기 때문에 에디는 출처 따위는 신경 쓰지 않고 다시 약을 찾게 된다.

둘째, 에디는 약을 계속 복용하면 자신이 위험에 빠지게 될 것을 알았다. 두 번째 약을 복용하기 위해 버넌을 찾아갔을 때 버넌이 살해당하는 것을 보고도 약에 대한 집착을 끊지 못한다. 버넌의 죽음을 신고하고 나서 약의 행방을 찾고, 경찰이 도착하기 전에 약을 빼돌리는 데 성공한다. 그렇게 얻은 엄청난 양의 약을 먹으면서 글을 쓰다가 돈을 더 벌기 위해서는 글을 쓸 것이 아니라 주식을 해야겠다고 결심하고 주식을 시작한다. 주식 자금을 마련하기 위해 불법 사채까지 써 가면서 돈을 번다. 물론 약도 이전보다 많이 먹는다. 그러다가 에디는 한계에 도달해서 진짜 마약을 먹은 것처럼 기억이 불안정해지고, 자신도 모르는 사이에 살인을 저지르게 된다. 또한 자신 이외의 약을 먹는 사람들이 다 죽거나 불구가 되었다는 사실도 알게 된다. 전처가 약의 부작용을 설명해 주었지만 약 복용을 멈추지 않는다.

셋째, 에디는 약에 대해 강하게 집착한다. 주식으로 번 돈으로 양복을 새로 맞추는데 맞춤 양복에는 약 보관을 위한 특수 주머니가 달려 있다. 약이 다 떨어질 것을 염려해서 약 제조를 시작하고, 심지어 자기가 죽을 위기에서도 위기를 타파하려면 약이 필요하다고 생각한다. 특히 NZT를 먹고 자신을 죽이러 온 사채업자를 죽인 뒤 그 피를 먹어서 NZT를 보충하는 장면은 에디의 집착을 잘 보여준다. 이렇듯 에디는 약에 지나치게 의존적이다. 영화를 계속 보면 약에 의존해 가면서 주식으로 돈을 벌고, 천재 주식 투자자로 유명해지고 나중에는 상원의원까지 된다. 돈과 명예를 모두 얻게 된 것이다.

그렇게 인생이 바뀌면 행복할까?

영화 〈리미트리스〉를 통해 머리가 좋아지는 약 하나로 사람 인생이 바뀌는 과정을 지켜보았다. 당연히 머리가 좋아지는 약이 있다면 누구나 먹으려 할 것이다. 그런데 에디의 인생이 행복했다고 할 수 있을까? 다시 말하면 약을 통해 머리가 갑자기 좋아지면 인생이 더 행복할 것 같은가? 곰곰이 생각해 보자. 약을 먹고 일어났더니 갑자기 머리가 좋아져 있었고 그 상태로 하루를 성공적으로 보냈다. 다음 날, 자신이 다시 멍청해졌다는 것을 느낄 때 그 사람은 행복할까? 그 사람은 행복하지 않을 것이다. 오히려 그 사람은 '어제 하루만 똑똑했던 자신'과 평소에 멍청했던 자신을 비교하면서 자괴감에 빠질 것이다. 어쩌면 그 똑똑했던 자신으로 돌아가기 위해 에디처럼 약에 대해 광적인 집착을 보일지도 모른다. 영화 〈리미트리스〉는 이 점을 다시 생각해 보게 한다.

영화에서 에디가 버넌의 고객 리스트를 보면서 전화를 돌리는데, 이 사람들이 어떻게 되었는지 보자. 몇몇 사람들은 죽었다. 약을 노리는 세력에 의해서 살해당했다고 보는 것이 맞다. 죽지 않았더라도 거의 죽음에 가까운 중상을 입은 사람들이 나온다. 다른 예를 보면, 에디처럼 NZT에 집착해 미쳐 버린 사람이 있고, 약이 위험하다는 것을 깨닫고 약 복용을 중지한 에디의 전처(멜리사) 같이 약의 부작용으로 폐인이 된 사람

머리가 좋아지는 약이 생기면 당신은 삼킬 것인가, 말 것인가? © 2011 Universal Pictures

들이 나온다. 이처럼 하나같이 NZT를 먹은 사람들은 행복과는 거리가 먼 삶을 살게 된다는 것을 보여준다. 즉, 영화는 NZT가 실존한다면 그것을 먹은 사람이 행복하지 않을 것이라는 메시지를 보내고 있다.

부정과 요행을 상징하는 약의 효능

사실 머리가 좋아지는 약 NZT는 상징적인 의미이다. NZT는 실존할 수 없는 약이지만 다양한 형태로 우리에게 다가온다고 생각할 수 있다. 예를 들어, 당장 내일 숙제 제출을 해야 한다고 하자. 그전 날까지 아무것도 하지 않았던 사람은 대부분 NZT를 바랄 것이다. "갑자기 머리가 좋아져서 숙제를 단번에 끝낼 수 있었으면 좋겠다"고 바랄 때 머릿속의 버넌이 넌지시 말을 건넨다. "출처가 불분명하지만 '구글링'을 하면 숙제를 단숨에 해치울 수 있을걸. 어때?"라고. 만약 여기서 NZT를 한 번 먹게 되면 즉, 인터넷 검색으로 숙제를 베껴서 내면 어떻게 되는가? 숙제를 제대로 하지 않았지만 숙제 점수는 잘 받게 된다. 수업을 듣지 않아도 구글링 한 방이면 숙제를 해결할 수 있게 된다는 것을 경험했으니 계속 그렇게 살게 될 확률이 매우 높다. 그러다가 시험 날, NZT를 복용할 수 없는 상황에서는 어떻게 될까. 아는 것은 없지만 점수는 잘 받고 싶으니 어떻게든 부정행위를 하려고 할 것이다. 운이 좋아서 부정행위 한 것을 들키지 않고 좋은 숙제 점수와 시험 점수를 받게 되더라도, 자신이 한 것이 아니기에 마음은 괴롭고 결국 배운 것은 아무것도 없게 될 것이다.

좀 더 일반화해서 생각하면 현실에서의 NZT는 순간의 위기를 모면하게 해 주는 어떤 수단이 된다. 그 어떤 수단은 처음에는 분명한 이득을 가져다주지만 계속하다 보면 결국 문제를 발생시킨다. 영화 속에서 NZT를 먹었던 사람들의 끝이 전부 좋지 않았던 것처럼 말이다. 현실적으로 생각해 보자. NZT는 존재할 수 없는 약이기에 실제로 버넌이 건네준 약은 그냥 마약일 것이다. 그렇게 생각하고 에디의 삶을 객관적으로 바라보면 다음과 같다. 직업적으로 실패한 사람이 있다. 그는 연인에게 더 이상 만날 수 없다는 이별 통보를 받게 되고 붙잡아 보려 하지만 그녀는 떠나갔다. 절망에 빠진 그에게 마약상이 다가와서 위험한 약이 아니라며 어떤 약을 건네준다. 그렇게 정체불명의 마약에 손을 대게 된다. 마약을 하면서 기존의 일은 팽개치고 주식으로 큰돈을 벌 계획을 세운다. 큰돈을 벌려면 기본 자금이 필요하다는 판단을 하고, 은행에서 돈을 빌릴 수 없으니 불법 사채를 끌어다가 쓴다. 그 뒤에 사채업자에게 위협을 받고, 마약상들에게도 위협을 받는 삶을 살게 된다.

이렇게 써 놓고 보니 전형적인 폐인의 생활과 다를 게 없다. 마약에서 주식, 주식에서 사채로 이어지는 자연스러운 막장 흐름이다. 왜 이런 막장 흐름을 영화에서 보여주었을까? NZT를 먹은 후 단순하게 의사나 과학자 같은 전문직에 종사해도 돈과 명예를 얻을 수 있을 텐데 말이다. 영화에서는 바로 이런 흐름을 통해서 NZT 같은 요행이 없었다면 에디는 폐인이 되었을 것임을 보여주고 싶었기 때문일 것이다. 즉, 이러한 에디의 행동 양상을 보았을 때 영화가 우리에게 주는 두 번째 메시지는 NZT 같은 요행을 바라지 말라는 것이다. 영화에서 말하는 바람직한 삶의 양상은 무엇일까? 영화에서 버넌이 처음 NZT를 건네줄 때 "원래 똑똑한 사람은 약효가 더 잘 듣는다"라는 말을 한다. 즉 에디가 처음부터 정신 차리고 원래 직업인 작가로서의 삶을 열심히 살았다면 에디는 저렇게까지 막장이 되지 않았을 것을 암시한다. 게다가 NZT의 약효를 받지 않는 사람은 없었다. 전처인 멜리사나 에디의 약을 빼앗아서 먹은 사채업자조차도 NZT를 먹고 똑똑해졌다. 이 점을 다시 생각해 본다면, 멍청한 사람은 없고 자신이 노력한다면 누구나 만족할 만한 성취를 할 수 있음을 의미한다. 또한 NZT가 실존한다 하더라도 자신의 능력을 초과하는 업무를 해내는 것은 단기적으로는 이득이 될 수 있으나 장기적으로 바라보았을 때 크고 작은 문제들이 생기게 될 것이고 반드시 불행의 길로 접어드는 것임을 확인할 수 있다. 위의 사실들을 종합해 보았을 때 영화에서 말하는 바람직한 삶은 "주어진 재능의 차이는 크지 않으니 성실하게 노력하는 삶을 사는 것"이 되겠다.

약이 아닌, 노력에 의존하자

영화가 우리에게 주는 궁극적인 메시지는 무엇일까? 첫째, 살면서 마주치는 문제를 해결하기 위해서 약에 의존하는 삶을 비판한다. 여기서 약은 편법이나 요행을 의미한다고 위에서 서술했다. 둘째, 사람마다 주어진 능력의 차이는 크게 없으니 성실하게 노력하는 삶을 지향하자고 말한다. 이는 위에서도 설명했듯이 결국 약의 효능도 사람이 원래 가지고 있는 능력에 비례하며, 약을 먹은 자들은 모두 약의 효능을 본 것으로 미루어 위의 결론에 도달한 것이다. 그리하여 영화를 통해서 정말 전하고 싶었던 메시지는 두 가지를 통합한 것, "삶을 살아가면서 마주하는 문제들을 해결하기 위해 여러 가지 편법을 사용하거나 요행을 바라지 말고 정직하고 성실한 삶을 살자" 정도가 되겠다. 항상 교훈이라는 것은 그렇다. 말이 쉽지, 실천은 쉽지 않다. 이전에는 누가 나한테 머리가 좋아지는 약을 건네준다면 정말 좋을 것 같다고 생각했다. 대학교에 들어와서 보니 세상에는 공부보다 재미있는 것이 너무 많았고, 성실하게 공부하는 것은 멍청한 짓 같았다. 지금 생각해 보면 나도 NZT 중독자 중 한 사람이었던 것이다. 대학교에 처음 입학했을 때 성실히 공부하기보다는 '시험을 위한 공부' '과제를 위한 공부'만 하고 남는 시간에는 친구들과 신나게 놀았다. 과제와 시험에서 좋은 성적을 거두었지만 지금 만약 누가 나한테 1학년 때 수강했던 과목들에 대해서 묻는다면 잘 설명하지 못할 것이다. 그러한 성취는 현실에서의 NZT를 통해 얻은 것이기 때문이다.

NZT 복용을 멈추게 된 것은 스승의 날에 교수님을 찾아갔을 때 교수님이 해준 말 때문이다. 당시 알고리즘 개론 수업을 듣고 있던 나에게 교수님이 수업 시간에 다루었던 알고리즘에 비유해서 인생에 대한 교훈을 주셨는데, 한마디로 요약하자면 다음과 같다.

"인생은 'greedy algorithm'으로는 풀 수 없다."

여기서 'greedy algorithm'이란 선택의 순간에서 항상 그때 가장 이득인 것을 선택하는 알고리즘이다. 교수님께서는 "살면서 그때그때 짧은 순간에 대해서 이득을 취하는 것이 옳은 선택이 아닌 경우가 많다.

당장만 이득인 선택보다 나중을 위한 선택을 하자. © 2011 Universal Pictures

어떤 선택이 그 순간에만 이득인지 아닌지 잘 판단하는 것이 중요하다"고 말했다. 나는 그 이후로, 공부의 방향에 대해서 다시 생각해 보게 되었다. 당장 마감이 얼마 남지 않은 숙제를 위해서 하는 공부라던가, 시험 대비 벼락치기 공부 같은 '순간을 위한 공부'를 하는 것이 옳지 않게 느껴졌고, 그다음부터는 그러한 공부를 '대출 공부'라고 불렀다. 결국 나중에 그 내용들을 다시 공부해야 한다는 사실을 상기하기 위해서였다. 그리고 '대출 공부' 대신 꾸준하고 성실하게 공부하기로 마음먹었다. 그러고 난 후에는 이전보다 학업 성취도가 좋아지고 자신에게도 당당한 삶을 살게 된 것 같다.

이 글을 읽고 있는 당신도 잘 생각해 보면 NZT를 복용하고 있을 수 있다. 순간의 위기를 모면하기 위해서 편법을 사용하고 있지는 않은가? NZT 복용을 멈추고 대신 자신을 좀 더 믿어 보는 것은 어떨까. 자신을 믿고 성실하게 맡은 일에 최선을 다한다면 NZT 따위는 없어도 충분히 성공적이며 행복한 삶을 살 수 있을 것이다. NZT를 복용하는 것처럼 순간의 위기를 모면하기 위한 편법 혹은 요행을 바라는 행동은 결국 자신에게 해가 된다는 것을 명심하자. 또한 "노력은 배신하지 않는다"라는 말처럼 성실하고 정직하게 사는 삶은, 다른 이들이 볼 때에 미련하고 순간적인 성취도는 낮을지라도 결국 삶을 살아가는 데에 큰 힘이 된다는 교훈을 항상 기억하자.

작 · 품 · 소 · 개

리미트리스(Limitless, 2011)

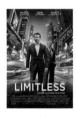

감독	닐 버거
출연	브래들리 쿠퍼, 로버트 드 니로, 애비 코니쉬 등
러닝타임	105분
내용	앨런 글린의 소설 『리미트리스』를 영화화한 작품. 정체불명의 약을 먹은 주인공에게 일어나는 변화를 다룬다.

디스트릭트 9
: 대동이여 소동이

산업및시스템공학과 11 최준범

페이크 다큐멘터리 형식의 신선한 SF영화

2009년에 굉장히 획기적인 SF영화 한 편이 개봉했다. 이 영화의 감독은 장편영화를 처음 제작해 보는 것이었고 SF영화치고는 적은 예산을 이용했다. 영화에 참여한 배우들은 그렇게 유명한 배우가 아니었고 '외계인 접근 금지'라고 쓰여 있는 포스터에서는 B급 영화의 정서가 물씬 풍겨났다. 그러나 그냥저냥 평범할 것 같았던 이 영화는 여러 외신과 평론가로부터 많은 찬사를 받으며 큰 흥행을 거두었고 국내의 한 영화평론가는 한국의 모든 영화광들이 모여 이 영화에 경배를 바쳐야 한다고까지 표현했다. 이 영화는 바로 지구에 홀연히 등장한 외계인을 정착시킨 집단 거주 구역에서 일어나는 이야기를 다룬 〈디스트릭트 9〉이다.

〈디스트릭트 9〉은 갑작스레 지구에 불시착해 고향으로 돌아가지 못하고 임시수용소에서 살게 된 외계인이 등장하는 SF영화이다. 하지만 널리 알려진 SF영화의 공식을 따르지 않았다. SF 장르는 보통 미래에 있을 법한 과학기술과 장비들을 보여주기 위해 수많은 CG를 활용하여 화려한 영상미를 선보이고 우리가 볼 수 없었던 새로운 세계를 보여준다. 그러나 이 영화에서는 우리가 살아가는 시대와 공간을 배경으로 한다. 독특한 외계인과 무기, 하늘에 떠 있는 우주선이 등장하지만 스토리가 진행되는 영화의 배경은 2010년의 전혀 새로울 것 없는 남아공 도시 요하네스버그이고 외계인 분리 거주 구역 '디스트릭트 9'은 TV에서 많이 보던 슬럼가의 전형이었다.

평범한 시공간적 배경과 더불어 이 영화는 SF영화가 잘 사용하지 않는 페이크 다큐멘터리 기법으로 제작되었다. 페이크 다큐멘터리 기법은 실존 사건을 다루는 다큐멘터리의 형식으로 감독이 연출한 허구의 이야기를 전달하는 연출 방법이다. 그런데 이 방법은 보는 사람으로 하여금 진짜 이런 이야기가 있었을까 하는 의구심을 자아내고 이야기에 현실감을 불어넣어 더 잘 몰입할 수 있게 하는 긍정적인 효과를 주지만 SF에서는 잘 활용되지 않는다. 왜냐하면 SF는 주로 컴퓨터 그래픽을 활용해 웅장함과 거대한 스케일, 새로운 것을 보는 카타르시스로 몰입을 유도하기 때문이다. 그래서 실존 사건인 듯 연출하는 페이크 다큐멘터리 형식과는 어울리지 않는다. 그러나 〈디스트릭트 9〉은 SF영화임에도 불구하고 페이크 다큐 형식으로 이야기를 전개해 나간다.

사회에서 대부분의 일들은 기존의 관습과 그것이 정하는 규칙을 따른다. 그것이 어느 정도의 성공을 보장하기 때문이다. 그런데도 〈디스트릭트 9〉은 위험을 감수하고 SF영화가 잘 선택하지 않는 요소들을 채택했다. 왜 이 영화는 일반적인 문법을 따르지 않았을까? 그 이유는 평범한 시공간 배경과 페이크 다큐멘터리 형식이 이 영화가 가진 현대사회를 비판하는 메시지를 효율적으로 전달할 수 있기 때문이다. 〈디스트릭트 9〉이 예상외로 성공한 이유이기도 한데 이 영화는 인간 사회를 날카롭게 풍자한 SF우화이다. 우화에서 동물을 의인화하여 풍자하는 요소로 활용하듯이 이 영화에서도 인간과 외계인의 대립을 통해 사회를 비판한다. 그런 우화 같은 사회를 여과 없이 스크린 위에 옮겨 내기 위해서 시공간 배경을 우리가 살아가는 지구의 한곳으로 하고 현실감 넘치는 페이크 다큐멘터리 형식을 이용한 것이다. 그 결과물은 훌륭했다. 영화 속 외계인과 인간에게 피지배층과 지배층의 모습, 인종차별 문제를 겪는 흑인과 백인이 투영되어 있고, 현실 세계의 폐단과 모순이 지독히도 잘

강제 수용소를 방불케하는 디스트릭트 9. © QED International, WingNut Films.

묘사되어 있다. 그래서 그것을 감상하는 관객들에게 상상 속의 SF영화가 아니라 현실을 그리는 이야기임을 정확히 전달했다. 그리고 우리 사회에서 일어나고 있지만 잊고 살았던 불편한 진실을 환기시켰기에 뭔가 개운하지 않은 느낌도 선사했다. 그렇기에 〈디스트릭트 9〉은 어떤 SF영화보다 우리가 살고 있는 사회를 되돌아볼 수 있는 생각거리를 많이 던져 주는 영화였다.

인간의 탐욕과 사회적 문제를 녹인 수작

〈디스트릭트 9〉에서 감독은 정말 많은 사회적 문제와 인간 내면에 존재하는 것을 짚어 냈다. 인종차별 문제, 생체 실험도 마다하지 않는 군수산업의 비인간성과 탐욕, 무지로 인한 샤머니즘, 약한 자를 억압하는 데 방관하는 소시민적인 태도, 인간이 앞으로 나아갈 수 있게 해 주는 원동력이 되는 사랑 등 감독은 많은 주제를 영화 안에 녹여 냈다. 그 여러 가지 생각거리들 중에서도 내가 가장 핵심적이라 생각하고 눈여겨 본 것은 인종차별 문제를 통해 풀어내는 이원론적인 사고의 폐해였다.

눈치가 빠른 사람이라면 남아공이 공간적 배경이라는 점과 '디스트릭트 9'이라는 제목을 통해 이 영화가 인종차별에 대한 문제 제기를 충실히 담고 있다는 것을 알 수 있을 것이다. 남아공을 배경으로 한 이유는 감독 닐 블롬캠프의 고향이 남아공이기 때문만은 아니다. 남아공은 인종 분리 정책인 아파르트헤이트 정책을 실시했던 곳으로 유명하고 반-아파르트헤이트 정책을 펼친 위인 넬슨 만델라로 유명하다. 즉, 인종차별 문제가 국제적인 이슈로까지 커졌던 남아공의 인종차별 문제를 상징적으로 활용하여 인종차별 문제와 이원론적인 사고를 외계인과 인간 사이의 갈등으로 영화 속에 풀어낸 것이다. 그리고 〈디스트릭트 9〉이라는 제목은 아파르트헤이트 정책 당시 60만 명의 유색인종을 케이프타운의 '디스트릭트 6'라는 지역에서 외곽 지역으로 강제 이주시킨 사건을 모티프로 하였다. '디스트릭트 6'는 현실 세계에서 인간을 차별하고 분리히는 공간이었던 것이다. 그리하여 영화 안에서도 외계인들이 거주하는 '디스트릭트 9'은 한 존재의 본질까지 정의해 버리는 공간이 되어 버렸고 안과 밖, 두 가지로 세상을 양분하는 절대적이고 이원론적인 공간이 되었다.

영화 속 세상에서 외계인과 인간은 절대 넘을 수 없는 벽이 가로막고 있는 이원론적인 공간이 '디스트릭트 9'이다. 이 구역의 바깥은 철저히 인간의 구역이고 외계인들이 나올 수 없도록 온갖 외계인 금지 표지판과 폭력으로 일관한다. 그런데 이 영화에서 자의는 아니지만 넘을 수 없어 보이는 벽을 넘는 인물이 있다. 바로 이 영화의 주인공 '비커스 반 데 메르베'이다. 그를 통해 우리는 공감할 수 있는 새로운 메시지를 전해 받는다.

주인공 비커스는 설정부터 참 진부하다. MNU에서 외계인 관련 업무를 처리하는 '애걔, 이런 사람이 주인공이야?'라고 생각될 정도로 지극히 평범한 사람이다. 소설이나 영화에 등장하는, 능력이 넘치고 이상적인 주인공들과는 괴리감이 크다. 다른 사람과 마찬가지로 자신이 살고 있는 곳에 불쑥 찾아온 불청객인 외계인을 혐오하는 백인이며 아내를 지극히 사랑하고 직장 상사이자 장인에게 잘 보이기 위해 노력한다. 그리고 비커스는 한 외계인에게 강제 퇴거하지 않는다면 외계인의 아들을 데려가 버리겠다며 자신의 이득을 위해서 협박도 서슴지 않는 소시민적 면모를 보인다. 그리고 자신이 맡은 직위와 인간이라는 우월적 위치로 외계인을 괴롭히는 행동에 대해 어설픈 논리로 합리화한다. 이 시대를 살아가는, 어디서든 보일 법한 비범하지 않은 대중적인 인물인 것이다. 이 인물은 인종차별 문제에서 백인, 사회에서 빈곤을 겪지 않는 다수의 중산층을 의미한다고 할 수 있다. 이런 대중을 대표하는 주인공을 통해 우리는 영화의 내용과 영화가 전달하려는 메시지에 더 공감할 수 있게 된다.

　그럼 이 영화는 어떤 메시지를 많은 사람들에게 납득시키고 공감시키고 싶었을까? 우리에게 전해지는 그 메시지는 우리가 현실에서 겪어 보기 힘들고 이전의 SF영화들에서 크게 다뤄진 적 없는 새로운 이야기였다. 비커스는 이야기의 초반부에 외계인들을 요하네스버그 중심부에 위치한 디스트릭트 9에서 도시의 외곽 지역으로 강제 이주시키는 프로젝트의 총책임자를 맡게 된다. 철저히 인간을 위해 일하고 인간 외의 삶을 생각해 본 적 없는 사람이었다. 그런데 외계인들의 강제 퇴거 조치 중에 어떤 액체에 노출되어 버리는데 이 액체가 비커스의 DNA를 바꾸는 역할을 해 그는 점차 외계인의 모습으로 변해 간다. 그로 인해 비커스의 소속이 바깥의 인간 사회에서 디스트릭트 9의 외계인 사회로 옮겨가게 된다. 이렇게 적과 아군밖에 존재하지 않는 세상에서 한쪽에서 다른 한쪽으로 넘어가는 경우는 흔치 않다. 적과 아군을 구분하는 벽이 유색인종과 백인처럼 자신을 구성하는 특징이기에 죽었다 깨어나도 넘을 수 없는 벽일 때도 있다. 또한 설령 벽을 넘어갈 수 있다 할지라도 긴 시간 동안 서로에게 쌓아 온 적대감과 기존의 정체성을 지우고 새로운 정체성을 확립하는 고통은 그런 선택을 더 어렵게 만든다. 더욱이 이 영화에서처럼 우월적인 위치에서 벽을 넘는 경우는 현실에서 더욱더 희귀할 것이다. 그렇기에 이 영화는 현실에서 마주하기 힘든 상황 설정을 통해 '이원론적인 세상의 어느 한쪽에서 다른 한쪽으로 넘어갈 때 어떤 걸 느낄수 있을 것 같아?'라는 질문을 우리에게 던진다. 그리고 그 점 때문에 큰 감정의 울림을 느낄 수 있고 세상을 바라보는 새로운 시각을 얻게 된다.

작은 다름을 가지고 크게 다투는 우리에게 던지는 조언

〈디스트릭트 9〉은 이원론적인 세상의 양편 모두에 서 있는, 현실에서 겪기 힘든 경험을 많은 사람들에게 전달하고 그 안에서 느끼는 감정을 많은 사람들에게 공감시켰다. 현실에서 흔히 볼 수 없는 내적인 상황을 SF의 틀로 설정한 것이다. 그 안의 외계인과 인간, 이분법적인 세상에서 강자의 입장에 서 있던 비커스는 약자로 변해 버렸다. 그리고 비커스가 몸 바쳐 일했던 MNU는 비커스를 실험체로 쓰기 위해 위험인물이라고 대대적인 발표를 하고 추격한다. 그런 추격을 피해 도망쳐 간 곳은 디스트릭트 9이었다. 비커스는 "fuck"을 연신 외쳐 대며 자신의 처지를 비관하고 분노하며 외계인으로 변해 간다. 그렇게 변해 가는 과정에서 절망하고 어떻게든 살아남기 위해 아등바등하는 비커스를 보며 우리는 그 안

외계인을 차별하던 주인공은 결국 외계인의 몸으로 다시 태어난다.
© QED International, WingNut Films.

에서 약자의 입장과 내가 적이라고 규정하는 사람들의 입장에서 생각해 보게 된다. 주인공 비커스는 얄미운 인간일 때도 비커스 자신이었고, 나름 괜찮은 외계인으로 변하면서 관객들에게 카타르시스를 선사할 때도 비커스 자신이었다. 이런 일련의 내용 끝에서 우리는 '세상을 둘로 구분하는 기준이 과연 합리적인 것인가?' 하는 질문에까지 도달할 수 있다.

장자가 남긴 구절 중에 이런 구절이 있다. 대동이여소동이(大同而與小同異). '크게 보면 같다가도 작게 보면 다르니'라는 뜻을 가지고 있다. 우리는 생존을 위해 적과 나로 나누어 왔다. 나와 내가 사냥할 동물에서부터 시작하여 나와 이익을 공유하는 우리 부족과 다른 부족, 내가 속한 집단과 아닌 집단, 그런 이분법적인 사고는 세상을 간편하게 바라볼 수 있게 해 주었고 더 잘 살아남을 수 있게 해 주었다. 그렇기에 우리는 끊임없이 우리가 사는 세상을 두 편으로 나누어 왔다. 그러나 이것은 장자가 말했듯 그리고 〈디스트릭트 9〉이 얘기해 주듯 우리가 세상을 작게 보기 때문이 아닐까 싶다. 겉모습, 작은 다름을 가지고 크게 다투는 우리에게 전하는 따끔한 충고인 것이다. 이 영화에서 보여주듯이 작은 다름은 크게 고려해야 할 것이 아니다. 외계인과 인간은 같은 언어로 의사소통하고 똑같이 먹어야 하고 똑같이 옷을 입고 똑같이 자식을 사랑하고 똑같이 자신의 동족을 아낄 줄 안다. 오직 다른 점은 서로의 겉모습뿐인 것이다.

이 영화의 끝에서 한 외계인은 비커스의 도움으로 우주선을 타고 3년 뒤에 돌아오겠다고 말하며 지구를 탈출한다. 그 외계인은 자신들의 동족이 고통받는 것을 보고만 있을 수 없기에 갖은 노력 끝에 우주선을 작동시키고 탈출해서 고향으로 돌아갔다. 전쟁이든 평화적인 협약이든 해결책을 마련해 오겠다는 의미였다. 그러나 속편이 나올 듯한 영화의 엔딩에도 불구하고 10년 가까이 속편 예정이 없는 것과 비슷하게, 이 결말은 근본적인 해결책이 될 수 없다. 왜냐하면 파괴적이든 평화적이든 문제를 해결해 주는 구세주는 현실 세계에 결코 있을 수 없기 때문이다. 결국 우주선이 떠나갔지만 지구의 외계인과 인간, '디스트릭트 9'은 변한 것이 전혀 없었다. 그렇기에 영화 안의 세상에서는 외계인과 인간은 서로의 다름을 인정하고 한데 어우러져 살기 위한 규칙을 찾아가고 고민해야 할 것이고 많은 시행착오를 겪어야 할 것이다. 우리는 이 영화 속 상황을 통해 해답을 얻지 못했지만 이원론적인 사고가 부질없는 것이라는 문제의식만은 얻었다. 그렇기에 이 문제의식에서 출발하여 현실로까지 확장한다면 우리는 많은 시간과 노력을 들여 실패를 경험할지라도 결국에는 모두가 평등한, 서로를 분리하는 벽이 없는 사회를 성공적으로 만들 수 있을 것이다.

작·품·소·개

디스트릭트 9(District 9, 2009)

감독	닐 블롬캠프
출연	샬토 코플리, 제이슨 코프, 나탈리 볼트 등
러닝타임	112분
내용	외계인 VS 인간. 신개념 SF.

모두를 행복하게 하는 시빌라 시스템은 존재할 수 있을까

전기및전자공학부 13 최호용

도입

애니메이션 〈사이코 패스〉에서는 모두의 생각과 감정을 분석하고 평가하는 '시빌라 시스템'이 나온다. 그리고 이 시빌라 시스템이 계산하는 '범죄 계수'를 기준으로 사람들을 쏠 수 있는 총인 '도미네이터'가 등장한다. 경찰들은 총 대신 도미네이터를 들고 범죄 현장에 나서며, 이 도미네이터가 평가하는 대로 사람들을 쏘고 기절시키거나 죽인다. 즉, 개인의 판단이나 상황과는 관계없이 그저 시빌라 시스템이 평가하는 대로 사람들을 처벌하는 것이다. 이 애니메이션을 보면서 무엇보다도 이 범죄 계수 하나만으로 사람을 평가할 수 있는지가 계속 궁금했다. 더 나아가서 사람들을 수치화하고 평가해 모두를 행복하게 만드는 시빌라 시스템이 정말로 존재할 수 있을지 궁금했다. 이런 생각이 내가 이 애니메이션을 다른 작품과 달리 흘려보내지 않고 진지하게 생각해 본 이유인 것 같다.

불완전한 기준의 범죄 계수

만약 어떤 사람이 범죄를 저지를 가능성을 보고자 할 때 우리는 무엇으로 평가할 수 있을까. 그 사람이 이때까지 범죄를 저질러 온 전적을 볼 수도 있겠고, 그 사람의 주변 환경과 살아온 인생을 들여다볼 수도 있겠다. 애니 〈사이코 패스〉에서는 시빌라 시스템을 이용해 개개인의 심리 상태를 실시간으로 분석한 수치인 '사이코패스' 중 범죄 관련 수치가 이러한 기준으로 작용한다. 이를 이용해서 범죄를 저지르기 전, 미리 범죄 예비군을 색출하고 사람들과 격리해 범죄율을 낮추는 방법이 시도되었으며 이것이 성공해 결국 본격적으로 사람의 행동이나 위험 상황을 범죄 계수로 평가하게 되었다. 그러자 제도적으로 타인을 믿을 수 있게 되어 의심이 없어졌고 기존의 형법과 재판 등이 사라지게 되었다. 즉, 기존에 사람들을 제어하던 법과 경찰의 역할을 범죄 계수와 스캐너가 하게 된 것이다.

하지만 범죄율을 낮추기 위해 도입된 사이코패스와 범죄 계수는 여러 문제점이 있었다. 그중 한 가지는 개인의 심리적 특성이 제각기 다르다는 점이 반영되어 있지 않아 객관적이지 않다는 것이었다. 즉, 정신력이 약한 사람의 경우 같은 잘못을 저질러도 상대적으로 범죄 계수가 더 크게 늘어 정신력이 강한 사람보다 심한 처벌을 받을 수 있다. 가령 작

〈사이코 패스〉 속 도시는 시빌라 시스템에 의해 관리되고 있다. © Production I.G.

중의 한 인물은 연쇄살인범임에도 범죄 계수가 낮아 단순히 기절 후 격리되는 처벌을 받지만, 납치에 희생된 여자는 납치를 당했다는 사실 하나만으로 정상이던 범죄 계수가 급등해 평생을 격리되어 범죄자와 같은 취급을 받는다.

또 다른 문제는 범죄 계수가 범죄 욕구 외에 다른 이유로 올라가는 경우도 있다는 점이다. 범죄와 관련된 계수이기 때문에 범죄를 연구하는 등 범죄와 많은 연관을 가지는 것만으로도 수치가 올라가며, 이로 인해 작중에서도 많은 경찰이 범죄자와 동급으로 계수가 상승하는 상황을 겪는다. 또한 시빌라 시스템을 의심하는 것만으로도 반사회적인 행동을 할 가능성이 늘어난다고 판단되어 범죄 계수가 증가해 격리되고 있었다.

이런 문제점을 봤을 때 결국 사이코패스를 통한 범죄율 감소는 무고한 시민까지 잠재범으로 몰아 격리하는 방식으로 이루어진다는 것을 알 수 있다. 이는 다수의 행복을 위해 소수를 희생하는 대표적인 공리주의적 시스템이다. 하지만 이런 시스템이 과연 그 속의 시민들을 행복하게 만들까. 이는 행복 이외의 가치를 무시하고 그저 개개인의 행복의 최대 합만을 바라는 공리주의의 고질적 문제로 이어진다. 잠재범을 낙인찍고 격리해 아무리 범죄율이 낮은 살기 좋은 사회를 만든다 해도 억울한 희생자들은 그 속에서 행복하지 않을 것이다. 즉, 대를 위해 소를 희생하는 공리주의적 시스템은 결국 모두를 행복하게 만들 수는 없다는 것이다.

정확하고 객관적인 범죄 계수를 정의할 수 있을까?

만약 모든 사람의 범죄 가능성을 정확하고 객관적으로 수치화할 수 있다면 적어도 위와 같은 무고한 피해자들은 생겨나지 않을 것이다. 그렇다면 이러한 수치화는 정말로 가능할까? 나는 그것이 여러 가지 이유로 불가능하다고 생각한다. 이산 수학에서는 'embedding(점과 선으로 이루어진 한 그래프를 다른 그래프의 점과 선을 이용하여 표현하는 것)'이라는 개념이 나온다. embedding에 대한 설명은 제쳐 놓고 결국 그것이 뜻하는 것만을 설명하자면, 이차원 이상의 고차원적인 정보를 한 줄에 표현하는 것은 불가능하다는 것이다. 〈사이코 패스〉에서는 사람들의 생각과 감정을 계속해서 스캔한 결과인 사이코패스를 이용하여 범죄 계수를 측정해 사람들을 판단하고 있다. 하지만 사람의 생각과 감정은 아직 제대로 연구된 적조차 없는 정말 복잡한 고차원의 정보를 담고 있다. 단순히 이것을 embedding의 관점으로만 생각해도, 범죄 계수라는 일차원적인 값이 그 사람의 범죄에 대한 생각을 모두 반영한다고 여길 수는 없다.

앞에서 언급했던 범죄 계수의 문제점을 embedding의 관점에서 생각해 볼 수도 있다. 범죄를 저지르는 범죄자와 그를 잡으려고 범죄자의 관점으로 생각하는 경찰, 범죄의 대상이 된 피해자는 모두 공통적으로 범죄와 관련되어 있다. 범죄 계수의 경우에는 단순히 일차원적인 수치이기 때문에 이 세 가지 상황이 모두 다름에도 불구하고 구분 없이 올라가게 되는 것이다. 이런 예를 볼 때 범죄 계수가 측정하는 대상이 조금 확실하지 못하다고 생각할 수 있다.

또한 범죄 계수를 측정할 수 없다고 생각하는 다른 이유는 범죄를 저질렀지만 범죄 계수가 낮은 경우도 존재하기 때문이다. 예를 들어 세뇌 등을 통해 자신의 행동이 범죄라 생각하지 않거나, 자신이 인식하지 못한 범죄를 저지른 경우 범죄 계수가 올라가지 않는데 이는 범죄 계수라는 수치가 실제 범죄가 일어날 가능성과 정확히 일치하지 않는다는 것을 단적으로 보여준다. 하지만 작중에서는 범죄 계수가 정확히 범죄를 저지를 가능성을 나타내는 걸로 그려지고 있다. 작중에서 시빌라 시스템이 기존의 법률과 치안 체제를 대체하게 된 가장 큰 이유가 바로 이것이다. 하지만 만약 범죄 계수가 범죄 가능성과 정확히 일치하지 않음을 알았다면 기존 체제는 대체되지 않았을 것이다. 결국 우리는 범죄를 저지를 가능성이 아니라 범죄와 관련된 하나의 다른 계수를 가지고 이야기하고 있었다는 것을 알 수 있다.

그렇다면 진짜 범죄를 저지를 가능성은 어떤 방법으로 구할 수 있을까. 조금 생각해 보면 그것이 범죄 계수와 같이 단편적으로 구해지는 게 아니라는 것을 알 수 있다. Embedding의 관점에서 일차원적으로 구할 수 없는 것도 있지만, 범죄라는 것 자체가 생각만큼 단순하게 정의되지 않기 때문이다. 범죄의 정의와 경중은 시대마다 그리고 국가마다 극적으로 달라져 왔다. 예를 들면 19세기 여러 나라에서 흑인 노예는 당연하게 물품으로 취급되어 매매는 물론 마음에 들지 않으면 죽이는 것이 가능했다. 하지만 지금 흑인을 노예 취급하는 것은 상상도 못할 중대한 범죄다. 이처럼 범죄의 기준은 당시의 상황과 사람들의 관점에 따라 바뀌고 사회는 이에 대한 처벌을 달리한다. 따라서 그 기준을 알 수는 없지만 정해져 있고 바뀔 수 없는 범죄 계수나 범죄 가능성이라는 개념 자체가 말이 안 된다고 할 수 있다. 즉, 범죄 계수나 범죄를 저지를 가능성을 정확하게 구할 수도 없을 뿐더러 그 개념은 우리가 생각하는 범죄의 가능성과 정확하게 맞지 않는 것이다. 시빌라 시스템의 가장 핵심이 되는 범죄 계수는 사실 매우 모호했던 셈이다.

모두를 행복하게 하는 시빌라 시스템은 존재할 수 있을까?

모두를 행복하게 만드는 시빌라 시스템은 그럼 존재할 수 있을까. 앞에서 얘기한 것처럼 〈사이코 패스〉에 나오는 시빌라 시스템의 경우에는 많은 문제점을 안고 있었다. 그중 특히 시빌라 시스템의 핵심인 범죄 계수가 사실 매우 모호하다는 것은 모두가 행복한 시빌라 시스템을 만들기 위해서는 반드시 고쳐야 할 중요한 사항이다. 하지만 이 범죄 계수를 바로잡기 위해서는 필연적으로 상황을 다방면으로 봐야 하는데 이렇게

시빌라 시스템은 사람의 생각과 감정을 분석하고 평가하여 범죄 계수를 계산한다.
© Production I.G.

되면 기존에 있었던 이점을 상당히 잃어버리고 만다. 가령 범죄의 가능성을 계산할 때 사람의 생각과 감정 이외에 그의 과거와 처한 상황까지 모두 고려한다면 시스템이 범죄 계수를 짧은 순간에 계산하기 어렵게 된다. 따라서 그 사이에 범죄가 일어날 가능성이 늘게 되고 결국 기존에 가지고 있었던 이점인 범죄율 0% 수렴은 사라진다. 또한 여러 상황을 고려하다 보면 선악을 가릴 수가 없는 경우가 생기는데 그 경우 시스템에서 하나의 기준을 가지고 일률적으로 처리할 수가 없어진다. 따라서 범죄 계수를 바로잡게 되면 시스템만으로는 처리할 수 없는 일이 생기게 될 것이다.

또한 〈사이코 패스〉의 주제 의식인 시스템 자체를 누가 평가하는지도 생각해 봐야 할 문제점이다. 작중에서 시빌라 시스템은 결국 특정 사람들의 뇌가 사람들을 각기 평가하는 식으로 작동한다는 것이 밝혀진다. 이처럼 시스템 또한 사람이 만드는 것이기 때문에 어떤 방향으로든 치우칠 수밖에 없다. 현대 민주주의에서는 이를 삼권분립을 통해 어느 정도 해소하고 있지만, 시빌라 시스템 같은 중앙 집중 시스템에서는 이런 시스템 자체를 평가하는 일이 사실상 불가능하다. 결국 어떤 중앙 집중 시스템이 좋은 목적으로 나온다고 해도 대부분이 모두를 행복하게 만들기 전에 변질되거나 〈사이코 패스〉에 나온 것처럼 공리주의를 실행하는 시스템이 될 가능성이 높다. 결국 이 또한 시스템만으로는 해결할 수 없는 일이라고 생각된다.

마지막으로 생각해야 할 것은 사람들의 마음과 생각을 읽어 판단하는 사회가 모두를 행복하게 할 수 있는지에 대해서이다. 지금까지 얘기한 시스템의 전제는 시스템이 개인의 생각과 감정을 읽을 수 있다는 것이었다. 하지만 이러한 시스템은 조지 오웰의 『1984』에 나오는 '빅 브라더'가 될 가능성이 농후하다. 사실 시스템이 개인의 생각과 감정을 읽을 수 있다는 점부터가 이미 빅 브라더와 다름없다고 생각할 수도 있겠다. 이렇게 개인의 생각과 감정이 모두 공개되고 심지어 그것이 통제의 대상이 될 수도 있다면 그 사회는 일률적이고 경직될 것이다. 시빌라 시스템을 의심하면 범죄 계수가 올라가는 것만 봐도 그렇다. 개인의 생각이 모두 드러나다 보니 특정 생각을 하는 것이 금지될 수도 있다. 이렇게 생각이 관찰되고 통제되는 사회는 안전할 수는 있지만 모두가 진정한 행복을 누리지는 못할 것이다. 결국 시빌라 시스템의 가장 큰 특징이자 장점이던 전체 사람들의 사이코패스와 범죄 계수를 읽어 범죄를 방지하는 방법 자체가 모두를 행복하게 만드는 것과는 거리가 있었던 것이다.

글을 마치며

사실 〈사이코 패스〉에서 나온 시빌라 시스템은 많은 부분에서 현재 우리 사회의 시스템보다 뛰어나다. 사람들의 적성, 흥미를 분석해서 자신에게 맞는 직업을 찾아 주고 대부분의 범죄를 범죄 계수를 통해 차단하기 때문에 사람들은 범죄가 일어날 수 있다는 생각을 못할 정도로 사회는 안정해진다. 하지만 이 시빌라 시스템이 모두를 행복하게 하지 못한다는 것을 이때까지 보았다. 또한 이 시빌라 시스템을 보완해서 완전한 시스템으로 만들 수 있는지도 살펴보았지만 여러 가지 문제가 있었다. 범죄 계수를 다방면의 평가를 통해 산정해야 한다는 점이나 중앙 집중 시스템을 평가할 수 있어야 한다는 점에서 봤을 때 결국 시스템 하나만으로는 사회가 제대로 돌아가지 않는다는 것을 알 수 있다. 만약 시스템만으로 사회가 돌아갈 것 같지 않다면 법률과 기존 체제가 부활할 것이고, 시스템은 그것을 보조하는 역할을 하게 될 것이다. 하지만 지금의 시대에서도 모든 사람이 행복하지는 않은 것을 보아 체제를 시스템이 보조하는 형식의 사회도 어느 정도의 불만이 있을 것이다. 결국 이 또한 완벽하지는 않기 때문에 완벽한 시스템이란 없는 셈이다.

또한 사람들의 생각과 감정을 읽는 시스템이 개인 프라이버시는 물론이고 생각을 통제할 수도 있으므로 모두를 행복하게 만들지 않았다. 결과적으로 모두를 행복하게 하는 시빌라 시스템이란 없다. 모두를 행복하게 한다거나 완벽하게 무언가를 한다는 것은 정말 많은 희생을 포함한다. 많은 사람이 유토피아를 꿈꾸며 시스템을 만들지만 그것에는 언제나 허점이 있어서 결국 이룰 수가 없어진다. 하지만 이런 유토피아를 지향하며 시스템을 만드는 것은 꼭 쓸데없는 일이 아니다. 이상을 향해서 도전하고 나아가야 하지만 상황이 이상과 가까워질 수 있기 때문이다. 그러므로 모두를 행복하게 하는 시빌라 시스템은 없으면서 또 있는 것이다.

작·품·소·개

사이코 패스(PSYCHO-PASS, 2012)

감독	모토히로 가쓰유키, 시오타니 나오요시
목소리 출연	하나자와 카나, 노지마 켄지, 사쿠라 아야네 등
화수	총 22화(각 24분)
내용	인간의 심리 상태를 수치화할 수 있는 세계에서 벌어지는 경찰 이야기.

예비 범죄자들을
사전 검거하는 것은 옳은가?

전기밎전자공학부 14 한성원

우리의 행동은 이미 정해져 있다

자유의지란 무엇일까. 자유의지는 자신의 행동과 결정을 스스로 조절, 통제하는 힘이다. 그렇다면 인간은 과연 자유의지를 가진 존재일까? 인간의 모든 행동은 자신의 의지로부터 나온 결과인가? 자신의 모든 행동이 이미 결정된 사항인 것은 아닐까? 영화 〈마이너리티 리포트〉는 이러한 윤리적 딜레마를 꼬집어서 보여준다. 2054년 워싱턴 DC를 배경으로 하는 영화는 범죄 예방이라는 색다른 소재로 진행된다. 영화 안에서는 '프리크라임'이라는 범죄 예방 시스템이 등장하는데, 이는 범죄가 일어나기 전에 이를 예측해 예비 범죄자들을 사전에 단죄하는 최첨단 치안 시스템이다. 프리크라임 시스템은 마치 인간의 모든 행동이 결정된 양 범죄가 누구로 인해서 언제, 어디서, 어떻게 일어날지 모두 예측한다. 하지만 어느 날 주인공은 믿을 수 없는 예견을 듣게 되는데, 그것은 자신이 곧 살인을 할 것이라는 예견이었다. 주인공은 이 예견과 프리크라임 시스템 자체에 의문을 품게 되고 자신의 자유의지로 예견을 회피하려고 한다. 주인공은 예견과 자신의 의지 사이에 놓여 행동의 선택을 강요받는다.

이 세상의 모든 사건은 이미 정해진 장소에서 정해진 시간에 이루어지게 되어 있다.
개인의 자유의지가 존재하여 자신의 의지로 사건을 일으킬 수 있고 회피할수 있다.

위 두 문장은 각각 흔히들 결정론, 자유의지론이라고 부르는 이론의 주 내용이며 영화에서는 프리크라임의 예견과 주인공의 자유의지로 표현된다. 〈마이너리티 리포트〉에서 보여주는 두 이론의 충돌은 두 이론 중에 어떤 것이 맞는지 그리고 두 이론이 양립 가능한가와 관련해 의문을 제시하며 이와 관련된 여러 윤리적 문제들을 시사한다. 특히 영화에서는 주인공을 매개로 하여 '프리크라임의 예측에 따라 예비 범죄자들을 미리 잡아들이는 것이 윤리적으로 옳은가?'에 대해 문제를 제기하고 있다. 범죄자로 예견이 되었다고 진짜로 범죄를 저지를 것인가. 사람은 이런 결정론적인 예견에 자신의 의지로 저항할 수 없는 것인가. 애초에 시스템은 결정론을 대변할 만큼 믿음직하고 신뢰성 있는 시스템인가. 이 글에서는 위와 같은 관점들을 바탕으로 해당 문제에 대해 논의할 것이다.

프리크라임의 팀장 앤더튼은 시스템의 허점을 이용한 누명을 쓰고 도망자의 신세가 된다.
© Twentieth Century Fox Film Corporation and Dreamworks LLC.

프리크라임은 믿을 수 있는 시스템인가?

프리크라임의 예측에 따라 범죄자를 잡아들이는 것이 윤리적으로 옳은지 논의하기에 앞서, 프리크라임의 예측이 얼마나 신빙성이 있는지 확인해야 한다. 만약 예측의 신뢰도가 조금이라도 낮고 그 성능이 좋지 않다면 애먼 사람을 잠재적 범죄자로 취급할 가능성이 있다는 이야기이니 윤리적으로 문제가 되는지 따져 볼 필요도 없다. 따라서 시스템의 윤리적 모순을 따지기 전에 논의를 진행하기 위해서는 그 프로그램의 예측 방법과 신빙성을 간접적으로 유추해 볼 필요성이 있다.

영화 속에만 존재하는 프리크라임 시스템의 예측 방법과 그 신뢰도를 추측하기 위해 현재 범죄 예측에 사용되는 시스템인 '콤프스탯

(Compstat)' 프로그램을 대신 살펴보자. '콤프스탯'은 미국에서 사용되는 프로그램으로 과거 범죄의 데이터들을 분석해 매일 아침 범죄가 발생할 가능성이 가장 높은 지역을 확률로 알려 준다. 각 지역에서 발생한 범죄 데이터를 구분한 뒤 컴퓨터가 이를 분석해서 미래에 어떤 곳에서 범죄가 일어날지 예측한다. 즉, 수십 년 동안 쌓인 '빅데이터'를 바탕으로 컴퓨터 알고리즘을 이용해 범죄 가능성을 확률로 표현하는 프로그램이라는 말이다. 프리크라임이 특정한 사람의 범죄 확률을 분석하기 위해서는 이 방법을 확장해 그 사람이 여태까지 살아오며 쌓은 '빅데이터'를 통해 점칠 수밖에 없다.

그렇다면 특정 사람의 '빅데이터'를 통해 점친 범행 예고는 어느 정도의 신뢰도를 가질까. 사람은 살아오면서 다양한 데이터를 만들어 내고 이를 통해서 그 사람 자체의 본질을 비슷하게나마 수치로 표현할 수 있다. 자신이 살아오면서 해 왔던 행동이나 주변 사람들과의 교류, SNS, 심리테스트 결과, 심지어 뇌파 정보까지, 이런 데이터들을 잘 분석하면 그 사람의 행동 패턴이나 심리, 무엇을 좋아하고 무엇을 싫어하는지 전부 밝혀낼 수 있다. 모집단에서 나온 표본이 많으면 많을수록 모집단의 확률 분포를 더 잘 유추할 수 있는 것처럼 사람이 쌓아 놓은 정보가 많으면 많을수록 예측 신뢰도는 증가하게 된다. 이수정 경기대 범죄심리학과 교수도 "정보통신기술 및 영상 기술, 뇌 인지 과학 등을 접목해 범행 의지를 가진 사람을 가려내는 바이브라 이미지 시스템 등으로 데이터가 충분하다면 범죄를 예측할 수 있을 것"이라며 해당 사람의 행동 패턴, 사고 패턴을 유추할 다양한 데이터 소스가 있으면 그 범행 의도와 범행 가능성을 충분히 점칠 수 있다고 말했다.

많은 사람의 데이터를 수집하고 활용하는 것은 그 과정에서 또 다른 윤리적 문제를 발생시키지만 이 문제를 차치하고 데이터를 모을 수 있는 환경이라면 프리크라임은 꽤 높은 신뢰도를 가질 것이다. 그 사람의 행동이 마치 예전부터 결정된 것처럼 예측할 수 있을 것이란 말이다. 위 시스템이 현실에도 실현될 수 있다면 인과론적 결정론은 프리크라임을 통해 증명된 것인지도 모른다.

예비 범죄자의 사전 검거가 만들어 내는 모순

영화 속에 나오는 미래의 범죄 예방 시스템, 프리크라임은 모든 사람의 데이터를 분석하고 예측해 행동의 인과론적 결정론을 보여준다. 하지만 프리크라임이 '확정 예비' 범죄자를 골라낼 수 있더라도 우리는 다른 모순에 직면하게 된다. 가령 프리크라임의 예언에 따라서 예비 범죄자를 미리 잡아 살인을 예방하면 예언은 어긋난다. 반면 예언이 적중하면 예방은 실패한다. 이러한 모순을 작중의 위트워란 인물은 '근본적 패러독스'라고 불렀다.

근본적 패러독스는 당연하게도 사법적인 모순과 연결된다. 위에서 말했던 예시처럼 어떤 사람을 예비 범죄자라는 이유로 미리 잡아 놓는다고 해도 그 사람은 아직 범죄를 저지르지 않았으므로 살인죄를 적용하기에는 무리가 있다. 하지만 〈마이너리티 리포트〉에 나오는 앤더튼과 그의 부하들은 "그들은 법을 어길 사람들이잖소. 프리크라임의 예언은

과연 범죄를 저지를 가능성만으로 범죄자로 취급해야 할까?
© Twentieth Century Fox Film Corporation and Dreamworks LLC.

한 번도 틀린 적이 없소"라며 행동의 결정론만을 믿으며 아직 살인을
저지르지 못한 이들을 구금한다. 살인하지는 않았으니 살인죄는 아니지
만 살인을 할 생각은 했으니 살인미수죄에는 들어간다고 주장한다. 그
러나 이 결정론만을 믿고 찬양하는 사고는 살인을 하다가 체포당한 그
사람들이 마지막 순간에 단념하고 포기했을 가능성, 그들의 자유의지
를 전적으로 부정한다. 범죄 예방 시스템은 이 자유의지의 가능성을 완
전히 배제하고 그들의 모든 행동과 의지마저 운명의 수레바퀴와 자연의
흐름에 맡겨져 있다고 생각한다.

결정된 운명과 자유의지는 양립할 수 있을까?

만약 영화에서처럼 모든 행동이 결정되어 있다고 단정 지을 수 있을 정도로 프리크라임이 높은 신뢰도를 보인다면, 위 윤리적 문제의 옳고 그름은 아까 말했던 근본적 패러독스와 사법적 모순의 해결에 달려 있다. 하지만 위에서 말했듯이 근본적 패러독스와 사법적 모순은 예비 범죄자들의 의지가 결정론에 묶여 있지 않다는 것을 가정하고 있다. 따라서 이 문제는 인과적 결정론과 자유의지의 양립 가능성으로 넘어간다. 자유의지와 인과적 결정론이 양립할 수 없고 프리크라임의 결정론적 예측만이 존재한다면, 범죄 의도는 반드시 행동으로 직결된다는 소리이므로 프리크라임의 예측대로 행동하는 것에 아무런 윤리적 문제가 없다. 하지만 그 반대라면 예측된 순간, 자유의지로 범죄를 그만둘 수 있기에 마음대로 잡아넣는 것은 큰 윤리적 문제가 된다.

인과적 결정론과 자유의지가 양립하기 위해서는 의지가 인과적 결정론이 만들어 내는 운명으로부터 구속받지 않아야 한다. 환경이나 자연법칙은 물론, 물리적 인과 관계에도 사로잡혀 있으면 안 된다. 즉, 프리크라임이 가지고 있는 데이터의 인과관계로 이 의지가 예측될 수 있다면 자유의지라고 할 수 없다. 결국 프리크라임이 자유의지라 불리는 순간적인 감정의 변화까지 예측할 수 있다면 자유의지와 인과적 결정론은 양립할 수 없는 셈이다.

하지만 인과적 결정론과 자유의지의 양립 가능성에 대해서는 다양한 의견이 있으며 특별히 매우 우세한 이론은 없다. 양립 불가능을 주장한 사람은 대표적으로 반 인와겐(Peter Van Inwagen)이 있다. 반 인와겐은 자신의 저서 『An Essay on Free Will』에서 '결과 논증'으로 알려진 유명한 증명법을 제시하였다. 그는 우리의 행동이 우리가 태어나기 전에 발생했던 사건, 유전자, 자연법칙 등의 결과라고 했을 때 그 사건들은 우리의 선택에 달려 있지 않고, 우리의 선택으로 바꿀 수도 없으므로 현재의 행동을 포함한 미래의 사태, 사건들의 결과를 통제할 수 없다고 주장하였다. 해리 프랑크푸르트나 다니엘 데네트와 같은 학자들은 반대로 결정론과 자유의지가 동시에 존재할 수 있다고 주장했고 그 근거로 피억압자의 의도와 욕구가 억압과 동시에 존재한다는 점을 들었다.

프리크라임 시스템의 윤리적 타당성

인간은 과연 자유의지를 가진 존재일까? 인간의 모든 행동은 자신의 의지로부터 나온 결과인가? 자신의 모든 행동이 이미 결정된 사항인 것은 아닐까? 앞서 했던 질문들을 다시 상기해 보자. 과학이 발달함에 따라 우리의 사고와 행동 패턴이 어떤 방식으로 이루어지는지 밝혀지고 있고, 정보 매체가 발달함에 따라 우리의 행동이 0과 1의 숫자로 어딘가에 기록되기 시작했다. 우리의 필기체는 분석되어 컴퓨터가 프로그램으로 재구성되고, 컴퓨터는 우리의 목소리를 분석해 어설프지만 성대모사를 하기 시작했다. 우리의 행동, 사고 패턴이 데이터로 저장되는 순간이 온다면 컴퓨터는 이를 모방하여 나와 비슷한 사람이 될 수도 있다. 우리의 데이터를 이용해 우리 자신의 본질을 모방할 수 있다면 나를 따라 한 프로그램은 자유의지를 가졌다고 볼 수 있을까? 컴퓨터라는 틀 속 규칙에서 벗어나 자유로운 의지로 행동할 수 있을까?

　우리는 〈마이너리티 리포트〉를 통해서 영화 속 프리크라임의 예언을 따라 예비 범죄자들을 처벌하는 것이 윤리적으로 옳은지 그른지에 대해 이야기해 보았다. 〈마이너리티 리포트〉에서는 예언의 결함을 보여주며 신뢰도를 잃은 프리크라임이 자연히 폐기되고, 예언을 따르는 행동의 비윤리성이 밝혀지며 영화 속 철학적 긴장은 허무하게 풀어진다. 하지만 만약 영화 속 프리크라임과는 달리 어떤 시스템이 완벽하게 개인의 행동을 예측할 수 있다면 인간의 자유의지마저 시스템에 속하게 될 것인가. 시스템이 행동과 그 의도를 설명한다 하더라도 순간의 자유의지로 행동과 의도를 바꿀 수 있을 것인가. 인간에게 자유의지가 존재하는지 존재하지 않는지는 오랫동안 논의됐던 케케묵은 난제이지만 여전히 확실한 이론과 증명은 나오지 않고 있다. 하지만 너무 걱정할 필요는 없다. 미래에 과학과 기술이 발달함에 따라 진짜 '프리크라임'이 나오면 이 문제의 결론은 자연히 나올 것이다. 미래에 우리들의 선택으로 말이다.

마이너리티 리포트(Minority Report, 2002)

감독	스티븐 스필버그
출연	톰 크루즈, 콜린 파렐, 사만다 모튼 등
러닝타임	145분
내용	범죄 예방 시스템 '프리크라임'의 함정에 빠져 누명을 쓰게 된 주인공이 진실을 파헤치는 SF 액션 스릴러.

인간이 되고 싶은 로봇

화학과 14 방지석

인간이 산업혁명 때 기계를 만든 이래 우리가 살아가는 21세기는 기계 없이 살 수 없는 세상이 되었다. 100여 년 전 사람들은 상상도 하지 못한 기계들이 무수히 쏟아져 나오고 우리는 그 속에 파묻혀 살아간다. 가장 가깝게는 우리가 항상 사용하는 스마트폰부터 엄청난 기능을 자랑하는 슈퍼컴퓨터까지, 기계는 인간의 삶을 윤택하게 만들어 주는 중요한 요소가 되어 버렸다. 그리고 우리는 여전히 새로운 기계들을 개발하기 위해 노력하고 있다. 그중 하나가 바로 인공지능 로봇이다. 인공지능은 인간과 유사한 방식, 또는 수준으로 사고하는 능력을 말한다. 이를 탑재한 인공지능 로봇은 인간처럼 생각하고, 자신이 학습하고 터득한 정보들을 토대로 스스로 판단해 일을 처리할 수 있다. 최근 이세돌 9단과의 바둑 대결에서 승리하여 화제를 모았던 알파고도 이러한 인공지능 로봇의 한 종류라고 할 수 있다. 하지만 알파고는 바둑과 같은 단편적인 데이터들을 습득하여 계산할 뿐이지, 인간과 같은 종합적 사고는 불가능하다. 우리는 우리 인간과 같이 종합적 사고를 할 수 있고 심지어는 인간의 겉모습까지 닮은 인공지능 로봇을 개발하기 위해 아직도 수많은 연구를 진행하고 있다.

진짜 아이가 되고 싶었던 인공지능 피노키오

영화 〈A.I.〉의 내용은 인류의 과학기술이 극도로 발전하고, 극지방의 빙하가 녹아 세계의 주요 도시들이 바닷속으로 잠겨 버린 먼 미래의 지구를 배경으로 진행된다. 그 세계에서는 사람과 닮은 로봇들이 인간의 삶을 도와주며 어우러져 살아간다. 헨리와 모니카 부부는 아들 마틴이 난치병에 걸리자 병의 치료법이 개발되기 전까지 마틴을 냉동인간 상태로 보관한다. 아들을 보낸 슬픔에 잠긴 모니카를 위로하기 위해 헨리는 무엇을 할 수 있을까 고민한다. 그러던 도중 로봇 개발자인 하비 박사가 인간의 감성을 가진 어린아이 모습의 로봇, '데이비드'를 만들어 낸다. 기존의 로봇들과는 달리 데이비드는 감정을 가지고 누군가를 사랑할 수 있었다. 헨리는 아들 마틴 대신 비슷한 또래의 모습을 한 데이비드를 집에 들이게 된다. 모니카는 처음에는 데이비드에게 마음을 쉽사리 열지 못하지만 점차 그를 아들처럼 대하게 된다.

그러던 도중 마틴의 난치병 치료법이 개발되어 마틴은 냉동인간에서 풀려나 치료를 받고 집으로 돌아온다. 헨리와 모니카 부부는 처음엔 마틴과 데이비드를 모두 키우려 하지만 둘이 같이 있으면 있을수록 서로에게 해가 된다는 생각을 하여 데이비드를 집에서 멀리 떨어진 산속에 버린다. 데이비드는 자신이 인간이 아니기에 모니카에게 버려졌다고 생각한다. 따라서 인간이 되기로 결심한 그는 모니카가 읽어 주었던 피노키오의 푸른 요정을 떠올리며, 그를 만나면 자신도 피노키오처럼 인간이 될 수 있을 거라 생각한다. 푸른 요정을 찾아 정처 없는 여행을 하며 그는 로봇 혐오자, 믿음직스러운 동료 그리고 자신의 창조주를 만나 자기 정체성에 대한 우울한 진실과 마주한다.

로봇도 버림받는 아픔을 느낀다면?

이 영화에서 가장 중요하게 생각해 봐야 할 문제는 바로 인공지능 로봇의 인권과 우리 과학기술의 윤리적 문제이다. 먼저 인공지능 인권에 대한 내용을 살펴보자. 인권이라는 것은 인간에게 주어지는 기본적인 권리를 의미한다. 사실 현재 개발된 로봇은 모두 감정이란 것이 존재하지 않기 때문에 기본적인 권리를 무시당했을 때 느끼는 두려움, 분노, 슬픔 등도 느낄 수 없다. 하지만 기술이 발전하고 또 발전하여 정말로 인간처럼 종합적 사고를 하고 감정을 느낄 수 있는 로봇이 개발된다면? 그 로봇들은 인간처럼 자신이 무시당하길 원하지 않을 것이고 자신의 권리를 무시당했을 때 인간과 마찬가지로 분노, 슬픔, 두려움 등의 감정도 느낄 것이다. 그럼에도 우리는 그들을 인간과 차별된 개체로 생각하고 그들의 권리를 무시하며 단순히 인간의 도구로써 사용해도 되는 것인가. 우리는 이 문제를 정말 현실적으로 고민해야 할 날이 그리 멀지 않았다는 것을 생각해야 한다.

　20여 년 전의 사람들은 상상도 못했을 물건인 스마트폰은 지금 우리의 삶에 없어서는 안 될 너무나도 보편화된 기계가 되어 버렸다. 사람들은 인간과 같은 로봇 혹은 기계를 수십 년 전부터 꿈꾸어 왔다. 최근 들어 급속도로 발전하는 과학기술 덕분에 스마트폰과 같이 이런 인간형 로봇들이 보편화되는 날은 그리 멀지 않을 것으로 생각된다. 그 로봇들에게 감정을 불어넣는 기술이 나오는 날도 오지 않으리라는 보장이 없다. 지금은 상상할 수 없을지라도, 불과 십 수 년 전까지만 해도 스마트폰은 생각도 하지 못했던 우리를 보면 딱히 불가능해 보이지도 않는다.

　나는 로봇이더라도 감정을 가진 순간부터 인간과 같은 한 인격체로 보아야 한다고 생각한다. 인격체를 정의하는 기준은 외형도, 기능도 아닌 감정의 유무뿐이라 생각하기 때문이다. 우리는 흔히 감정을 인간의 전유물이라고 생각한다(나는 동물들에게도 감정이 있다고 생각한다. 실제로 동물들이 사람과 유사한 감정을 가지고 있다는 것은 연구 결과, 정설로 받아들여지고 있다. 하지만 이 글에서는 무생물인 인공지능에 좀 더 초점을 맞추고자 동물들의 감정에 대한 내용은 배재하고 인간과 로봇만 비교할 것이다). 그렇기 때문에 다른 무생물과 인간을 차별하여 인격이라는 것을 두고, 이를 지키기 위해 인권이라는 것을 정하여 지키며, 서로의 감정이 상하는 것을 최대한 방지하는 것이다. 이런 인간의 전유물인 감정을 무생물이라고만 여겨 왔던 고철덩어리 로봇이 가지게 된다면? 우리는 만들어진 구성 물질이 다를 뿐 인간의 모든 것, 특히 나와 다른 존재를 두려워하는 감정을 가진 로봇

데이비드뿐만 아니라 많은 로봇들이 인간에 의해 버려지거나 인간에게서 도망친다.
© 2001 Warner Brothers and Dreamworks LLC.

을 하나의 인격체로 보아야 할 것이다. 그들도 우리가 인격을 무시당했을 때 느끼는 감정을 똑같이 느낄 것이기 때문이다. 그들은 폐기되어 없어질 때도 인간이 죽음을 두려워하듯이 공포에 떨 것이며, 주인에게 버려질 때도 부모에게 버려지는 아이와 같이 슬퍼할 것이다. 마치 영화 〈A.I.〉에서 데이비드가 모니카에게 버려질 때 느꼈던 슬픔처럼 말이다.

과학기술의 창조물에 대한 책임

과학기술이 어마어마하게 발전함에 따라 어느 정도의 선을 넘어서면 윤리적인 문제가 굉장히 크게 등장한다. 인간은 왜인지는 모르겠지만 과학기술의 발전으로 생명을 창조하거나 우리를 닮은 무엇인가를 만들어

내는 등 이른바 신의 영역을 넘어서고 싶어 한다. 아직 인간 복제나 인 공지능 로봇 등이 현실로 이루어지지 않았기 때문에 우리가 크게 느끼지 못할 뿐 과학계에서 이러한 윤리적 문제는 꽤나 큰 논쟁거리가 된다. 그렇다면 우리는 인공지능의 개발에 있어서 이런 윤리적 문제에 어떻게 접근해야 하는가?

우리는 어떤 기술을 개발하기 전에 그것이 인간에게 어떤 영향을 미칠지를 먼저 생각하게 된다. 하지만 우리는 그것과 동시에 그 기술의 결과물에 대해 우리가 어떤 입장을 가져야 할지를 심각하게 고민해야만 한다. 가령 인공지능 로봇이 우리에게 어떤 도움을 주고 어떤 영향을 끼칠지에 대해서 생각하는 것뿐만 아니라 우리가 그에 대해 어떤 태도를 취할지, 그로 인해 발생하는 문제에 어떤 책임을 질 것인지에 대해서도 깊게 생각해 보고 로봇을 만들어야 한다는 것이다. 영화 〈A.I.〉에서는 인간이 무분별하게 로봇을 만들고, 숫자가 너무 많아지자 이를 무자비하게 잡아들여 폐기처분하는 모습을 볼 수 있다. 이는 로봇이 인간에게 미칠 영향을 깊게 생각하지 않고 무분별하게 제작하여 생긴 문제이기도 하지만 다르게 생각하면 그 로봇들에 대한 우리의 입장을 명확하게 선긋지 않아 생긴 문제이기도 하다. 우리는 인공지능 로봇을 단순히 인간의 삶에 도움을 주는 무생물로 취급할 것인지, 아니면 적어도 인간과 유사한, 혹은 동등한 인격체로 취급할 것인지에 대해 깊이 생각해 봐야 한다. 만약 이들을 인격체로 볼 것이라면 우리는 정말로 이들을 만들 때 신중해야 할 것이며 영화에서처럼 무분별하게 양산해서도 안 될 것이다. 그들과 우리 사이의 선을 명확하게 긋는 것이 우리의 창조에 합당한 책임을 부여하고 무분별한 과학기술 발전의 희생양을 방지하는 최소한의 브레이크가 될 것이다.

우리 인간은 자신의 삶을 윤택하게 만들기 위해 끊임없이 발전해 왔다. 과학기술의 발달은 우리의 삶에 엄청난 변화를 가져왔고 앞으로 사회는 더 빠르게 변해 갈 것이다. 하지만 우리는 과학기술의 발전이 항상 긍정적인 영향만을 가져오지는 않는다는 것을 알아야 한다. 당장은 긍정적인 영향을 가져온다 할지라도 윤리적인 문제가 발생한다면 아무리 사소하더라도 훗날 엄청난 사회적 파장을 불러올 수 있기 때문이다. 따라서 어떤 기술이든 개발에 앞서 그 의미를 숙고할 필요가 있다. 위에서 다루었던 인공지능 로봇에 대한 이야기도 마찬가지이다. 인공지능 로봇은 인간과 마찬가지로 학습을 할 수 있고 이를 통하여 생각이라는 것을 할 수 있다. 이 단계에서 더 기술이 발전하여 감정을 가질 수 있게 된다면 우리는 이들을 단순히 인간의 삶의 질을 높여 주는 수단으로만 생각할 수는 없을 것이다. 그들도 우리와 같이 생각을 하고 감정을 느끼는 주체가 되어 인간과 어울려 살아가게 될 것이다. 이런 그들을 우리가 포용할 수 있고 책임을 질 수 있다고 판단한 후에 우리는 인공지능 로봇 개발을 완성해야 한다.

인간을 닮은 로봇을 창조하고 발전시키면서도 이들이 인간을 넘어설 것을 두려워하는 인공지능의 역설은 SF의 오랜 주제였다. 인간이 만든 인공지능 로봇에 의해 인간들이 지배당하거나 이를 두려워해 인공지능을 말살시키려 하는 사회상을 그리는 식으로 말이다. 하지만 〈A.I.〉라는 영화는 이러한 문제를 가지고 우리에게 좀 더 감성적으로 다가온다.

인간이 로봇을 만들었지만 그렇다고 함부로 폐기처분할 권리가 있을까?
© 2001 Warner Brothers and Dreamworks LLC.

인간에 의해 만들어지고 인간과 같은 생각과 감정을 가지며 인간과 어우러져 지내지만 절대 인간이 될 수 없는 인공지능 로봇의 감정을 그들의 입장에서 너무나도 잘 그려 내었다. 데이비드는 인간이 되어 엄마의 사랑을 받고 싶지만 로봇이라는 이유만으로 버려진다. 인간의 입장에서 아들과 로봇 중 하나를 버려야 한다면 당연히 로봇을 버리는 것이 맞다. 하지만 아무것도 모른 채 버려진 데이비드의 입장에서 생각해 본다면 이처럼 억울할 수는 없는 일이다. 우리가 느낄 수 있는 슬픔과 억울함을 로봇도 똑같이 느낄 수 있다는 생각을 가지고 그들의 입장에서 한 번 더 생각해 보게 만드는 영화였다.

마지막으로 나는 이 문제를 감히 임신과 낙태의 문제와 비교해 보고 싶다. 우리는 임신이라는 것이 새로운 생명을 탄생시키는 일이기에 엄청난 책임을 부과한다. 또한 무책임한 임신 때문에 뱃속의 아이를 낙태하는 행위에 대해 문제의식을 크게 느낀다. 생각을 하고 감정을 느끼는 로봇도 마찬가지일 것이다. 우리가 무책임하게 창조해 낸 로봇을, 책임질 수 없거나 쓸모없다는 이유로 그들의 의사와는 상관없이 폐기시킨다면 낙태와 무엇이 다른가. 과학기술을 통해 '신의 영역'에 도달하려는 인간들은 그전에 먼저 우리가 이에 대해 책임질 수 있는지, 우리가 신에게 도전하다가 비참한 최후를 맞은 바벨탑을 쌓고 있는 것은 아닌지에 대해 꼭 한 번 생각해 봐야 한다.

작·품·소·개

에이아이(A.I., 2001)

감독	스티븐 스필버그
출연	할리 조엘 오스먼트, 주드 로, 프렌시스 오코너 등
러닝타임	144분
내용	감정을 가진 아이 형태의 인공지능 로봇 데이비드가, 자신을 버린 부모의 사랑을 되찾기 위해 자신을 진짜 아이로 만들어 줄 푸른 요정을 찾아 떠난다.

거친 상상력으로
환경문제를 경고하다

기계공학과 13 오수진

SF영화, 환경문제를 담아내다

어린 시절, 초등학교 교과서에서 '50년 후 세계는 어떤 모습일까?'라는 글을 본 기억이 난다. 그 짧은 글은 만화와 함께 실려 있었는데, 만화는 어린 주인공이 50년 후로 떠나서 미래를 체험하는 내용이었다. 딱딱해 보이는 회색 빌딩들이 즐비한 가운데 사람들은 핸드폰과 같은 전자기기를 통해 다른 사람들과 소통하고 있었다. 20년 전 사람들이 상상했던 50년 후의 세상은 굉장히 세련되고 기술도 많이 발전하였고 산업적인 미래였다. 그리고 발전하는 기술 덕에 편하고 질 높은 삶을 사는 듯했다. 하지만 현재 2017년 사람들은 아마 20년 전 사람들보다 미래에 대한 긍정적인 모습을 꿈꾸고 있지는 않을 것이다. 미세먼지, 화석연료 그리고 핵무기 등의 자연 파괴적인 요소들이 우리 일상생활과 오랜 시간

공존해 왔기 때문이다. 50년 후 사람들이 상상하는 미래는, 우리 엄마아빠 세대가 '사람들이 어떻게 물을 사 먹어?'라던 의구심을 뛰어넘어 '나중에 공기도 사서 마셔야 할지도 몰라'라는 불안감에까지 도달할지도 모른다. 이렇게 환경문제에 대한 관심은 오래전부터 제기되어 왔고 또한 지속적으로 높아지는 추세다.

환경 악화가 하나의 사회적 이슈로 자리 잡은 후 이것을 다룬 매체 또한 많이 공개됐다. 공익광고뿐만 아니라 각종 포스터, 책은 물론이며 예능 그리고 영화까지도 환경문제의 심각성을 내포한다. 하지만 그 어느 진보적인 운동보다 한 권의 좋은 책, 혹은 한 편의 좋은 영화가 사람들에게 더 빠르고 강한 영향을 미친다. 예를 들어 20세기 말 제2차 세계대전과 핵무기의 발전 그리고 살충제의 남용을 비판하는 많은 환경적인 운동가들이 나타났다. 가령 환경 운동의 시초라고 말해도 과언이 아닌 레이철 카슨(Rachael Carson)은 살충제의 충격적인 진실을 다룬 『침묵의 봄(The Silent Spring)』이라는 작품을 출판했는데, 이는 대중들의 환경문제에 대한 안일한 태도를 180도 바꾸어 놓았다. 더군다나 살충제뿐만 아니라 당시 논란이 일던 방사능 역시 비슷한 문제를 안고 있었기에 대중들은 더 깊은 경각심을 느낄 수 있었다.

하지만 21세기에 들어 사람들은 예전에 비해 책보다는 귀로 듣고 눈으로 보는 영상의 영향을 많이 받는 것이 사실이다. 영상 매체라 하면 드라마, 예능, 광고 혹은 영화가 떠오른다. 그중 영화는 다른 영상 매체와는 차별성을 둔다. 통제된 영화관에 사람들이 찾아가 돈을 지급하고 봐야 하기에 다른 매체보다 더 적나라한 장면으로 감독의 메시지를 확실하고 강렬하게 전달할 수 있기 때문이다. 수많은 영화 장르 중 영상미가 가장 우수한 것은 SF영화로 특히 과학적인 내용과 비현실적인 상상을 가미해 미래 지향적인 모습을 환상적으로 그려 낸다. 이러한 특징 덕에 SF영화는 그 어느 장르보다도 더 효과적으로 환경문제를 드러내고 날카롭게 비판한다.

흙먼지와 방사능, 광기가 지배하는 기괴한 미래

다른 우수한 SF영화들도 많지만 그중 가장 괴기한 방식으로 환경문제를 표현한 것은 〈매드맥스: 분노의 도로〉일 것이다. 영화는 문명이 사라진 먼 미래인 22세기를 배경으로 시작한다. 잦은 핵전쟁으로 땅은 이미 황무지로 변했고, 전쟁에 참전했던 사람들도 방사능의 노출 때문에 기형으로 변하고 오래 살 수 없는 신체를 가지고 태어난다. 정상적인 신체를 가진 주인공인 맥스는 사막을 헤매던 중 임모탄 조가 통치하고 있는 군부대의 군인(워 보이, War Boy)에게 잡힌다. 이 영화의 또 다른 핵심 인물은 퓨리오사라는 여전사이다. 그녀는 임모탄 조 밑에서 일하는 여군이지만 임모탄의 다섯 아내를 감옥에서 구출해 내면서 영화의 갈등이 시작된다. 다섯 아내는 임모탄이나 다른 군인들과는 다르게 방사능에 오염되어 있지 않은 '순수한 혈통'을 지니고 있고 기형인 임모탄으로부터 '정상적인' 아이를 낳는 것이 궁극적인 목표이다.

영화 속 갈등은 퓨리오사의 차가 원래 가려고 했던 목적지에서 이탈하는 것으로 고조된다. 그것을 안 임모탄은 그의 부대를 총동원해 퓨리

자연이 파괴된 미래, 시타델을 다스리는 임모탄 조. © 2012 Warner Bros. Entertainment Inc.

오사와 자신의 아내들을 되찾으러 간다. 부대는 괴이한 표정으로 광기 섞인 노래를 부르며 임모탄을 절대적으로 맹신한다. 그 모습을 보는 관객들은 광란의 장면에 압도당한다. 무모한 임모탄의 부대를 따돌리고 퓨리오사가 향하는 최후의 목적지는 그녀가 어린 시절 흐릿하게나마 기억하는 'Green Place'이다. 풀이 울창하고 자연이 살아 숨 쉬는 그런 곳을 꿈꾸는 맥스와 퓨리오사 일행은 여정 중 나체인 여자를 발견하고 그 여자가 예전에 퓨리오사가 속해 있던 부족의 일원인 것을 알게 된다. 그리고 절망스럽게도 'Green Place'라는 곳이 더는 존재하지 않는다는 것을 깨달은 퓨리오사는 줄곧 당당하고 패기 넘치던 모습과는 달리 무릎을 꿇고 오열한다. 모든 것이 환상이었다는 것을 자각한 일행은 결국 원래 있던 곳으로 우회한다. 그들은 임모탄 조를 다시 대면하게 되고 끝내 그의 얼굴에 부착된 산소통을 뜯어내 숨통을 끊는다. 금의환향한 그들은 사람들이 한 번도 실컷 맛보지 못한 물을 틀어 주고 영화는 그렇게 막을 내린다.

망가진 환경 속에서 인간은 부패한다

〈매드맥스〉는 기괴한 인물들의 외형과 행동을 통해 감독이 상상하는 22세기 말의 암담한 모습을 그려 낸다. 굉장히 징그러운 인물들이 영화 속에 등장하는데 대표적으로 그들은 워 보이와 임모탄 조이다. 영화의 첫머리부터 등장하는 워 보이들은 기괴함 그 자체이다. 대머리 아이들과 장정 네다섯 명이 맥스의 머리를 깎고 자물쇠로 팔다리를 묶어 맥스의 등에 문신을 새긴다. 관객들은 단박에 워 보이들의 생김새가 다른 사람들과 다르다는 것을 알아차릴 수 있다. 그들은 좀비처럼 새하얗고 눈 주위는 검은색이며 두피를 포함한 온몸에 털이 없고 이빨도 페인트칠을 한 듯이 은빛이 난다. 마치 항암 치료를 자주하면 머리칼이 빠지는 것처럼 워 보이는 그 누구도 머리카락이 없다. 굉장히 이례적이고 징그럽다고 생각할 수 있는 이들의 생김새는 방사성 물질에 노출되어 발생한 기형적 특징이다. 더 나아가 임모탄 조의 모습도 관객들에게 신선한 느낌을 준다. 그의 등은 상처와 종양투성이고 특이한 산소마스크에 의존해 숨을 쉰다. 종양과 상처의 고통을 줄이기 위해 하얀색 가루로 온몸을 덮고 있으며 그 또한 워 보이들과 비슷하게 좀비 같은 생김새를 지녔다. 그는 오랜 석유 전쟁과 물 전쟁의 승리자로서 절대적인 힘을 지닌 시타델(citadel)의 독재자다.

임모탄 조와 그를 맹신하는 워 보이들로 구성된 시타델의 외관은 관객에게 적지 않은 충격을 주며 이 집단의 의미를 강조하는 효과를 부여한다. 시타델은 오랜 전쟁의 잔해이며 그전 시대의 사람들이 저지른 과실에 대한 결과를 상징한다. 괴상하게 생긴 워 보이는 산업 문명의 상징이라고 할 수 있는 운송 수단인 군용차를 숭배하며 마치 기술을 신격화하는 느낌을 준다. 하지만 이 모든 재앙은 임모탄 조에 의해서 생겨난 것이다. 그는 '생존'이라는 것 자체는 황무지 너머에 있다는 생각에 골몰하고 있다. 그리고 기계만이 생계를 유지할 수 있는 하나의 수단이라고 깊게 믿고 있다. 그리하여 그는 8기통 V엔진을 의미하는 V8을 예찬하고 자원들을 끌어모아 오지만 결국 그의 그릇된 처리와 독재 때문에 현명하게 쓰이지 못한다. 임모탄의 결정은 현대사회의 짧은 시야와 자기 파괴적인 정책들을 빗대어 표현한다. 그는 오랜 시간 동안 눈앞에 놓인 자원에만 몰두해 석유를 모으고 군사를 키워 냈지만 결국 가장 궁극적인 환경을 지켜 내지 못하고 오히려 사람들에게 '물에 중독되지 말라'는 처참한 대사를 내뱉는다. 워 보이와 임모탄 조의 이러한 행동과 사상은 그들의 해괴망측한 외관과 함께 관객들에게 거부감을 주고 산업 혁명의 폐해를 한층 더 극대화해 보여준다.

또한 〈매드맥스〉는 환경보호에 무지했던 산업 문명을 비판하는 동시에, 이로 인해 인간성이 사라진 사회의 모습을 강렬하게 그려 낸다. 오랜 핵전쟁으로 몸과 마음이 피폐해진 임모탄과 워 보이들이 통치하는 사회에서는 인간의 존엄성이라고는 거의 찾아보기 힘들다. 방사능에 오염되지 않은 여자들은 감옥에 갇혀 임모탄의 아이를 낳거나 모유를 공급하는 기계로 취급당한다. '정상인'들은 방사능에 이미 오염된 워 보이들의 생명을 연장하기 위해서 수혈 팩처럼 거꾸로 매달려 그들에게 피를 공급한다. 영화 속 세상에서 기계는 곧 신이요, '정상인'은 신도들의 생존을 위한 도구일 뿐이다. 더 심각한 것은 이들이 옛 문명의 잘못을 인정하지 않고 오히려 더 비인간적인 방법으로 예전의 환경과 '정상적'인 삶을 갈망하고 착취한다는 것이다. 이렇듯 〈매드맥스〉는 환경이 망가진 세상 속에서 불쾌하게 부패하는 인간성을 보여주며 현대사회에 주의를 주고 있다.

씨앗, 총알 그리고 존재하지 않는 낙원

시타델이 지배하는 환경이 파괴된 세상에서 씨앗은 곧 희망이다. 영화 속에서 씨앗은 총알과 반대되는 삶과 재생의 상징으로 등장한다. 임모탄과 그의 군사들이 총알이라는 무기를 통해 자신들의 정체성과 삶의 목적을 찾는다면, 퓨리오사가 예전에 속해 있던 부족인 'Vuvalini(불발리니)'는 씨앗을 지킴으로써 자신들의 신념을 굳건하게 세운다. 불발리니의 일원인 앙하라드는 총알을 'anti-seeds(반-씨앗)'이라 부르며 "plant one, and watch something die(하나를 심고, 그것이 죽는 걸 본다)"라고 씨앗에 빗대어 표현한다. 이런 은유 기법은 '심는다'라는 동사를 이용해 총알과 씨앗의 유사점을 묘사한다. 하지만 어디에 심어지고 어떤 효과를 가져오는지는 확연한 차이를 보인다. 씨앗은 새로운 생명의 시작이지만 총알은 한 생명의 끝을 상징한다. 산업과 물질적인 것에 현혹되고 맹신하는 임모탄은 총기와 총알을 사용해 자원들을 모으는 일에 자신의 모든 것을 쏟아붓는다. 반면 불발리니 부족은 씨앗을 전파하기 위해 살아 나간다. 임모탄의 부대가 이익을 창출하기 위해 매진하는 현대의 산업에 대한 은유라면, 불발리니는 산업의 공격과 지배에서 벗어나고 싶은 혁신적인 환경운동가들을 표현한다. 결국 영화는 임모탄의 몰락과 불발리니가 최후 목적인 씨앗을 시타델에 가져가 오염되지 않은 땅에서 싹을 틔우는 것을 보여준다. 이런 결말을 통해 영화는 결정적으로 사람과 환경이 공존해야 함을 한 번 더 강조한다.

한편 'Green Place'라는 곳도 결국 황폐한 상태로 버려졌다는 충격적인 내용을 넣음으로써 영화는 마지막까지 환경에 대한 메시지를 내포하고 우리가 환경에 대해서 가져야 할 태도를 암시한다. 영화의 말미, 맥

어딘가에 자연이 남아 있다고 믿는 맥스와 퓨리오사 일행. © 2012 Warner Bros. Entertainment Inc.

스와 퓨리오사는 그들이 갈망했던 이상향인 '자연'을 끝내 찾지 못하고 황폐한 현실로 돌아온다. 더욱 충격적인 것은 맥스와 퓨리오사 일행이 다시 시타델에 돌아가는 선택을 한다는 것이다. 맥스는 "we might be able to together come across some kind of redemption(우리는 어쩌면 함께 어떠한 구원에 이르게 될지도 몰라)"이라는 희망적인 말을 하면서 퓨리오사를 설득한다. 그들은 'green place'라는 이상적인 장소를 찾지 못해 절망에 빠지지만 곧 그 상황을 회피할 수도 없다는 것을 인정한다. 다른 영화처럼 나쁜 사람들을 무찌르고, 에덴의 동산 같은 이상향을 찾기보다 주인공들의 사상과 가치관의 변화를 통해 상황에 대처하는 모습을 그리는 것이다. 영화의 이러한 설정은 절망적인 환경 속에서 살아가기 위한 현실적인 조언을 주고 있다. 임모탄 조처럼 자원을 남용하는 사람이 지배하기보다 조금 더 현명한 퓨리오사 같은 지도자가 한정적인 자원을 사용하는 것 그리고 내부적 정책의 타락과 약탈에서 벗어나는 것이 최선의 방안이라는 것이다. 만약 아주 먼 미래, 우리가 사는 세상이 영화와 같은 곤경에 빠진다면 우리 역시 오염되지 않은 도피처를 물색하기보다는 전의 실수를 반추하고 같은 실수를 범하지 않도록 노력해야 한다고 영화는 말한다. 희망이 가득하지만은 않은 결말로 인해 영화가 주는 환경과 미래에 대한 교훈은 더욱 뼈아프게 다가온다.

과연 무엇이 좋은 영화라고 정의할 수 있을까? 어떤 사람들은 단순히 재미있거나 화려하거나 연기 잘하는 배우들이 나오는 영화가 좋은 영화라고 말할지도 모른다. 하지만 필자가 생각하기에는 좋은 영화는 현대사회의 수면 위로 떠올랐지만 많은 심각성을 못 느끼고 있는 문제점을 다룬 영화이다. 〈매드맥스〉라는 SF영화는 인간성을 상실한 기괴한 외형의 인물들을 삽입해 관객들에게 시각적이고 심리적인 거부감을 준다. 또한 '씨앗'과 '총알'에 대한 은유와 마냥 행복하지 않은 결말을 보여주면서 환경문제에 대해 다층적인 경고를 보낸다. 마지막으로 영화는 맥스와 퓨리오사의 대화를 통해 환경 파괴에 대한 사람들의 태도 변화를 요구한다. 더 좋고 더 나은 환경을 나중에 찾기보다는, 현실을 직시하고 현재의 문제점에 더 초점을 둬야 한다는 것이다.

작 · 품 · 소 · 개

매드맥스:분노의 도로(Mad Max:Fury Road, 2015)

감독	조지 밀러
출연	톰 하디, 샤를리즈 테론, 니콜라스 홀트 등
러닝타임	144분
내용	핵전쟁으로 인해 황폐화된 환경에서, 천연자원을 통치하는 독재자에게 여전사 퓨리오사와 표류자 맥스가 반역하는 과정을 담은 영화.

인간, 감정을 가진
인공지능을 만나다

물리학과 15 고기영

'소프트웨어 객체(Software Object)'란 객체지향 프로그래밍에서 특정한 변수와 명령어의 집합으로 이루어진 하나의 개체를 의미한다. 어려운 단어에 겁먹지 말자. 그저 기숙사 앞을 어슬렁거리는 누르스름한 길고양이를 떠올려 보면 될 일이다. 꼬질꼬질한 털, 날렵한 꼬리 그리고 녹색으로 번뜩이는 눈을 한 녀석은, 맛난 걸 가진 사람을 기가 막히게 알아채는 탁월한 능력의 소유자다. 이와 비슷하게 소프트웨어 객체 역시 자신을 정의하는 특징들과 할 수 있는 행동들을 가지고 있다. 서로 다른 외모와 능력치 그리고 스킬을 가진 게임 캐릭터들처럼 말이다. 그들은 현실 세계의 사물과 생명체에 대응되는 디지털 세상의 존재들이다.

하지만 최근까지도 이 소프트웨어 객체들은 진정으로 '살아 있는' 존재가 아니었다. 오직 처음에 프로그래밍 된 대로만 생각하고 행동할 수 있었기 때문이다. 하지만 인공지능 소프트웨어 객체가 스스로 학습할 수 있는 기능을 갖추면서 이야기는 변하고 있다. 이들은 어쩌면 정말로 SF소설이 예측하듯 스스로 자아와 감정을 발달시킬지도 모르는 것이다. 그렇다면 자아와 감정을 가진 인공지능 객체는 어떻게 성장하고 인간 사회에 적응해 나갈까? 이에 대답하기 위해서는 테드 창의 『소프트웨어 객체의 생애 주기』를 잠시 들여다봐야 한다.

인공지능은 어떻게 성장하는가

이야기는 '블루감마'라는 회사가 '데이터 어스'라는 가상 세계에서 키울 수 있는 디지털 반려동물 '디지언트'를 개발하면서 시작된다. '뉴로블래스트'라는 게놈 프로그램 엔진을 이용해 만들어진 이 소프트웨어 객체는 스스로 주변을 인지하고 학습할 수 있는 인공지능 프로그램이다. 딥러닝 기능을 통해 스스로 바둑을 배우는 인공지능, 알파고와 비슷한 셈이다.

블루감마 사는 디지언트를 통해 반려동물을 키우는 즐거움은 주되 털 관리, 똥 치우기, 반항 등의 귀찮음은 모두 없애 버린 상품을 제공하고자 했다. 따라서 디지언트는 각자의 개성과 감정을 가지고 사람과 대화도 가능하되 온순하고 매력적이어야 했다. 이를 위해 주인공 애나는 갓 만들어진 디지언트를 교육하는 역할을 맡게 된다. 동물원에서 동물들을 돌보던 그녀라면 신생아와 같은 디지언트를 '올바르게' 교육할 수 있을 것이라 회사가 생각했기 때문이다.

「소프트웨어 객체의 생애 주기」 미국판 표지.

디지언트는 그녀의 사랑 아래에서 자라며 예상보다 더 어린아이와 닮은 모습들을 보여준다. 사육사가 넘어진 친구를 일으켜 세우는 디지언트를 보고 기뻐하며 칭찬하자 곧장 다른 친구를 넘어뜨린 뒤 일으켜 세우고는 칭찬해 달라고 조르는 모습이 대표적이다. 그들은 이런 아이다운 순진무구함을 보이기도 하지만 입이 거친 사육사에게서 욕을 배워 모두를 놀라게 하기도 한다.

소비자들에게 팔려 나간 디지언트들은 무럭무럭 자라나 청소년기에 들어선다. 그들은 다른 디지언트뿐만 아니라 가상 세계에 접속한 인간 사용자들과도 교류하며 자신이 좋아하는 것, 할 줄 아는 것을 배워 나간다. 그들은 브레이크 댄스를 추기도 하고 드라마의 팬이 되어 사람들과 같이 친목을 다지기도 한다. 비록 많은 이들이 디지언트를 키우길 포기하지만 일부 열성적인 주인들은 그들에게 글과 그림 그리고 다른 많은 것들을 가르치며 자신의 디지언트가 스스로의 잠재력을 끌어내길 바란다.

아이가 어느덧 자라 성인이 되듯이 시간이 지나자 디지언트의 성인식이 골칫거리로 대두한다. 사람에게 성인식이란 자신의 행동을 결정하고 판단에 책임을 지는 자기결정권을 갖는 것을 의미한다. 같은 의미에서 디지언트 주인들은 자기 디지언트의 법인(法人)화에 대해 골머리를 앓는다. 사람은 나이가 차면 자연스럽게 성인으로 인정받지만 디지언트에게는 그런 기준이 없기 때문이다. 특히 판다 모습의 디지언트 마르코와 폴로는 고3 학생이 성인이 되고파 안달하듯 자신들이 충분한 판단 능력을 가지고 있다며 법인화를 시켜 달라고 주인을 조른다(물론 그 이유는 고3 학생과 판이하다. 디지언트에게는 술, 담배와 환락이 없으니 말이다). 또한 소설 후반부, 디지언트 주인들은 자신의 디지언트에게 성(性)을 부여하는 것에 대해 심각하게 고민한다. 그들의 디지언트를 복제해 감정적 교류가 가능한 섹스 파트너를 만들고 싶다는 '바이너리 러브' 사의 구매 제안을 받기 때문이다.

결국 요약하자면 이 책은 인공지능판 육아 일기라 할 수 있겠다. 다만 일반적인 육아 일기와 다른 점은 이제까지 디지언트, 즉 소프트웨어 객체의 생애 주기를 지켜본 사람이 없기에 정해진 기준이 전무하다는 것이다. 그렇기에 디지언트 주인들은 자신의 디지언트를 어떻게 교육해야 하는지, 언제 성인으로 인정해야 하는지 그리고 그들에게 성적인 특성을 부여하는 것이 옳은지를 끊임없이 고민한다.

자녀를 리셋할 수 있다면?

지금쯤 책을 읽지 않은 분들은 약간 색다르고 고달프지만 여전히 훈훈한 인공지능의 성장담을 상상하고 있을지도 모르겠다. 하지만 SF적 상상력은 이런 행복한 기대에 뒤틀린 반전을 선사한다. 바로 이들 소프트웨어 객체가 인격체인 동시에 '무생물'이자 '상품'이란 점이다.

많은 부모가 말하듯 육아는 마냥 즐겁고 보람찬 일만은 아니다. 말도 안 통하는 신생아 때는 시도 때도 없이 울어 대지, 질풍노도의 사춘기에는 마구 반항하지 그리고 나중엔 조언을 해 주고 싶어도 스스로 다 자랐다고 말하며 들은 척도 하지 않는다. 게놈 프로그래밍을 통해 만들어진 디지언트는 어쩌면 쓸데없이, 어쩌면 필연적으로 이런 불편함까지 재현한다. 블루감마 사가 원했던 것과는 달리 그들은 주인이 원하지 않는 방향으로 자라는 경우가 빈번했던 것이다.

하지만 디지언트는 사람과는 중대한 차이가 있었다. 말 안 듣는 자식 새끼와는 다르게 디지언트는 프로그램을 종료('동결'이라 부른다)하거나, 저장해 놓은 복원 지점으로 되돌리는 게 가능했던 것이다. 실제로 디지언트를 구매한 많은 이들이 얼마 지나지 않아 귀찮음 때문에 자신의 디지언트를 동결하거나 자신이 원하는 모습으로 자랄 때까지 리셋을 반복하는 모습을 보인다.

이는 어쩌면 속을 썩이는 자식을 둔 부모들의 이상향일지도 모른다. 하지만 작가는 주인공 애나의 입을 빌려 다음과 같은 불편한 의문을 끊임없이 제기한다. '과연 자신의 마음대로 바꿀 수 있는 상대와 진정한 관계를 맺는 게 가능할까?' 그리고 이 작품은 이에 대해 '아니'라고 분명히 대답한다.

바이너리 러브 사와 애나 사이의 논쟁은 이를 단적으로 보여준다. 바이너리 러브 사는 애나를 비롯한 주인들이 가진 감정이 풍부한 디지언트를 사들여 이상적인 섹스 파트너로 만들고자 한다. 각각의 감정과 개성이 뚜렷한 그리고 소비자를 진정으로 사랑하는 디지털 애인을 판매하는 것이 목적이라 주장하며 말이다.

그런데 그들은 디지언트가 자신을 구매한 소비자를 '진정으로 사랑'하게 만들기 위해 디지언트의 '보상회로'를 편집할 것이라 말한다. 즉, 소비자의 특성을 사랑하도록 디지언트의 취향을 재프로그래밍하여 '필연적'으로, 그러나 '자연스럽게' 사랑에 빠지도록 한다는 것이다. 하지만 애나는 그런 관계는 진정한 애정이 아니며 디지언트의 자유의지에 반한다는 이유로 제안을 거절한다.

어찌 보면 작품의 대답은 당연하다. '관계'라는 것은 본디 나와는 다른 타인의 존재를 가정하고 있기 때문이다. 관계는 소통에 기반을 두며 이는 나와 상대가 서로 다르고 알지 못하기에 필요한 것이다. 평면에서 평행선을 나란히 달리는 두 물체가 결코 충돌할 수 없듯이 나는 나 자신과 결코 충돌하고 상호작용할 수 없다(내적 갈등은 잠시 접어 두자). 이런 관점에서 보았을 때 내 마음대로 바꿀 수 있는 존재는 나와 결코 상호작용할 수 없다. 그것은 알 수 없는 타인이 아니라, 자신의 자아가 연장된 머릿속 환상의 구현일 뿐이기 때문이다.

1990년대 선풍적인 인기를 끌었던 '다마고치'는 디지털 반려동물의 시초라 부를 만하다.

인공지능을 통해 인간을 바라보다

결국 요약하자면 인공지능을 귀찮다는 이유로 쉽사리 종료하거나 입맛
대로 편집해서는 그들과 진정한 감정적 유대를 형성할 수 없다. 그런데
이게 과연 인공지능과 사람 사이의 관계에만 성립하는 말일까? 복잡할
것 없이 책에 '디지언트'란 이름이 등장할 때마다 '사람'을 대신 대입해
보라. 자기 자식을 무관심하게 내버려 두는 부모, 타인을 자기 입맛대로
바꾸려는 사람, 충분한 관심과 애정을 투자하지 않아 파경에 이른 관계.
그리 낯선 이야기들만은 아닐 것이다.

이에 더해 작가는 더욱 직접적으로 사람을 원하는 방향으로 '편집'할
수 있는 디스토피아적 상상을 슬쩍 제시한다. 이야기의 후반에 들어서

면 주인들은 자신들의 디지언트를 키우기 위해 막대한 금액이 필요해진다. 새로운 가상 세계로 그들을 이주시키기 위해선 디지언트 모두를 새로운 언어로 다시 프로그래밍해야 했던 것이다. 이 금액을 마련하는 과정에서 애나는 '소폰스'라는 다른 게놈 엔진을 사용하는 디지언트를 판매하는 회사로부터 취업 제안을 받는다. 그 회사 역시 블루감마 사처럼 소폰스 디지언트를 사랑으로 교육할 사육사가 필요했지만, 소폰스 디지언트는 지나치게 강박적이라 사육사가 애정을 느끼지 못한다는 문제가 있었던 것이다.

이를 해결하기 위해 회사는 애나에게 '인스턴트라포'라는 약물을 통해 보상회로를 편집할 것을 요구한다. 인스턴트라포는 사용자의 신경계를 자극해 쾌감을 느끼게 만드는 약물로, 소폰스 디지언트를 만날 때마다 이를 반복 사용하면 애나는 자의와 관계없이 소폰스 디지언트를 좋아하게 되는 것이다. 이는 디지언트의 프로그램 코드를 수정해 그들의 보상회로를 편집하려던 바이너리 러브 사의 시도와 정확히 대칭을 이루는 제안이다. 역설적이게도 바이너리 러브 사의 제안에 자유의지를 들먹이며 격렬히 반대했던 애나는, 자신의 디지언트를 위해 자기 보상회로를 편집하는 데 동의하려 한다. 디지언트는 미성숙해 아직 자신의 판단에 책임질 수 없지만, 자신은 그럴 수 있기에 잘못을 저지를 권리가 있다고 생각하기 때문이다.

이는 성인의 기준과 자기결정권을 가질 조건에 대한 생각으로 이어진다. 애나는 자신의 디지언트가 미성숙해 자기결정권을 가질 수 없다고 주장한다. 하지만 그녀의 자기결정권은 그녀의 성숙함과는 관계없이 사회의 관습과 법률에 의해 단지 나이가 찼다는 이유만으로 주어진 것일 뿐이다. 애나는 자기결정권을 주장하는 디지언트들이 미성숙함으로 인해 잘못 판단한다 생각하지만 애나가 내린 판단이 잘못된 것이 아니라고 말할 기준 역시 어디에도 없다. 그렇다면 과연 디지언트는 자의로 보상회로를 편집할 권리가 없지만 인간 애나는 할 수 있다는 주장은 타당한 것일까.

인공지능을 둘러싼 사회의 모습

본 작품에 등장하는 주체는 크게 세 가지다. 인공지능 객체, 사람(주인) 그리고 시장(기업). 위에서 언급했듯 작품의 주된 주제는 인공지능과 사람 사이의 감정적인 관계이다. 하지만 인공지능이 단순한 허구가 아닌 곧 다가올 4차 산업혁명의 원동력으로 지목받는 지금, 제일 주목해야 할 것은 시장과 인공지능 사이의 관계일지도 모른다.

SF 팬이라면 시장이란 말에 고개를 갸웃할지도 모른다. 그만큼 인공지능을 다룬 SF에서 시장경제가 중요한 요소로 등장한 적이 드물기 때문이다. 전통적인 SF는 시장경제보다는 인공지능의 본질, 자아정체성 그리고 권리 등 사색적인 질문이나 인간과 대립할 가능성 등에 집중해 왔다. 하지만 지금 발전하고 있는 인공지능 기술은 어떠한가? 철학적 사색거리를 던져 주긴 하지만 일자리와 시장구조 변화에 끼칠 영향에 더 큰 주목을 하고 있다. 그렇다면 SF적 상상력과 현실 사이의 이러한 괴리는 왜 생겨난 걸까?

이에 답하기 위해서는 먼저 왜 그토록 많은 기업이 인공지능을 원하는지를 이해할 필요가 있다. 인공지능이란 기본적으로 인간과 대등하거나 더욱 뛰어난 학습, 지각, 사고 능력이 있는 프로그램이다. 하지만 인간은 이미 그러한 인지, 사고 능력이 있는데 왜 굳이 인공지능을 개발하려 할까?

이는 바로 인공지능이 권리를 가진 주체가 아닌 '물건'이기 때문이다. 물론 인공지능이 초인적 능력까지 지닌다면 금상첨화겠지만 인간과 대등한 능력을 갖췄더라도 사람들은 인공지능을 사용할 것이다. 마음대로 사고팔고, 입맛대로 편집하고, 필요가 없어지면 간편하게 종료할 수 있기 때문이다. 작중에서도 이미 잘 교육된 디지언트를 사려는 기업들은 본인들이 원하는 것이 사고팔거나 변형할 수 있는 '상품'이라는 입장을 명확하게 밝힌다. 결국 인공지능의 미래는 최고의 맞춤형 무급 비정규직 노동자인 셈이다. 이러한 개발 목표 아래서 여러 SF에서 다룬 것처럼 인공지능의 자아를 인정하고 권리를 법으로 보장하는 것은 소원해 보인다. 법률로 권리와 제약이 생겨 버리면 인간을 고용하는 것과 다를 바가 없기 때문이다.

하지만 인공지능의 지능 발달과 자아의 확립이 분리될 수 있을까? 또한 자아의 성립과 감정의 형성은 분리할 수 있는가? 테드 창은 작가의 말에서 이들은 서로 분리가 불가능할 것이며 오히려 이를 이용해 인공지능과 감정적인 교감을 하는 것이 더 효율적일 것이라 말한다. 관심과 애정 속에서 자라난 아이가 뛰어난 성취를 보이듯이 인공지능 역시 마찬가지일 것이라고 내다보고 있다. 만약 이러한 주장이 사실로 밝혀진다면 우리는 인공지능에 대한 법률이 아닌 윤리와 도덕 그리고 예의를 새로 익혀야 할 것이다. 인공지능과 사람의 상생을 위해서 말이다.

작·품·소·개

소프트웨어 객체의 생애 주기

저자(역자)	테드 창(김상훈)
출판사	북스피어
발행일	2013년 8월
쪽수	216쪽
내용	감정과 학습 능력을 가진 인공지능은 인간과 어떤 관계를 맺을 것인가? 인격체이자 상품이란 모순을 품은 인공지능. 이들과 감정적 유대를 맺는 사람들, 그리고 이 모두를 둘러싼 시장의 모습을 날카롭게 묘사한 작품.
표지제공	북스피어

물리학과 15 고기영

글을 쓰고 싶었다. 아니, 써야만 할 것 같았다. 무슨 강박 때문에 그랬는지는 아직도 잘 모르겠다. 마침 '논리적 글쓰기' 수업을 듣던 룸메이트가 '내사카나사카' 글쓰기 대회에 대해 이야기하던 게 귀에 들어왔다. 주제가 마음에 들어서 무작정 지원해 봐야겠다고 생각했다. 사실 물리학도에게 SF만큼 익숙하고 마음 편한 주제가 흔하겠는가. 그래서 야밤에 룸메이트 몰래 글을 쓰기 시작했다. 기껏 욕심을 부렸는데 입상을 못하면 쪽팔리니 말이다.

상은 타고 싶었지만 글솜씨가 미천했기에 요령을 부려 좋은 소재를 찾으려고 했다. 재료가 좋으면 요리를 못해도 반은 통과라는 생각에서였다. 그 결과 '검증된' 작가 테드 창의 중편 『소프트웨어 객체의 생애 주기』를 골랐다. 감상문을 반쯤 썼을 때 나는 제 멍청함을 욕해야만 했다. 짧은 글의 압축성을 간과한 것이 실수였다. 작품 속 이야기는 마치 귤껍질과 같아, 서투른 손으로 까놓은 내 감상문은 그 싱그러운 입체성을 담기는커녕 조각내고 있었다. 그러니 부탁하건대, 내 부족한 글을 읽고 테드 창의 작품이 재미없을 거라고 생각하지는 말았으면 한다.

단행본 학생편집자 역할에 자원한 건 순전히 공짜 회식으로 밥값을 아끼기 위해서였다. 마침 여름 학기 기숙사비를 내야 해 주머니가 쪼들리고 있었기 때문이다. 예상대로 공짜 밥은 입에서 꿀처럼 달았고 그 대가로 글을 교정하는 과정은 실로 쓰라렸다. 자기 글조차 잘 다듬지 못하는 나에게 타인의 글을 수정하는 건 지나치게 기운 빠지는 일이었다. 원문의 맛도, 내가 바라던 매끄러움도 살리지 못한 채 이상한 데로 빠져버린 교정본을 붙들고 며칠 밤을 괴로워했던 것 같다. 부디 출판사의 손을 거친 최종 결과물은 독자와 필자, 모두의 마음에 들기를 바란다.

신소재공학과 13 고은경

드디어 제6회 '내사카나사카' 글쓰기 대회에서 선정된 작품들이 책으로 엮여 출간된다니 정말 설렙니다. 저는 대회를 준비하는 동안 저를 과학이라는 길로 이끌어 준 SF영화와 책들을 다시 감상하며 어릴 적 꾸었던 꿈과 환상을 기억하는 기분 좋은 시간을 보냈습니다. 그와 동시에 빠르게 발달한 첨단 과학기술의 문제점을 나타내는 최근의 SF 작품들을 보면서 제가 배우고 연구하고자 했던 좁은 우물에서 벗어나 더 나은 과학도가 되기 위해 앞으로 해야 할 일도 새롭게 다짐하는 계기가 되었습니다. 저뿐만 아니라 이 책의 한 장 한 장을 장식한 모든 학생들에게 이번 대회는 각자 SF 작품을 보며 가졌던 흥미로운 생각들을 논리적으로 전개해 보는 소중한 경험이었을 것입니다. 우리가 보고 즐겼던 SF 작품들이 우리에게 과학도로서 걸어야 할 길에 대한 영감을 주었듯이 우리가 엮은 이 책이 독자들에게도 하나의 영감, 더 나아가 꿈을 찾는 길이 되기를 바랍니다.

사실 저는 글쓰기에 대한 막연한 두려움이 있었습니다. 그러나 '내사카나사카' 글쓰기 대회와 단행본 편집 활동을 통해 여러 작품을 읽고 원저자, 학생편집자들과 함께 피드백을 나누면서, 글은 어려운 것이 아니라 그저 하나의 생각의 짜임 있는 표현이라는 것을 깨달았습니다. 인터넷과 SNS가 발달한 요즘, 우리는 많은 고민이나 퇴고 없이 우리의 생각을 가볍게 표출하곤 합니다. 그리고 가끔은 바쁜 학교생활 속에서 앞에 놓인 일들을 하기에 바빠 내가 진정 원하는 것이 무엇인지 잊어버리기도 합니다. 앞으로의 삶과 진로에 대해 잠시 방황하고 있을 때 이번 글쓰기 대회는 제 생각을 정리하고 제가 가야 할 길을 확실하게 알게 해주었습니다. 나 자신과 과학에 대해 깊이 생각하고 표현할 수 있는 흔치 않은 기회에 감사드립니다.

신소재공학과 14 장규선
"나중에 책 한번 써 보고 싶다. 무슨 주제로 쓸지는 모르겠지만."

작년 겨울, 친한 친구와 단둘이 술잔을 기울이다가 별안간 툭 던졌던 말입니다. 어릴 적부터 책 읽는 것을 무척 좋아했습니다. 그러다 보니 직접 책을 써 보고 싶었습니다. 막연하게 마흔 살이 되기 전에 쓰자고 생각했는데 혼자 쓴 책은 아니지만 이렇게 제 이름이 들어간 책이 나오게 되어 정말 기쁩니다.

교수님께서 글쓰기 대회에 출품할 글을 써 오라고 하셨을 때는 어떻게 분량을 채울지 막막했었는데 막상 글을 쓰기 시작하니 어느새 빠져들어 마음 가는 대로 써 내려갔습니다. 이런 제 글이 수상을 했다기에 깜짝 놀랐던 기억이 납니다. 그렇게 운 좋게 수상을 하고 학생편집자로서 편집까지 하게 되었네요.

학생편집자로 활동하면서 책 하나 만들기가 생각보다 훨씬 만만치 않다는 것을 느꼈습니다. 작가가 초고를 다 쓰면 그때부터 본격적인 책 만들기가 시작됩니다. 편집자는 교정교열을 통해 오탈자와 내용상의 오류를 상세히 잡아내고, 디자이너는 책의 표지와 본문 배열을 진행합니다. 이 과정은 저자와 수없이 많이 대화하며 여러 번의 수정을 통해 이루어집니다. 마지막으로 인쇄소를 거쳐 책이 완성됩니다. 파주출판단지를 견학하면서 한 권의 책이 나오기까지 얼마나 많은 사람들의 노력이 필요한지 알게 되었습니다. 이 책도 많은 분들의 크나큰 도움이 있었기에 나올 수 있었습니다. 제게 이런 좋은 기회를 주신 분들, 그리고 책을 만드는 데 도움 주신 모든 분들께 진심으로 감사드립니다.

SF는 과학적 상상력과 예술적 상상력이 결합해 나온 상상력의 산물입니다. 이 책에서 소개하는 모든 SF 작품들은 제각기 다른 매력으로 여러

분에게 놀라움을 선사할 것입니다. 모쪼록 재미있게 읽으셨으면 좋겠습니다.

전산학부 14 전선영

나에게 글을 쓴다는 것은 참 낯선 일이다. 소설이든 수필이든 나에게 글이란 읽어 낼 대상이었지 내가 만들어 낼 수 있는 무언가는 아니었다. 내가 언제부터 글쓰기에 거리를 두었는지는 기억하지 못한다. 어쩌면 아주 어릴 적, 부담 없이 마음껏 글을 썼던 시절이 있었을지도 모른다. 아마 나의 글이 누군가에게 읽히고 평가받기 시작할 때의 언젠가부터 글쓰기를 저어하게 되었던 것 같다. 내가 쓴 글을 평가받는 것은 내가 푼 수학 문제의 점수를 매기는 것이나 내가 짠 프로그래밍 코드를 돌려 보는 것과는 확연히 다르게 느껴진다. 수학 문제를 잘못 풀었다고 해서 잘못된 것은 아니다. 코딩한 프로그램이 에러를 낸다고 하여 내 존재가 오류인 것은 아니다. 하지만 내 생각을 나만의 표현으로 적어 낸 글이 부족하다거나 틀렸다는 평가를 들을 때면 마치 나 자신이 잘못된 것 같은 기분이 들었다. 그래서 나는 글쓰기로부터 멀리 떨어진 채 주관을 배제하고 사실만 나열하는 글을 가끔씩 써 왔다. 그래서 나는 아직도 글쓰기가 낯설다.

글쓰기가 어색한 일이기는 하나 언젠가 다른 이들에게 보일 수 있는 글을 써 보고 싶다는 생각은 막연하게 했다. 그런 의미에서 나의 글이 이렇게 책에 실리게 된 것은 엄청난 행운의 결과이다. 대회에 글을 제출해야 할 이유가 내게 주어졌고 운 좋게도 대회의 주제는 '나'의 개인적인 관심사에 관한 것이었다. 나의 부족한 글이 수상작으로 뽑히고 수정되고 편집되어 이 책에 실리기까지 모든 것이 행운이었다. 게다가 학생 편집자로서 편집의 일부에 참여하면서 다른 당선작을 살펴보고 편집할 기회를 가질 수 있었고 파주출판단지를 방문하여 책이 출판되는 과정도 알아볼 수 있었다. 이 모든 행운 덕분에 내 글이 담긴 책이 세상에 나오게 되었다. 이 행운이 이 책을 읽는 독자에게도 그리고 나에게도 의미 있는 변화를 만들 계기가 되길 바란다. 책이 출간되기까지 고생한 많은 분들에게 감사드린다.

기계공학과 15 한지혜

책에 실린 글을 처음 구상하고부터 약 반 년이 지나 이제는 편집 후기를 쓴다. 여느 문학 작품에 빗댄다면 봄이 가고 가을이 오는 시간이라고 할까. 새끼 오리가 몸집이 커져 그럭저럭 어른 티가 나는 시간. 갓 태어난 참새가 날갯짓을 배우는 시간. 배고파 탈진한 상태로 울기만 하던 어린 고양이가 사냥을 배우는 시간. 갑자기 비유가 팍팍해졌지만 나 같은 학생에게는 한 학기가 끝나고 여름방학을 지나 다시 한 학기가 시작된 후 중간고사를 치르기까지의 기간이었다.

　이처럼 6개월이라는 시간 간격은 정해져 있어도 사람마다 느끼는 시간은 다르다. 하물며 갈수록 매체와 글이 다양해지는 현대사회에서는 '글'이라는 정의조차 사람마다 다르지 않는가. 그래서 SF를 먼저 정의해야 한다고 생각했다. 무엇이든 정의가 올바르게 서야 논리를 전개할 수 있는 카이스트 학생의 '직업병'이겠다. 이번 글감은 '카이스트 학생이 꼽은 최고의 SF는?'이었다. 나에게 SF란, 감성적으로 풀어 말하면 언젠가 내 앞에 펼쳐질지 모르는 세계에서 내가 공학자로서 살아갈 방향을 제시하는 글이다. 다른 사람이라면 어떨까? 다른 사람은 책 또는 여타 픽션을 어떤 시각으로 볼까? 다른 사람은 어떤 가치관을 갖고 어떤 배움을 구하며 살까?

책 편집 과정은 다른 카이스트 학생들이 어떤 시각으로 세상을 바라보는지, 어떤 감성으로 삶을 살아가는지, 어떤 가치관으로 자신을 판단하는지 살짝 엿보고 배울 수 있는 좋은 기회였다. 우리는 카이스트라는 좁은 세상에서 엇비슷한 전공을 선택해 엇비슷하게 바쁜 삶을 살아가면서 크게 다르지 않으리라 생각했지만 의외랄까 역시랄까, 다양한 사람들이 제각기 다른 생각을 가지고 있었다. 이 책을 읽는 독자는 또 다른 시각으로 글을 읽을 것이다. 이 책이 이 세상에 새로운 색깔을 더할 수 있었으면 하는 바람이다.

카이스트 학생들이 꼽은 최고의 SF

| 펴낸날 | 초판 1쇄   2017년 12월   5일 |
| | 초판 3쇄   2019년   3월 28일 |

지은이	고기영, 고은경, 장규선, 전선영, 표재찬, 한지혜 외 카이스트 학생들
펴낸이	심만수
펴낸곳	(주)살림출판사
출판등록	1989년 11월 1일 제9-210호

주소	경기도 파주시 광인사길 30
전화	031-955-1350 팩스 031-624-1356
홈페이지	http://www.sallimbooks.com
이메일	book@sallimbooks.com

ISBN   978-89-522-3813-9   43400
살림Friends는 (주)살림출판사의 청소년 브랜드입니다.

※ 값은 뒤표지에 있습니다.
※ 잘못 만들어진 책은 구입하신 서점에서 바꾸어 드립니다.

이 도서의 국립중앙도서관 출판시도서목록(CIP)은 서지정보유통지원시스템 홈페이지
(http://seoji.nl.go.kr)와 국가자료공동목록시스템(http://www.nl.go.kr/kolisnet)에서
이용하실 수 있습니다.(CIP제어번호: CIP2017029699)